能源与环境出版工程
（第二期）

总主编　翁史烈

"十三五"国家重点图书出版规划项目
低碳环保动力工程技术系列

清洁能源技术及应用

Clean Energy Technology and Application

潘卫国　陶邦彦　吴 江　编著

支持单位：

上海电力大学
北京能源与环境学会
中国动力工程学会

上海交通大学出版社
SHANGHAI JIAO TONG UNIVERSITY PRESS

内容提要

本书为"低碳环保动力工程技术丛书系列"之一,以促进我国能源转型,加强能源的清洁利用为导向,对目前全球主要清洁能源技术进行了详细阐述和分析。本书重点阐述了光伏发电、光热发电、风力发电、生物质能利用和核能发电五类清洁能源技术,主要内容包括各类技术的发展历程和现状、技术研发和应用、发电系统建设、新型技术、实际案例等。本书的读者对象为从事能源与生态环保的实践者、高校师生、科研院校的研究人员。

图书在版编目(CIP)数据

清洁能源技术及应用/潘卫国,陶邦彦,吴江编著.—上海:上海交通大学出版社,2019

能源与环境出版工程

ISBN 978-7-313-22043-1

Ⅰ.①清… Ⅱ.①潘…②陶…③吴… Ⅲ.①无污染能源-研究

Ⅳ.①X382.1

中国版本图书馆 CIP 数据核字(2019)第 227562 号

清洁能源技术及应用
QINGJIE NENGYUAN JISHU JI YINGYONG

编　著:	潘卫国　陶邦彦　吴　江		
出版发行:	上海交通大学出版社	地　址:	上海市番禺路 951 号
邮政编码:	200030	电　话:	021-64071208
印　制:	常熟市文化印刷有限公司	经　销:	全国新华书店
开　本:	710mm×1000mm　1/16	印　张:	19.75
字　数:	377 千字		
版　次:	2019 年 11 月第 1 版	印　次:	2019 年 11 月第 1 次印刷
书　号:	ISBN 978-7-313-22043-1		
定　价:	79.00 元		

能源与环境出版工程
丛书学术指导委员会

能源与环境出版工程
丛书编委会

低碳环保动力工程
技术系列编委会

总　序

　　能源是经济社会发展的基础,同时也是影响经济社会发展的主要因素。为了满足经济社会发展的需要,进入 21 世纪以来,短短 10 余年间(2002—2017 年),全世界一次能源总消费从 96 亿吨油当量增加到 135 亿吨油当量,能源资源供需矛盾和生态环境恶化问题日益突显,世界能源版图也发生了重大变化。

　　在此期间,改革开放政策的实施极大地解放了我国的社会生产力,我国国内生产总值从 10 万亿元人民币猛增到 82 万亿元人民币,一跃成为仅次于美国的世界第二大经济体,经济社会发展取得了举世瞩目的成绩!

　　为了支持经济社会的高速发展,我国能源生产和消费也有惊人的进步和变化,此期间全世界一次能源的消费增量 38.3 亿吨油当量中竟有 51.3% 发生在中国! 经济发展面临着能源供应和环境保护的双重巨大压力。

　　目前,为了人类社会的可持续发展,世界能源发展已进入新一轮战略调整期,发达国家和新兴国家纷纷制定能源发展战略。战略重点在于:提高化石能源开采和利用率;大力开发可再生能源;最大限度地减少有害物质和温室气体排放,从而实现能源生产和消费的高效、低碳、清洁发展。对高速发展中的我国而言,能源问题的求解直接关系到现代化建设进程,能源已成为中国可持续发展的关键! 因此,我们更有必要以加快转变能源发展方式为主线,以增强自主创新能力为着力点,深化能源体制改革、完善能源市场、加强能源科技的研发,努力建设绿色、低碳、高效、安全的能源大系统。

　　在国家重视和政策激励之下,我国能源领域的新概念、新技术、新成果不断涌现;上海交通大学出版社出版的江泽民学长的著作《中国能源问题研究》(2008 年)更是从战略的高度为我国指出了能源可持续的健康发展之路。为了"对接国家能源可持续发展战略,构建适应世界能源科学技术发展趋势的能源科研交流平台",我们策划、组织编写了这套"能源与环境出版工程"丛书,其目的在于:

一是系统总结几十年来机械动力中能源利用和环境保护的新技术和新成果;

二是引进、翻译一些关于"能源与环境"研究领域前沿的书籍,为我国能源与环境领域的技术攻关提供智力参考;

三是优化能源与环境专业教材,为高水平技术人员的培养提供一套系统、全面的教科书或教学参考书,满足人才培养对教材的迫切需求;

四是构建一个适应世界能源科学技术发展趋势的能源科研交流平台。

该学术丛书以能源和环境的关系为主线,重点围绕机械过程中的能源转换和利用过程以及这些过程中产生的环境污染治理问题,主要涵盖能源与动力、生物质能、燃料电池、太阳能、风能、智能电网、能源材料、能源经济、大气污染与气候变化等专业方向,汇集能源与环境领域的关键性技术和成果,注重理论与实践的结合,注重经典性与前瞻性的结合。图书分为译著、专著、教材和工具书等几个模块,其内容包括能源与环境领域的专家最先进的理论方法和技术成果,也包括能源与环境工程一线的理论和实践。如钟芳源等撰写的《燃气轮机设计》是经典性与前瞻性相统一的工程力作;黄震等撰写的《机动车可吸入颗粒物排放与城市大气污染》和王如竹等撰写的《绿色建筑能源系统》是依托国家重大科研项目的新成果和新技术。

为确保这套"能源与环境出版工程"丛书具有高品质和重大的社会价值,出版社邀请了杜祥琬院士、黄震教授、王如竹教授等专家,组建了学术指导委员会和编委会,并召开了多次编撰研讨会,商谈丛书框架,精选书目,落实作者。

该学术丛书在策划之初,就受到了国际科技出版集团 Springer 和国际学术出版集团 John Wiley & Sons 的关注,与我们签订了合作出版框架协议。经过严格的同行评审,截至 2018 年初,丛书中已有 9 本输出至 Springer, 1 本输出至 John Wiley & Sons。这些著作的成功输出体现了图书较高的学术水平和良好的品质。

　　"能源与环境出版工程"从 2013 年底开始陆续出版,并受到业界广泛关注,取得了良好的社会效益。从 2014 年起,丛书已连续 5 年入选了上海市文教结合"高校服务国家重大战略出版工程"项目。还有些图书获得国家级项目支持,如《现代燃气轮机装置》《除湿剂超声波再生技术》(英文版)、《痕量金属的环境行为》(英文版)等。另外,在图书获奖方面,也取得了一定成绩,如《机动车可吸入颗粒物排放与城市大气污染》获"第四届中国大学出版社优秀学术专著二等奖";《除湿剂超声波再生技术》(英文版)获中国出版协会颁发的"2014 年度输出版优秀图书奖"。2016 年初,"能源与环境出版工程"(第二期)入选了"十三五"国家重点图书出版规划项目。

　　希望这套书的出版能够有益于能源与环境领域人才的培养,有益于能源与环境领域的技术创新,为我国能源与环境的科研成果提供一个展示的平台,引领国内外前沿学术交流和创新并推动平台的国际化发展!

翁史烈

2018 年 9 月

序　一

在新时代阳光的沐浴下，我国经历了改革开放40多年的风风雨雨，又迎来了新中国成立70周年华诞。本丛书从环保动力的角度反映了我国新老动力科技工作者不忘初心，为实现中华民族的伟大复兴，矢志不渝、艰苦奋斗的精神。科技工作者不断解放思想、破除迷信、学习先进，亲身见证并记录了自主知识产权的创新业绩；通过不断积累和总结前人的实践经验和技术成果，一步一个脚印地推动了我国能源革命和高质量国产化、清洁发电动力装备的发展，表现出对科学和中华文化的自信。

科学技术的大发展历来都是与社会大变革联系在一起的。我国体制上的供给侧改革给能源、环保、装备产业转型带来巨大的发展机遇，使各产业从手工作坊式生产走向工业化革命，从机械化转向自动化，从智能化走向大数据、云计算的信息化时代。在历史的舞台上，不断上演着与时俱进的创新技术的剧情。

我国虽然地大物博，但人均资源却十分短缺。直面当前节能减排的现状，转变思维方式尤为重要。我国可采能源远远跟不上社会经济发展的需要，大量消费煤炭给环境容量和治理污染带来巨大的压力；大量进口油气有能源安全的巨大风险；大量使用化石燃料面临不可持续发展的困境。

高效率、节能减排的超临界发电技术有着自身发展的规律。发展光伏、光热发电，风电以及低温能源是当今能源转型的主要方向。在电力供给侧，发展分布式能源有利于节能提效，充分利用现有的低温能源、工业余热、城市垃圾资源（包括当地的风能、屋顶太阳能、生物质能的再生资源）等。建立有效的区域能源体系和微电网是能源高效利用、地区低碳循环经济发展的必然趋势。此外，第四代核能的研发和未来的核聚变技术将是中长期能源的发展目标。

　　我国能源利用技术和产品的发展长期以来受体制和经费的约束,产、学、研、用严重脱节,以至于真正付之于实际应用的技术事倍功半。如今企业成为承担科技项目的主体,强调技术落地、开花、结果,在有序的竞争中兴百家争鸣之风气,推动着各自技术的不断升级换代,促进我国企事业的同步改革。

　　本丛书主要为能源与环保的生产实践者、青年学者、科研院校的研究人员、教师和研究生以及对此感兴趣的读者提供了解多学科、多种技术交集的视野,以改变传统重理论教育、偏学术论文而疏于应用的倾向,使读者了解更多的边缘学科专业知识和新技术的发展信息,取得举一反三、触类旁通的学习和运用效果。同时,也期待行业专家、工匠们为之大显身手,化知识为社会产品和财富,指点能源与环保,同予评说!

倪维斗

2019 年 2 月

序　二

　　能源是人类生存和发展的基础。随着经济的快速发展，化石能源消耗量持续增加，人类正面临着日益严重的能源短缺和环境破坏问题，全球气候变暖成为国际关注的焦点。据国际能源署分析，到 2030 年世界能源需求将增长 60%。目前，作为一次能源主要构成的化石能源，由于其不可再生，将在不久的将来被开采殆尽。在此背景下，发展低碳环保技术以实现能源的清洁高效利用对保障能源安全、促进环境保护、减少温室气体排放、实现国民经济可持续发展具有重要的现实意义。

　　为了实现能源的健康、有序和可持续发展，国家战略布局中已经明确了各类能源发展的总体目标。一方面，与发达国家相比，我国的能源利用效率整体仍处在较低的水平，单位产值能耗比发达国家高 4～7 倍，单位面积建筑能耗为气候条件相近发达国家的 3 倍左右。因此，我国在节能方面的潜力巨大，节能减排是当前我国经济和社会发展中一项极为紧迫的任务。为缓解能源瓶颈的制约，促进经济社会可持续发展，一方面，近年来我国相继出台了一系列相关的政策及法规，大力推动能源的高效利用，促进国民经济向节能集约型发展。另一方面，国家大力推动太阳能、风能等可再生能源的利用，与之相关的产业亦得到了迅速的发展。在这样的行业背景下，很高兴看到"低碳环保动力工程技术"丛书的问世。这套丛书不仅对清洁能源利用和分布式能源技术进行了详细的介绍，而且指出绿色环保、清洁、高效、灵活是火电技术今后发展的必由之路。丛书是校企合作成果的结晶，由中国动力工程学会环保装备与技术专业委员会、上海电力大学和上海发电设备成套设计研究院合作编写。丛书共有四册，其内容涵盖传统的燃煤发电技术、清洁能源发电技术及一些高效智能化的能源利用系统，具体包括先进的煤电节能技术、燃煤电站污染物的脱除、太阳能光伏/光热、风力发电技术、生物质利用技术、储能技术、燃料电池、核能技术以及分布式能源系统等。

本丛书有如下特色：内容跨度较大，有广度、有深度，各章节自成体系、相互独立，在结构上条理清晰、脉络分明。

相信本套丛书的出版定会推动低碳环保动力工程相关技术在我国的应用与发展，为经济和社会的可持续发展起到积极的作用，故而乐意为之序。

2019 年 5 月

前　言

　　发展能源清洁利用技术是世界能源清洁利用及互联、互通的目标,通过不断开发清洁能源,加强清洁能源传输和消纳,全面实施清洁替代,达到解决世界能源所面临的资源短缺、环境污染、气候变化等挑战的长远目标。

　　长期以来,世界能源发展过度依赖化石能源,导致资源紧张、气候变化、环境污染等问题日益突出,人类生存环境受到极大挑战。促进能源转型,加强能源的清洁利用势在必行。我国经济正在快速持续发展,但又面临着有限的化石燃料资源和更高的环境保护要求的严峻挑战。依靠科技进步,开发利用新能源和可再生能源等,实现能源的清洁利用是我国长期的能源发展战略,也是我国建立可持续能源系统最主要的政策措施。

　　21世纪以来,能源已经渗透到了人们生活的每个角落,成为影响全球社会和经济发展的第一要素。目前中国已经成为全球能源生产与消费的第一大国,能源与经济的关系、能源与环境的矛盾、能源与国家安全等问题日渐突出。因此,促进能源转型,加强能源的清洁利用是广大能源工作者的历史使命。面临这样一个能源发展的形势,中国动力工程学会环保装备与技术专业委员会与上海电力大学和上海发电设备成套设计研究院合作,由潘卫国和陶邦彦总体策划编写了《清洁能源技术及应用》一书。全书共有5章,其中第1章主要由张涛和潘卫国撰写,第2章主要由王程遥和潘卫国撰写,第3章主要由胡丹梅、陶邦彦和潘卫国撰写,第4章主要由吴江和陶邦彦撰写,第5章主要由刘建全和陶邦彦撰写,全书由潘卫国负责统稿。在编写过程中,还得到了上海电力大学能源与机械工程学院博士和硕士研究生唐军英、黄春迎、秦岭、佘晓利、汪腊珍、贾鹏谣、潘丹露、吴韶飞、李道林、李雨轩、郭德宇、黄阳、蒯子函、秦阳、徐建恒、张中伟等的支持,在这里一并表示感谢。由于编者时间和水平所限,书中难免存在缺点和错误,恳请专家和读者予以批评指正。

我们期待本书的出版发行能为实现能源的清洁利用提供有益的借鉴和参考,在探索和建立我国可持续能源体系的进程中作出应有的贡献。

编者

2018. 7

目　　录

第1章　光伏发电技术

随着全球经济的迅速发展,石油、天然气和煤炭等消耗越来越大,导致化石能源的储藏量迅速减少,能源危机成为世界各国共同面临的课题。与此同时,化石能源造成的环境污染和生态破坏等一系列问题也成为制约社会经济发展甚至威胁人类生存的严重障碍[1]。

面对全球范围内的能源危机和环境压力,人们渴望利用可再生能源来代替资源有限、污染环境的常规能源。研究和实践表明,太阳能是资源最丰富的可再生能源,它分布广泛、可再生、不污染环境,是国际公认的理想替代能源。

1.1　概述

太阳能是自然给人类的最大馈赠。充分利用太阳能是人类活动最早的实践内容。据估算太阳每年投射到地面上的辐射能高达 1.05×10^{18} kW·h,相当于 1.3×10^{6} 亿吨标煤,约为当今世界各国一年耗能总和的一万多倍。按太阳的质量消耗速率计,太阳能可维持 6×10^{10} 年。我国的太阳能资源十分丰富,理论储量达 17 000 亿吨标煤,大多数地区年平均日辐射量在 4 kW·h/m² 以上,西藏日辐射量最高达 7 kW·h/m²,年日照时数大于 2 000 小时[2]。

目前世界上许多国家都加大了对太阳能光伏发电技术的研究与应用,并制定了相关的政策鼓励太阳能产业的发展,光伏产业已成为当今发展最迅速的高新技术产业之一[3]。

1.1.1　国内外光伏发电技术发展现状

自从 1839 年法国科学家 Becqurel 发现"光生伏特效应"以及 1954 年美国科学家 Chapin,Fuller 和 Pearson 在贝尔实验室首次制成光电转换效率为 4.5% 的单晶硅太阳能电池以来,光伏发电技术发展迅速。

1) 国外光伏发电技术发展现状

20 世纪 70 年代,世界光伏发电市场不断扩大。美国最早制定了光伏发电规划以及"百万屋顶",美国政府 2014 年发布"全方位能源战略",强调占据未来世界能源技术的制高点[4]。

国外的一项综合分析显示,在美国一些地区,公用事业级大规模光伏的成本已经比燃煤和燃气的火电厂还要便宜[5]。

日本早在 1992 年启动"新阳光计划",受福岛核泄漏事故的影响加快光伏发展。截至 2016 年,日本的光伏累计装机容量达 42.3 GW,占全国全年用电量的 4.3%[6]。日本光伏发电的规划及目标如表 1-1 所示。

表 1-1　日本"PV2030"计划及其性能目标值

种类	2010 年		2017 年		2025 年				2050 年
	组件效率/%	单体效率/%	组件效率/%	单体效率/%	组件效率/%	单体效率/%	制造成本/（元/瓦）	寿命/年	组件
结晶硅	16	20	20	25	25	30	3.8	30(40)	开发 40%的超高效率的太阳能电池
薄膜硅	12	15	14	18	18	20	3.0	30(40)	
CIS 类	15	20	18	25	25	30	3.8	30(40)	
化合物类	28	40	35	40	40	50	3.8	30(40)	
染料敏化类	8	12	10	15	15	18	<3.0	—	
有机类	—	7	10	12	15	15	<3.0	—	

TrendForce 最新报告显示,2015 年上半年全球前五大太阳能市场排名依序为中国、日本、美国、英国以及德国;中、美两国则将进入安装高峰期,在政策不变的前提下,2016 年全球市场整体需求依旧旺盛,亚洲、美洲、欧洲及非洲中东地区的占比分别为 57%、25%、11%和 7%,全球需求量约达 58 GW[7]。

2) 国内光伏发电技术发展现状

我国光伏产业从 20 世纪 70 年代的初始阶段;2000 年后的起步阶段;到 2009 年的"金太阳工程"阶段,开启大型光伏电站的示范,实施 50%的初始政策补贴;2012 年光伏产业遭受国外"双反"重挫后转向国内市场,同年 7 月国家能源局发布《太阳能发电发展"十二五"规划》,提出到 2015 年底太阳能建设装机容量达 21 GW,2020 年装机容量达 50 GW。我国的光伏产业的成长过程可谓"经风雨,见世面"。

根据中国电力科学研究院的预测,到 2050 年中国可再生能源发电将占全国总电力装机的 25%,其中光伏发电将占 5%[8]。

此外,我国硅片在全球范围占据着主导地位。2016 年,全球硅片有效产能约为

100 GW,同比增长 19%,其中中国大陆产能约为 81.9 GW、中国台湾约为 6.5 GW、韩国约为 3.2 GW、欧洲约为 1.8 GW,全球硅片产能分布如图 1 - 1 所示;2016 年全球硅片产量约为 74.8 GW,同比增长 24%,其中中国大陆产量约为 64.8 GW,同比增长 35%,在全球占比达到 86.6%,我国硅片产能和产量的变化如图 1 - 2 所示[9]。

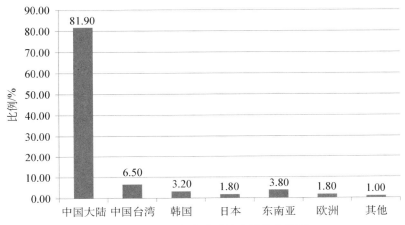

图 1 - 1　2016 年全球硅片产能分布情况

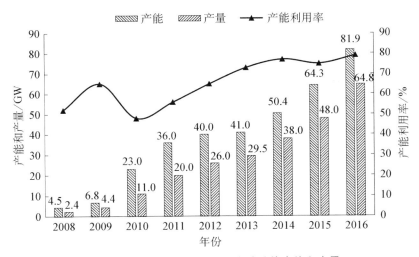

图 1 - 2　2008—2016 年中国大陆硅片产能和产量

全国 224 家光伏组件企业的不完全统计数据显示,2016 年,我国组件总产能约为 84 GW,组件产量达到 57.7 GW,同比增长约 26%,约占全球总产量的 70%,如图 1 - 3 和图 1 - 4 所示[9]。在产品类型方面,基本上全部为晶硅电池组件,薄膜组件产量约为 200 MW,聚光组件产量约为 20 MW。

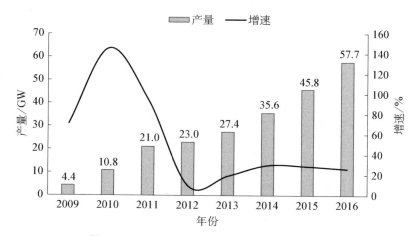

图 1-3 2009—2016 年我国光伏电池组件产量

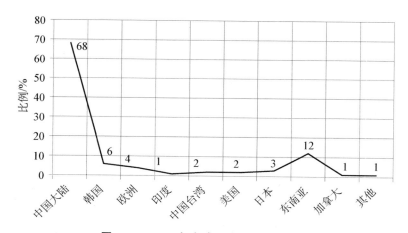

图 1-4 2016 年全球光伏组件产能分布

2016 年,全球光伏应用市场快速发展,全年新增装机容量 73 GW,同比增长 37.7%,如图 1-5 所示,累计装机容量达到 303 GW。传统光伏应用市场如中国、美国、日本等继续领跑全球,新兴市场如印度、拉丁美洲各国及中东地区发展迅速。中国市场受上网电价政策调整所带来的抢装影响,2016 年光伏新增装机容量达到 34.54 GW,同比增长超过 128%,连续四年成为全球第一大光伏应用市场,如图 1-6 和图 1-7 所示[9]。

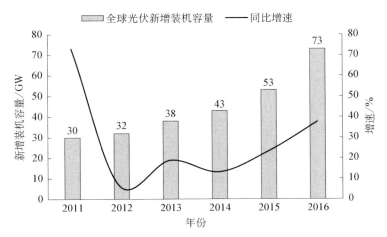

图 1-5　2011—2016 年全球光伏新增装机容量

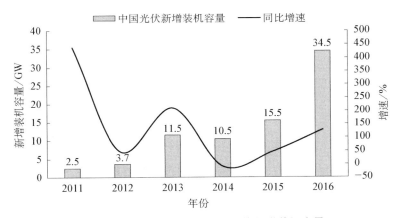

图 1-6　2011—2016 年中国光伏新增装机容量

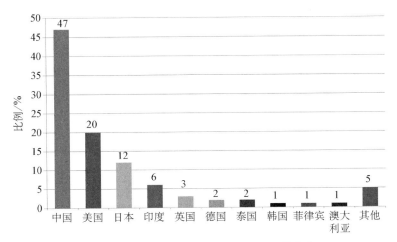

图 1-7　2016 年全球光伏新增装机容量占比

3) 国内外光伏发电总体发展框架

在全球能源短缺和气候变化日益严重的背景下,各国纷纷出台政策转变能源发展方式(见表1-2),促进能源向绿色方向发展,太阳能以其可再生、储量大和无污染等优点受广泛关注[10]。

表1-2 各国光伏产业政策概况

国家	涉及光伏发展的主要政策	
澳大利亚	依赖于国家可再生能源计划,到2030年,每年新增41 TW·h可再生发电项目,其中包括许多光伏发电项目	
奥地利	奥地利气候与能源基金和交通、创新与技术部的项目推动光伏技术研发	
比利时	实施可再生能源行动计划,规定可再生能源占20.9%,到2020年光伏发电量达1 340 MW	
加拿大	通过可再生能源项目、光伏固定上网电价政策以及小项目的投资补贴等增加光伏装机容量	
中国	国务院发布《国务院关于促进光伏产业健康发展的若干意见》之后,相继推出顺利并网、金融服务、增值税优惠、补贴额度和补贴方式细则等政策;实施了"光伏扶贫"项目:计划每年光伏新增装机容量是10 GW	
丹麦	没有统一的光伏计划,交通与电网部门的一些基金支持光伏产业	
法国	每年装机容量为1 000 MW,简化嵌入电价项目的并网发电,上调光伏建筑一体化产品的关税	
德国	通过能源行动推动光伏项目:实施光伏固定上网电价政策,每年预计刺激2.5~3.5 GW装机;2012年实施光伏新政策,补贴由原来的按年递减改为按月递减	
意大利	在2013年上半年每年67亿欧元关税激励项目到期后,下半年实施新法令刺激风能和光伏发电	
日本	实施中短期光伏技术战略,降低装机成本,增加装机容量,预计2020年装机容量达到28 GW,2030年达到53 GW	
韩国	主要通过基础建设项目和光伏部署项目推动光伏发展,对于50 kW以下项目,国家承担50%安装费	
马来西亚	实施光伏发电上网补贴政策;通过收取1%超额电价组成能源基金,用于支持包括光伏在内的新能源项目	
荷兰	对不同光伏公司实行不同的税收激励;增加对家庭更换光伏屋顶最高600欧元的激励	

（续表）

国家	涉及光伏发展的主要政策
挪威	没有明确光伏发展目标，也没有激励措施，但是政府有基金支持光伏发展
西班牙	与欧洲议会的光伏目标一致，继续降低能源消耗，增加新能源比例，加大光伏研发
瑞典	实施新能源研究战略，每年 300 万美元用于光伏研发，计划 2020 年光伏发电量达 2 TW·h
瑞士	实施上网补贴政策：对不同装机容量的系统给予不同的投资补贴，如 2～10 kW 给予一定比例的一次性补贴
美国	财政激励分多层级，各州采取固定上网电价政策、第三方所有等政策刺激光伏装机容量增加

美国、德国、意大利、法国等国在近些年对光伏的扶持力度比较大，通过颁布新法令或实施行动计划，制定发展目标，再利用固定上网电价、税收等措施刺激光伏产业的发展。奥地利、丹麦和挪威等国并没有制定统一的光伏发展目标，也没有强制性要求，而是通过一些宽松的举措支持光伏技术研发项目。

中国、日本和韩国都制定了明确的光伏发展目标，并通过补贴降低安装成本。中国更是实施了大范围的"光伏扶贫"计划，在贫困地区推行光伏屋顶，政府对光伏项目给予一定比例的安装补贴，降低农户的安装成本，缩短农户投资回收期。瑞士和荷兰也有类似的项目，瑞士联邦政府根据安装项目的装机量将项目分为多种类型，根据不同类型给予不同的补贴；而荷兰则是一次性直接给予光伏安装用户最高 600 欧元的安装资金，刺激光伏装机量的增长。

1.1.2　国内光伏发电及发展规划

2013 年我国的光伏产业进入回暖阶段。《国务院关于促进光伏产业健康发展的若干意见》的发布明确到 2015 年光伏装机容量达到 35 GW 以上的规划。2016 年起至今光伏产业进入增长阶段。

2013 年，国家出台了一系列相关政策，我国光伏产业新增装机容量达到 11.3 GW，较 2012 年增长 211%，跃居全球首位[11]。

以"绿色发展，建设资源节约型、环境友好型社会"为目标，我国开始步入绿色经济时代，成为全球可再生能源产业的主要参与者和亚太地区产业发展的引领者[12]。

国家能源局在 2016 年 12 月推出的《太阳能发展"十三五"规划》中指出，到 2020 年底光伏装机容量达到 105 GW 以上，其中分布式光伏达到 60 GW 以上。按照分布式光伏产业的发展趋势，分布式光伏的用户迅速增加，由 2016 年的分布式光伏装机容量 4.26 GW 增长到 2017 年(1~11 月)的 17.32 GW[13]。

1.1.2.1 我国光伏发电总体发展框架

为加强光伏发电(photovoltaic,PV)行业管理,引导产业结构调整和加快转型升级,推动 PV 产业持续健康发展,我国大致形成了 PV 发展的 3 个阶段。

1) 三个发展阶段

早期,加工外销,培育国内光伏产业。

中期,经历欧美等国的"双反"调查,国家电网公司发布了《关于促进分布式光伏发电并网管理工作的意见(暂行)》,规定"以 10 千伏及以下电压等级接入电网,且单个并网点总装机容量不超过 6 兆瓦"的并网条件,支持分布式光伏发电站建设及光伏发电并网[14]。这一举措激励了国内光伏企业,去过剩产能,拉动内销,加速光伏回暖。

"十三五"规划大力推动光伏发展,以资源、环境和碳排放为约束,推进能源发展路径的清洁化,走高比例可再生能源发展路径。"中国 2050 高比例可再生能源发展情景暨路径研究"项目成果发布会指出:2050 年可再生能源满足我国一次能源供应 60% 及电力供应 85% 以上在技术上是可行的,在经济上是可承受的;届时电力将占到整个终端能源消费的 60% 以上。

2) 选择原则

我国坚持市场化选择,通过技术经济分析和能源系统优化,提出发展的技术方案;通过技术进步,以较小或无增量成本的代价,实现可再生能源发电水平较基年大幅增加;强化技术及制度支撑,通过新增发电容量、提高火电厂的灵活性、使用储能技术和需求响应机制、扩展输电基础设施以及建立灵活的电力市场,使系统能够对高比例风电和太阳能发电进行适应性管理。

我国兼顾未来与当前发展需求,适应国家能源战略的能源转型,将可再生能源作为实现国家 2020 年和 2030 年非化石能源发展目标、实现能源生产和消费革命的核心手段。以风电、太阳能、固废转换能源等组合式新兴产业作为新的经济增长点,显著地拉动地区经济增长,包括制造业、研发产业和服务业,优化我国整体就业结构;同时大幅度地降低大气主要污染物排放总量,使之与 1980 年的排放水平持平,重现中国大地的碧水蓝天。

3) 发布时段性光伏性能指标

相关部门根据国家有关法律法规及《国务院关于促进光伏产业健康发展的若干意见》(国发〔2013〕24 号),按照优化布局、调整结构、控制总量、鼓励创新、支持应用的原则,制定光伏制造行业规范条件。

2018 年工信部新版《光伏制造行业规范条件》对光伏制造项目提出"严格控制新上单纯扩大产能的光伏制造项目"的要求,引导光伏厂家加强技术创新,提高产品质量,降低生产成本。新建和改扩建多晶硅的制造项目最低资本金比例为 30%,其他新建和改扩建光伏制造项目最低资本金比例为 20%。

现有的光伏制造及项目产品应满足一系列技术指标要求,其中多晶硅电池和单晶硅电池的最低光电转换效率分别不低于 18% 和 19.5%;硅基、铜铟镓硒(CIGS)、碲化镉(CdTe)和其他薄膜电池组件的最低光电转换效率分别不低于 8%、13%、12% 和 10%。

新建和改扩建企业及项目产品的技术指标要求则更高。多晶硅电池和单晶硅电池的最低光电转换效率 η 分别不低于 19% 和 21%;硅基、CIGS、CdTe 和其他薄膜电池组件的最低 η 分别不低于 12%、14%、14% 和 12%[15]。

1.1.2.2　政策推动下的 PV 产业化

光伏发电产业的发展,政策是最大推手。各国正在实施再生能源激励政策,例如美国实施《清洁能源计划》,期待在 2020 年排放物比 2005 年减少 17%。其关键是关于碳排放目标条款,还有配套的辅助政策包括风能发电的生产税赋优惠(PTC)和太阳能发电的投资税赋优惠(ITC)。

在颁布法令方面,《中华人民共和国可再生能源法》于 2005 年颁布,2006 年 1 月 1 日生效。依据《中华人民共和国可再生能源法》,我国于 2006 年 8 月 1 日起征收“可再生能源电价附加”,按 1 厘、2 厘、4 厘、8 厘和 1.5 分依次每 2 年上调 1 次,直到 2016 年的 1.9 分/千瓦时;截至 2016 年底,累计征收和投入资金超过 2 000 亿元。在市场推动方面,我国于 2008 年启动光伏电站特许权招标;2009 年启动基于投资补贴的“光电建筑”和“金太阳工程”;2011 年实施基于发电量的“上网电价”政策;2013 年开始实行分区“上网电价”;2015 年国家能源局明确“屋顶分布式光伏”和“自发自用”项目不受配给的限制,不限制建设规模,且补贴优先到位,为分布式光伏的发展提供了优惠支持政策,启动光伏专项“领跑者计划”;2016 年发布《关于建立燃煤火电机组非水可再生能源发电配额考核制度有关要求的通知(征求意见稿)》,实施“光伏扶贫专项”;2017 年开始实施“绿色证书制度”,启动“多能互补示范项目”,继而又启动了 28 个“微电网示范工程”,财政部、工信部、国家税务总局、国土资源部和国家电网公司都出台了多项支持政策[16]。

国务院常务会议强调“光伏产业是战略性新兴产业”。针对产能严重过剩、市场过度依赖外需、企业资不抵债等问题,会议提出根据主要条件制订光伏电站分区域上网标杆电价,对分布式光伏发电实行按照电量补贴的政策;在财政资金支持方面,光伏电站项目执行与风电相同的增值税优惠政策[17]。

光伏发电的标杆电价相当于风电的分类电价,随地区日照不同电价也应有所区分。2009 年 8 月 1 日起,风电电价依据风资源丰度确定四档,分别为每千瓦时(度) 0.51、0.54、0.58 和 0.61 元。

所谓分布式 PV,就是由以大规模为主的光伏发电模式转向以用户为主的就地消纳的光伏发电模式。具体的措施如下:

(1) 鼓励社区、单位和家庭安装和使用光伏发电系统,有序推进光伏电站的建设。

(2) 东部分布式光伏有效降低输配电成本,其每度电成本低于离岸风电。

(3) 示范区的光伏发电要通过政府主导商业模式创新,才有可能使风险/收益合理。

(4) 光伏电站建设需要配套政策包括贷款。

国务院 2014 年底发布的《能源发展战略行动计划(2014—2020 年)》提出,2020年我国将实现"光伏发电与电网销售电价相当",系统成本达到 5 元/瓦以下[18]。"十三五"规划大力推动光伏发展,逐步完善行业规范、优化光伏布局等,给予光伏补贴8 年内不变。按照现行标准,集中式光伏发电方面仅补贴并网部分电价,并网的电价为 0.9~1 元/度,而分布式光伏电站将按照发电的总度数补贴 0.42 元/度,并网电费另算[19]。各地方政府为推动"万家屋顶""光电建筑一体化"项目工程的普及,优先并网,全额收买,除了国家补助 0.42 元/度外,还根据具体情况提供专项资金补助,如一期工程补助 4 元/瓦,二期工程暂定补助 3 元/瓦不等,并给予相当的补助年限[20]。另外,我国计划发展多种光伏产业,凭借因地制宜和光伏技术创新,提高光能转换效率,降低成本;计划于 2020 年降低发电成本至 1.2 元/度,2030 年发电成本为 0.6 元/度,2025 年实用组件的光电转换效率达到 25%[21]。

1.2 晶硅太阳能光伏发电技术

半导体材料的飞速发展推动了晶体硅的研发与应用。

1.2.1 晶硅太阳能电池发电原理

晶硅太阳能电池中的基础材料就是硅,硅是一种半导体材料,其原子结构如图 1-8 所示。硅最外层有四个电子,其导电性介于导体和绝缘体之间,呈电中性,当最外层电子获得能量(例如阳光)时会有部分电子脱离束缚成为自由电子[22]。晶硅太阳能电池就是利用半导体硅的这种光电效应进行发电的,在掌握晶硅太阳能电池发电原理之前需要了解以

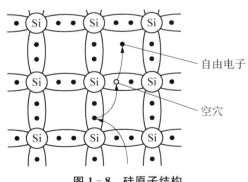

自由电子

空穴

图 1-8 硅原子结构

下几个概念——空穴、载流子、N 型半导体、P 型半导体、PN 结、减反膜。

空穴：硅最外层电子得到能量后,脱离原子核的束缚离开原来的位置,这个空位就是空穴。

载流子：载流子即电流载体,在半导体中有两种载流子——电子以及电子流失导致共价键上留下的空位(空穴)。一般情况下,在 N 型区是指自由电子,在 P 型区是指空穴,载流子在电场力的作用下做定向运动,产生电流[23]。

N 型半导体：在纯净的硅晶体中掺入五价元素(如磷、砷和锑),使之取代晶格中硅原子的位置,就形成了 N 型半导体(见图 1-9)。

P 型半导体：在纯净的硅晶体中掺入三价元素(如硼),使之取代晶格中硅原子的位置,就形成了 P 型半导体(见图 1-10)。

PN 结：通常是在一块完整的硅片上,用不同的掺杂工艺使其一边形成 N 型半导体,另一边形成 P 型半导体,两种半导体交界面附近的区域称为 PN 结(见图 1-11),如果是简单地将两种半导体拼合在一起,接触区域不能称为 PN 结。

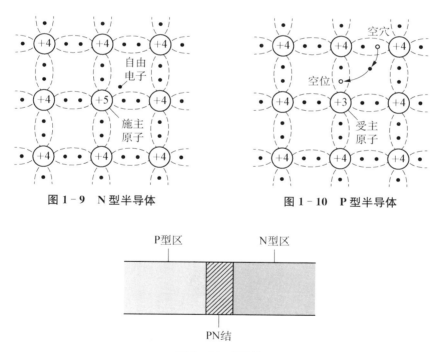

图 1-9　N 型半导体　　　　　　图 1-10　P 型半导体

图 1-11　PN 结

减反射膜：又称增透膜,覆盖在硅晶太阳能电池表面,它的主要功能是减少或消除透镜、棱镜、平面镜等光学表面的反射光,从而增加这些元件的透光量,减少或消除系统的杂散光[24]。

　　硅晶太阳能电池的主要原理是光生伏打效应(见图1-12),简称光伏效应,是指光照使不均匀半导体产生电动势的现象。当一块硅片包含P型和N型半导体时,在两种半导体的交界面区域里会形成一个特殊的薄层,在界面的P型一侧带负电,N型一侧带正电。这是由于P型半导体多空穴,N型半导体多自由电子而出现了电荷的浓度差,P区的空穴会自发扩散到N区,N区的电子会自发扩散到P区。由于电子和空穴的相向运动,原来呈现电中性的P型半导体在界面附近就富集负电荷(由于一部分空穴扩散到N区),类似地,原来呈现电中性的N型半导体在界面附近就富集正电荷(由于一部分电子扩散到P区),这样就形成了一个由N指向P的"内电场",称为内建电场,从而阻止电子和空穴扩散的进行。当电场力与浓度差达到平衡后,就形成了稳定的PN结。

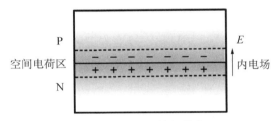

图1-12　光生伏打效应

　　前面说过半导体硅在光照的情况下最外层电子从光中获得能量形成自由电子,这样就产生一个电子-空穴对。如果这个电子-空穴对是在PN结中产生的,在电场力的作用下N型区一侧的空穴往P型区移动,而P型区一侧的电子往N型区移动,在PN结中形成电势差,在闭合回路下会形成从N型区到P型区的电流。再用金属网格覆盖在PN结两侧作为电极,这样就构成了电源。为了防止光滑的晶硅表面反射掉太多的光,会用特殊工艺在晶硅表面镀上一层氮化硅膜,这就是减反射膜。光伏电池结构如图1-13所示。

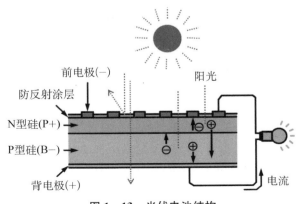

图1-13　光伏电池结构

1.2.2　太阳能电池的分类

根据所用材料不同,太阳能电池可分为晶硅(单/多晶)电池、多元化合物薄膜电池、聚合物多层修饰电极型和钙钛矿太阳能电池等(见图 1-14)[25]。

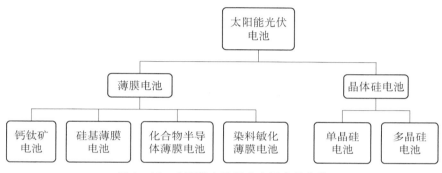

图 1-14　太阳能电池行业主要产品分类

美国国家可再生能源实验室(NREL)将太阳能电池按组分结构划分为如下几种:

(1) 晶体硅电池。单晶、多晶、厚硅薄膜、硅异质结构、薄膜晶体硅。

(2) 单结砷化镓。单晶、聚光、薄膜晶体。

(3) 多结电池(单片集成、双电极)。三结(聚光、非聚光)、两结(非聚光)、四结或多结(非聚光)。

(4) 薄膜电池技术。铜铟镓硒、碲化镉、非晶硅(又称 a-Si, amorphous silicon),其代表性材料为氢化非晶硅、微纳米聚合硅、多结多晶。

(5) 新兴光伏电池。染料敏化、有机电池、无机电池、量子点电池等。

1.2.3　PV 电池单元组成

一般 PV 电池由钢化玻璃、填充材料(EVA)、电池芯片、电极及引出线、背垫、密封及框架组成。当前,硅基光伏电池是主流,其次是各种薄膜材料。在市场驱动下,各种光伏电池多有发展,尤其是低成本的薄膜电池成为研发的重点。太阳能电池的不同结构与性能如表 1-3 所示。

表 1-3　太阳能电池的不同材料结构对性能的影响

太阳能电池材料结构	转换效率/%	面积/cm²	V_{oc}/V	J_{sc}/(mA/cm²)	FF/%	测定机构(测定时间：月/年)	研究单位
Si(单晶FZ)	25.0±0.5	4.00(da)	0.705	42.7	82.8	Sandia(3/1999)	新南威尔士大学
Si(单晶单体)	23.0±0.6	100.4(t)	0.729	39.6	80.0	AIST(2/2008)	三洋电机
Si(组件)	20.3±0.6	16 300(da)	66.1	6.35	78.7	Sandia(8/2007)	SunPower
Si(小面积多晶)	20.4±0.5	1.002(ap)	0.664	38.0	80.9	NREL(5/2004)	弗劳恩霍夫协会太阳能系统研究所
Si(大面积多晶)	18.7±0.6	217.4(t)	0.639	37.7	77.6	AIST(2/2008)	三菱电器
非晶硅(a-Si)	9.5±0.3	1.070(ap)	0.859	17.5	63.0	NREL(4/2003)	纽沙泰尔大学
Si(微晶)	10.1±0.2	1.199(ap)	0.539	24.4	76.6	JQA(12/1997)	钟化公司
a-Si/μc-Si 双结	11.7±0.4	14.23(ap)	5.462	2.99	71.3	AIST(9/2004)	钟化公司
a-Si/nc-Si/nc-Si 三结	12.5±0.7	0.27(ap)	2.010	9.11	68.4	NREL(3/2009)	美国联合太阳能系统公司
CIGS(小面积组件)	20.0±0.6	0.419(ap)	0.692	35.7	81.0	NREL(10/2007)	NREL
CIGS(大面积组件)	13.5±0.7	3.459(ap)	31.2	2.18	68.9	NREL(8/2002)	日本昭和壳牌
染料敏化电池	11.2±0.3	0.219(ap)	0.736	21.0	72.2	AIST(3/2006)	夏普
染料敏化电池	10.4±0.3	1.004(ap)	0.729	22.0	65.2	AIST(8/2005)	夏普
染料敏化电池	8.4±0.3	17.11(ap)	0.693	18.3	65.7	AIST(4/2009)	夏普
有机半导体	6.4±0.3	0.759(ap)	0.585	16.7	65.5	NREL(12/2008)	美国 Konarka 技术公司
有机半导体	5.15±0.3	1.021(ap)	0.876	9.40	62.5	NREL(12/2006)	美国 Konarka 技术公司
有机半导体(组件)	2.05±0.3	223.5(ap)	6.903	0.502	59.1	NREL(1/2009)	Plextronics

说明："da"表示指定照明面积；"t"表示总面积；"ap"表示采光面积。

1）芯片要求

材质要求：按照行业规范要求，PV 电池用的多晶硅分别满足《太阳能级多晶硅》（GB/T 25074）1 级品以及《硅多晶》（GB/T 12963）2 级品以上要求。

性能：用抗反射膜技术、表面绒面、背面发射器技术（BSR）减小入射光损失；用钝化层技术、选择性发射极、背电场技术减小载流子损失。

2）多元化合物薄膜材料

薄膜电池材料结构分为非晶硅、微晶硅；薄膜电池材料按组分划分，可分为非晶硅单结、非晶硅/非晶硅双结叠层、非晶硅/微晶硅双结叠层电池，也包括以硅为基础的各种合金材料和其他电池，例如非晶硅锗电池等。多元化合物薄膜太阳能电池材料为无机盐，其主要包括砷化镓Ⅲ-Ⅴ族化合物、硫化镉、铜铟镓硒（CIGS-$CuIn_{1-x}Ga_xSe_2$）等。

染料敏化剂分为无机染料与有机染料两大类。无机染料具有较高的热稳定性和化学稳定性。目前应用最好的多吡啶钌配合物类染料敏化剂以 N3、N719、C101 和黑染料为代表，电池效率已经超过了 11%，但成本较高。有机染料敏化剂具有消光系数高、吸收波长可控、便于进行分子设计与合成、成本较低等优点。然而有机染料敏化剂受制于稳定性及光谱吸收特性。对此，从光生电子的迁移传输规律着手，需要改善有机敏化剂分子结构。有机染料协同敏化的二氧化钛（TiO_2）电极是提高电荷分离效率、拓宽光谱吸收范围的有效措施。

以下方式有助于薄膜性能开发：改进非晶光稳定电子质量，降低非晶单元缝隙扩宽光谱转换，提高稳定效率；提高所有非硅、非硅铬层的生长速率，开发纳米晶硅的高速增长法，提高效率及稳定性。

3）电解质

DSSC（dye-sensitized solar cell）中电解质的关键作用是将电子传输给氧化态的染料分子，并将空穴传输到对电极。

电解质可分为液态、准固态及全固态 3 种。

液态电解质主要由 3 部分组成：有机溶剂、氧化还原电子对和添加剂。近年来液态电解质的光电转化效率已达到 7%～12%，但其寿命短。

准固态电解质有 2 类，一种是液态电解质与胶凝剂结合后形成的准固态电解质；另一种是以离子介质为基础的溶胶-凝胶电解质。近年来，关于溶胶-凝胶剂的研究进展很快。

全固态电解质完全克服了液态电解质和准固态电解质易挥发、寿命短和难封装的缺点，但其转化效率低。

目前，研发部门注重离子溶液与聚合物结合，关于有机空穴传输材料和无机 P 型-半导体材料的研究十分活跃。

4）电极

阳极材料除了常用的溶胶-凝胶法制备纳米 TiO_2 胶体以及丝网印刷技术在透明导电玻璃(TCO)上印制纳米 TiO_2 薄膜外,低温条件下在柔性衬底上制备纳米 TiO_2 薄膜法也取得了较好的研究成果。但柔性电池的光电极、导电基底的附着强度和电接触仍需提高。

阴极材料一般用导电玻璃片作为基体,采用不同方法镀上石墨、铂金或导电聚合物等不同材料,其中用热分解法制备的铂金膜效果较好。在 DSSC 电池中,阴极需要减少电流通过产生的极化现象所引起的电势损失。

5）电极引出胶黏剂

市场现有的系列低温快固银浆等可应用于各类型的太阳能电池的电极引出和制作,包括开发的导电银胶、导电银浆、红胶、底部填充胶、TUFFY 胶、LCM 密封胶、UV 胶、各向异性导电胶、太阳能电池导电浆料这九大系列光电胶黏剂。

适用于低表面扩散浓度电池工艺(LDE)的正银浆料 Solamet® PV19x 具有优异的细线印刷能力,为多晶电池实现大于 0.15％ 的效率提升提供保障[26]。在低至 30 μm 的细线设计下提高栅线的高宽比、优化填充因子和短路电流,这是 P 型电池用正银浆料持续提升效率的关键因素。着眼于在 2020 年实现降低 20％ 的单位生产成本,浆料、网版和图形设计的协同优化为先进的细线印刷提供解决方案。

1.2.4　晶体硅太阳能电池

自 1975 年 E. L. Ralph 等首次采用丝网印刷技术代替真空蒸镀以来,丝网印刷的晶体硅太阳能电池无论在设备和技术上都取得了很大的进步。

1）特点

单晶硅电池转换效率高,稳定性好,但是成本较高。

多晶硅是单质硅的一种形态。熔融的单质硅在过冷条件下凝固时,硅原子以金刚石晶格形态排列成许多晶核,如这些晶核长成晶面取向不同的晶粒组合,便成为多晶硅。多晶硅电池成本低,但由于材料存在缺陷,如晶界、位错、微缺陷和材料中的杂质碳、氧以及工艺过程中玷污的过渡金属,使转换效率略低于单晶硅电池。

2）结构形式

光伏电池的广泛应用推动了光伏组件结构的优化[27]。根据 PN 结位置不同,背接触硅太阳能电池可分为两类:

(1) 背结电池。PN 结位于电池背表面,发射区电极和基区电极也相应地位于电池背面,如 IBC(interdigitated back contact)电池。

(2) 前结电池。PN 结位于电池正表面,降低对衬底材料的要求。关键在于通过不同结构把正表面收集的载流子传递到背面的接触电极上,如 EWT(emitter wrap

through)电池。

下面再介绍几种太阳能电池：

（1）IBC 太阳能电池。它是 20 世纪 70 年代最早研究的背结电池，主要应用于聚光系统中。电池选用 N 型衬底材料，前后表面均覆盖一层热氧化膜，以降低表面复合。

（2）PCC(point-contact cell)太阳能电池。美国 SunPower 公司利用点接触及丝网印刷技术，于 2003 年研制出新一代背面点接触太阳能电池，改进后效率达 21.5％；采用 N 型硅材料作为衬底，载流子寿命在 1 ms 以上；A－300 较为出色的陷光、钝化效果以及采用了可批量生产的丝印技术，成为新一代高效背接触硅太阳能电池的典型代表。

（3）RISE(rear interdigitated single evaporation)太阳能电池由德国 ISFH 研究所结合激光烧蚀及 LFC 技术制备，以 P 型 FZ－Si 作为衬底，正面制作随机金字塔绒面，并通过 PECVD 沉积双层 SiN_x 薄膜，起到减反射和表面钝化作用。

（4）MWA(metallisation wrap around)太阳能电池结构与常规电池很相似，只是把常规电池的主栅转移到了背面边缘区域，细栅保留在原位。电极制作有两种：埋栅接触及化学镀法，其效率分别为 17.5％(CZ－Si)和 15.7％(mc－Si)；丝网印刷法，其效率分别达到了 17.0％(CZ－Si)和 15.9％(mc－Si)。

MWT 太阳能电池与 MWA 电池的差别仅在正表面细栅与背表面主栅的连接上，不通过电池的侧面区域，而是采用激光技术在细栅上打导电孔，使载流子在孔内进行扩散及金属化，从而能导通到背面的主栅上。在主栅的电极接触区重扩形成选择性发射极结构，而在基区电极接触区制作铝背场。考虑的关键在于背面电极的理想绝缘问题。

（5）EWT 电池完全去除了正表面的栅线电极，依靠电池中的无数导电小孔收集载流子，并传递到背面的发射区电极上。孔内进行重磷扩散以降低接触电阻及接触复合。

（6）POWER－EWT 太阳能电池。它既具有 POWER 电池半透明、机械柔韧性好等特点，又具有 EWT 电池连接简单、表面均一等优点。正表面的凹槽结构增加了表面的陷光效果；电池中任一点到收集结的距离都相应变短，可以在低质衬底上获得很高的收集效率。但由于电池背面基区主栅的绝缘效果欠佳，所以电效率仅达到 8.3％。

（7）RISE－EWT 电池是德国哈梅林太阳能研究所(ISFH)开发的一种大面积高效背接触太阳能电池。其结构和制作工艺与 RISE 电池相似，只是 PN 结位于电池正表面，随后采用 EWT 电池结构，利用激光钻孔连接正面发射区和背面发射区电极。整个制作流程无直接机械接触的加工，适于加工面积较大的薄晶片。最高电效率为

20%(FZ - Si，$93\ cm^2$)。

（8）VEST(via-hole etching for the separation of thin films)太阳能电池（见图 1 - 15）。它是把 EWT 概念运用到硅薄膜上而开发出的一种薄膜硅太阳能电池。硅薄膜的生长基于 SOI(silicon on insulator)技术。首先对高质量的硅片进行氧化，在表面形成一层 SiO_2，然后通过 ZMR(zone-melting recrystallization)，在衬底上生长出大面积多晶硅薄膜，随后通过腐蚀在硅薄膜上制作出面积约为 $100\ \mu m^2$，形状类似倒金字塔结构的小孔。最后用 HF 腐蚀去除孔下方的 SiO_2 层，使衬底与硅薄膜分离。

VEST 电池与 EWT 电池一样，利用小孔传递载流子，光照射有效面积损失仅取决于孔的大小（约为 1%）。三菱电机公司制作的厚度 $77\ \mu m$、面积 $96\ cm^2$ 的 VEST 电池，其电效率达到 16%。存在的问题是在电池设计时应考虑串联电阻问题。

（9）图 1 - 16 所示为 Back - OECO 太阳能电池（back-oblique evaporation of contacts），是一种基于金属-绝缘体-半导体接触的硅太阳能电池，具有双面感光特性，正面具有随机金字塔绒面。

为了达到最佳的钝化和减反射效果，在电池表面通过 PECVD 低温（400℃）沉积折射率不同的双层 SiN_x 薄膜。电池背面采用蒸镀技术（OECO），利用背脊的自遮掩效应，在极薄的氧化层上蒸镀低成本的铝作为电极，无需光刻、电极下重掺杂和高温工艺，即可形成高质量的接触。电池背面除 P 型接触区域外，均通过常规磷扩散制成 N^+ 发射区。ISFH 研究所研制的 Back - OECO 电池的电效率达到 21.5%(FZ - Si，$4\ cm^2$)。

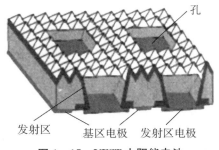

图 1 - 15　VEST 太阳能电池

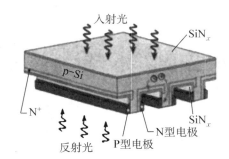

图 1 - 16　Back - OECO 太阳能电池

1.2.5　晶硅太阳能电池生产工艺

晶硅太阳能电池的生产过程比较复杂，企业在拿到原材料硅锭后会按照要求对硅锭进行机械切割成硅片。太阳能电池片的生产工艺流程分为硅片检测、表面制绒及酸洗、扩散制结、去磷硅玻璃、等离子刻蚀及酸洗、镀减反射膜、丝网印刷、快速烧结等步骤。以下对具体工艺进行详细介绍。

1）硅片检测

硅片是太阳能电池的基本单位，其好坏决定着太阳能电池的质量。因此硅锭在切割成规定尺寸后需要对硅片进行检测[28]。

该工序主要用来对硅片的一些技术参数进行在线测量，这些参数主要包括硅片表面不平整度、少子寿命、电阻率、PN结和微裂纹等。该组设备分自动上下料、硅片传输、系统整合部分和四个检测模块。其中，光伏硅片检测仪对硅片表面不平整度进行检测，同时检测硅片的尺寸和对角线等外观参数；微裂纹检测模块用来检测硅片的内部微裂纹；另外还有两个检测模组，其中一个在线测试模组主要测试硅片体电阻率和硅片类型，另一个模块用于检测硅片的少子寿命。在进行少子寿命和电阻率检测之前，需要先对硅片的对角线、微裂纹进行检测，并自动剔除破损硅片。硅片检测设备能够自动装片和卸片，并且能够将不合格品放到固定位置，从而提高检测精度和效率。

2）表面制绒及酸洗

经切片、研磨、倒角、抛光等多道工序加工成的硅片，其表面已吸附了各种杂质，如颗粒、金属粒子、硅粉粉尘及有机杂质，在进行扩散前需要对其进行清洗，消除各类污染物，且清洗的洁净程度直接影响着电池片的成品率和可靠率[29]。清洗主要是利用 HF、HCl 和 NaOH 等化学溶液对硅片进行腐蚀处理。

HF 去除硅片表面氧化层反应方程：

$$SiO_2 + 6HF \longrightarrow H_2[SiF_6] + 2H_2O \tag{1-1}$$

HCl 可以去除硅片表面的金属杂质，是因为盐酸具有酸和络合剂的双重作用，氯离子能溶解硅片表面可能玷污的杂质、铝、镁等活泼金属及其他氧化物，但不能溶解铜、金、银等不活泼金属以及二氧化硅等难溶物质。

清洗过的晶硅片紧接着会进行制绒，根据晶硅种类制绒可以分为单晶硅表面制绒和多晶硅表面制绒，按照腐蚀液的酸碱性可以分为酸制绒和碱制绒，其目的都是为了减少光的反射率，提高太阳能电池的短路电流，最终提高太阳能的光电转换效率。

对于单晶硅来说，制绒是利用碱对单晶硅表面的各向异性腐蚀，在硅表面形成无数的四面方锥体。目前工业化生产中通常是根据单晶硅片的各向异性特点采用碱与醇的混合溶液对晶面进行腐蚀，从而在单晶硅片表面形成类似"金字塔"状的绒面。反应如下：

$$Si + 2NaOH + H_2O =\!=\!= Na_2SiO_3 + 2H_2 \uparrow \tag{1-2}$$

对于多晶硅来说,利用浓硝酸的强氧化性和氢氟酸的络合性,对硅进行氧化和络合剥离,导致硅表面发生各向同性非均匀性腐蚀,从而形成类似"凹陷坑"状的绒面。反应如下:

$$Si + HNO_3 \longrightarrow SiO_2 + NO_x \uparrow + H_2O \qquad (1-3)$$

$$SiO_2 + 6HF \longrightarrow H_2[SiF_6] + 2H_2O \qquad (1-4)$$

3)扩散制结

太阳能电池发电需要 PN 结,这是晶硅太阳能电池发电的基本要求,工业上通过扩散工艺在硅片表面生成与硅片本身导电类型不同的扩散层,从而制成 PN 结。而硅晶太阳能的结构和性能基本上是由扩散工艺决定的。所谓的扩散是指物质分子或者原子热运动引起的一种自然现象,其中浓度差的存在是产生扩散运动的必要条件,而环境温度的高低是决定扩散运动快慢的重要因素[30]。

扩散的基本原理:杂质原子可以占据晶格中的替位或者间隙位置。当原子 A 替换了原来晶格处原子 B 的位置时,这个原子 A 称为替位原子;当某个原子占据晶格的间隙时,这个原子称为填隙原子。当向硅中掺杂磷、硼等杂质时,它们将会以替位原子的状态存在,能够提供自由电子或者空穴。

空位替换:在高温的环境下,晶格原子将会绕着平衡晶格位置振动,这个时候基质原子有可能获得足够多的能量离开平衡晶格位置而成为填隙原子,同时会产生一个空位。当空位旁的杂质原子占据了这个空位时,实现了空位的移动,这种机理称为空位扩散机理。

填隙扩散:若一个填隙原子从某位置移动到另一个间隙中而不占据一个晶格位置时,这种机理称为填隙扩散。

扩散工艺一般在管式扩散炉中进行,把 P 型硅片放在管式扩散炉的石英容器内,在 850~900℃高温下使用氮气将三氯氧磷(POCl₃)带入石英容器,通过三氯氧磷和硅片进行反应得到磷原子。经过一定时间,磷原子从四周进入硅片的表面层,并且通过硅原子之间的空隙向硅片内部渗透扩散,形成了 N 型半导体和 P 型半导体的交界面,也就是 PN 结。

4)去磷硅玻璃

在扩散过程中,$POCl_3$ 与 O_2 反应生成 P_2O_5 淀积在硅片表面。P_2O_5 与 Si 反应又生成 SiO_2 和磷原子,这样就在硅片表面形成一层含有磷元素的 SiO_2,称为磷硅玻璃。具体的反应式如下:

$$4POCl_3 + 3O_2 \longrightarrow 2P_2O_5 + 6Cl_2 \qquad (1-5)$$

$$2P_2O_5 + 5Si \longrightarrow 4P + 5SiO_2 \qquad (1-6)$$

　　磷硅玻璃的存在会影响硅晶电池板的质量,所以应通过相关工艺去除这层磷硅玻璃。在半导体生产腐蚀工艺上用氢氟酸去除硅晶片表面的二氧化硅层,氢氟酸是一种强酸,易挥发,有强腐蚀性,可以与二氧化硅发生反应。

　　氢氟酸溶解二氧化硅会生成易挥发的四氟化硅气体:

$$SiO_2 + 4HF \longrightarrow SiF_4 \uparrow + 2H_2O \qquad (1-7)$$

　　如果氢氟酸过量,反应生成的四氟化硅会进一步与氢氟酸反应生成可溶性的络合物六氟硅酸:

$$SiF_4 + 2HF \longrightarrow H_2[SiF_6] \qquad (1-8)$$

　　总反应式可以写成:

$$SiO_2 + 6HF \longrightarrow H_2[SiF_6] + 2H_2O \qquad (1-9)$$

　　去磷硅玻璃的设备一般由本体、清洗槽、伺服驱动系统、机械臂、电气控制系统和自动配酸系统等部分组成,主要动力源有氢氟酸、氮气、压缩空气、纯水,热排风和废水。

　　5) 等离子刻蚀及酸洗

　　由于在扩散过程中,即使采用背靠背扩散,硅片的所有表面包括边缘都将不可避免地扩散上磷。PN 结的正面所收集到的光生电子会沿着边缘扩散,从有磷的区域流到 PN 结的背面,而造成短路[31]。因此,必须对太阳能电池周边的掺杂硅进行刻蚀,以去除电池边缘的 PN 结。

　　早期的刻蚀方法有腐蚀法和挤压法。其中,腐蚀法是将硅片的两面涂上黑胶,在硝酸和氢氟酸的混合液中腐蚀一定时间后取出,再将黑胶清除。挤压法则是用大小与硅片相同、略带弹性的耐酸橡胶或者塑料,与硅片相间整齐隔开,并且施加些许压力以免腐蚀液渗入缝隙,放入腐蚀液中一段时间则可以将硅片周边的扩散层去除。

　　而随着工艺的发展,现在通常采用等离子刻蚀技术完成这一工艺。等离子体刻蚀是采用高频辉光放电反应,使反应气体激活成活性粒子,这些活性粒子扩散到需要刻蚀的部位,在那里与被刻蚀材料进行反应,形成挥发性生成物而被去除。反应迅速,材料可以获得良好的物理形貌。在刻蚀之前需要先在硅片两旁分别放置一片与硅片同样大小的玻璃夹板,叠放整齐,用夹具夹紧,以确保待刻蚀的硅片中间没有较大的缝隙,然后将夹具平稳放入反应室的支架上,关好反应室的盖子。对于不同规格的硅片,应该适当地调整辉光功率和刻蚀时间以达到完全去除短路通道的效果。

　　刻蚀过程最关键的工艺是刻蚀时间和射线功率。如果刻蚀不足,电池的并联电阻会下降;如果刻蚀时间过长,电池的正反面会造成损伤,严重情况下,损伤会不可避免地延伸到正面结区,从而导致损伤区域高复合;如果射频的功率过高,等离子体中的离子能量过高会对硅片边缘造成较大的轰击损伤,导致边缘区域的电性能变差从而使电池的性能下降;如果射频功率太低,等离子体会不稳定和分布不均匀,从而引起某些区域刻蚀过度而某些区域刻蚀不足,导致并联电阻下降。

6) 镀减反射膜

前面说过减反射膜是为了阻止减小硅片对阳光的反射,其中制绒工艺是在硅片表面形成金字塔型微结构,这样光线在硅片表面多次反射会增加硅片对光的吸收,但是仍会有一定比例的光线反射出去。所以为了进一步提高光伏电池对光线的利用率硅片表面会镀上一层减反射膜。减反射膜有一定的选材要求,材料必须透明才能保证光线穿透后照射到晶硅表面,其次材料要有合适的折射率。目前光伏产业常用 SiO_2、TiO_2 和 Si_3N_4 等作为减反射膜的材料。

镀氮化硅膜的方法有很多,在工业上大量使用的是等离子增强型化学气相沉积(PECVD)法。它的技术原理是利用低温等离子体做能量源,样品置于低气压下辉光放电的阴极上,利用辉光放电使样品升温到预定的温度,然后通入适量的反应气体 SiH_4 和 NH_3,气体经一系列化学反应和等离子体反应,在样品表面形成固态薄膜即氮化硅薄膜。一般情况下,使用这种等离子增强型化学气相沉积的方法沉积的薄膜厚度为 70 nm 左右。这样厚度的薄膜具有较好的光学性能。利用薄膜干涉原理,这种薄膜可以使光的反射大为减少,电池的短路电流和输出就有很大增加,效率也有相当的提高。同时,氮化硅化学稳定性好,可以在很大程度上防止晶硅片的腐蚀。

7) 制作电极

晶硅片在经历了一系列的工艺制作后进入制作电极的环节,制作电极就是在太阳能电池两侧制作正负极。一般通过丝网印刷的方法制作电极。电池板在光照的条件下在 PN 结两侧有正负电荷的积累,因此产生了光生电动势。用闭合回路把电流引出。

丝网印刷是采用压印的方式将预定的图形印刷在基板上,该设备由电池背面银铝浆印刷、电池背面铝浆印刷和电池正面银浆印刷三部分组成。其工作原理如下:利用丝网图形部分网孔透过浆料,用刮刀在丝网的浆料部位施加一定压力,同时朝丝网另一端移动。浆料在移动中被刮刀从图形部分的网孔中挤压到基片上。由于浆料的黏性使印迹固着在一定范围内,印刷中刮板始终与丝网印版和基片呈线性接触,接触线随刮刀的移动而移动,从而完成印刷行程。

电极材料的选取要保证电极的导电性优良,能与硅形成良好的欧姆接触,收集效率高,可以焊接,成本低,污染小,便于加工等。

8) 高温烧结

将制作好电极的太阳能电池片在高温的环境下快速烧结,使得正面的银浆穿透氮化硅薄膜与硅片形成良好的接触,背面的铝浆穿透磷扩散层与 P 型衬底形成欧姆接触,并形成一个背电场。烧结过程在烧结炉中进行,烧结炉分为预烧结、烧结、降温冷却三个阶段。预烧结阶段目的是使浆料中的高分子黏合剂分解、燃烧掉,此阶段温度慢慢上升;烧结阶段中,烧结体内完成各种物理化学反应,形成电阻膜结构,使其真正具有电阻特性,该阶段温度达到峰值;在降温冷却阶段,玻璃冷却硬化并凝固,使电阻膜结构固定地黏附于基片上。

烧结原理为当电极里的金属材料和半导体单晶硅加热到共晶温度时,单晶硅原子以一定的比例融入到熔融的合金电极材料中。单晶硅原子融入到电极金属中的整个过程是相当快的,一般只需几秒钟的时间。融入的单晶硅原子数目取决于合金温度和电极材料的体积,烧结合金温度越高,电极金属材料体积越大,则融入的硅原子数目也越多,这时的状态称为晶体电极金属的合金系统。

9) 太阳能电池性能测试及组件的封装

制作好的太阳能电池,需要通过测试仪器对其进行最佳工作电压、最佳工作电流的性能参数的测试。测试合格的太阳能电池片通常不能直接供电,这是因为电池片的机械强度差,且电极容易被氧化腐蚀,而单片太阳能电池的工作电压也很小,无法满足实际需要。所以需要对电池片进行各方面的保护,然后再封装成组件。太阳能电池组件是可以直接供出直流电的最小不可分割的太阳能电池组合装置。

1.2.6 晶硅太阳能电池发电系统设计

按照太阳能电站的工程项目,因地制宜地实施电站设计是成功的关键。

1.2.6.1 选址

1) 整体要求

光伏发电站的站址选择应根据国家可再生能源中长期发展规划、地区自然条件、太阳能资源、交通运输、接入电网、地区经济发展规划、其他设施等因素进行全面考虑。

在选址工作中,工程师应从全局出发,正确处理太阳能发电站与相邻农业、林业、牧业、渔业、工矿企业、城市规划、国防设施和人民生活等各方面的关系。

光伏发电站选址时,应研究电网结构、电力负荷、交通、运输、环境保护要求、出线走廊、地质、地震、地形、水文、气象、占地拆迁、施工以及周围企业对电站的影响等情况,拟订初步方案,通过全面的技术经济比较和经济效益分析,提出论证和评价。当有多个候选站址时,应提出推荐站址的排序[32]。

2) 日照条件

站址选址应考虑该地区太阳能资源分布情况,光伏电站应建在区域日照充足地区。根据我国太阳能资源区划标准,应在表1-4中给出的Ⅲ类(即太阳能资源可利用区)及以上。

表 1-4　中国太阳能资源分布表

地区类型	年日照数/(h/a)	年辐射总量/(MJ/m²·a)	包括的主要地区	备注
Ⅰ类	3 200～3 300	6 680～8 400	青海西部、甘肃北部、宁夏北部、新疆南部、西藏西部	太阳能资源最丰富地区
Ⅱ类	3 000～3 200	5 852～6 680	河北西北部、山西北部、内蒙古南部、宁夏南部、甘肃中部、青海东部、西藏东南部、新疆南部	较丰富地区
Ⅲ类	2 200～3 000	5 016～5 852	山东、河南、河北东南部、山西南部、新疆北部、吉林、辽宁、云南、陕西北部、甘肃东南部、广东南部	中等地区
Ⅳ类	1 400～2 000	4 180～5 016	湖南、广西、江西、浙江、湖北、福建北部、广东北部、陕西南部、安徽南部	较差地区
Ⅴ类	1 000～1 400	3 344～4 180	四川大部分地区、贵州	最差地区

3）地质条件

地质条件也为选址重要的考虑因素之一。地质条件的优劣直接影响电站初始投资额度的大小。同时，恶劣的地质条件也是电站安全问题的隐患之一。

根据 GB 18306—2015《中国地震动参数区划图》以及 GB 18306—2015 图 A1《中国地震动峰值加速度区划图》，光伏发电站站址宜建在地震基本烈度为 9 度及以下地区，对于 9 度以上地区建站，相关人员应进行地震安全性评价。

选择站址时应避开地质灾害易发区，如有危岩、泥石流、岩溶发育、滑坡的地段和发震断裂地带等。

当站址选择在采空区影响范围内时，相关人员应进行地质灾害危险性评估，综合评价地质灾害危险性的程度，提出建设站址适宜性的评价意见，并采取相应的防范措施[33]。

地面光伏发电站站址宜选择在地势平坦的地区或北高南低的坡度地区。

坡屋面光伏发电站的建筑，其主要朝向宜为南或接近南向，宜避开周边障碍物对光伏电池组件的遮挡。

站址场地标高应满足与光伏发电站等级相对应的防洪标准（见表 1-5）。对于站内地区低于上述高水位的区域，应有防洪设施。防排洪设施宜在首期工程中按规划容量统一规划，分期实施。

表 1 - 5　光伏发电站的等级和防洪标准

光伏电站等级	规划容量/MW	防洪标准（重现期）
Ⅰ	＞500	≥100 年一遇的高水（潮）位
Ⅱ	30～500	≥50 年一遇的高水（潮）位
Ⅲ	＜30	≥30 年一遇的高水（潮）位

对位于海滨的光伏发电站，如设防洪堤（或防浪堤），其堤顶标高应按表 1 - 5 给出的防洪标准（重现期）的要求加重现期为 50 年累积频率 1% 的浪爬高和 0.5 m 的安全超高确定。

对位于江、河、湖旁的光伏发电站，其防涝堤的堤顶标高应按表 1 - 5 给出的防洪标准（重现期）的要求加 0.5 m 的安全超高确定；当受风、浪、潮影响较大时，尚需再加重现期为 50 年的浪爬高。防洪堤的设计还应征得当地水利部门的同意。

在以内涝为主的地区建站时，防涝堤顶标高应按 50 年的重现期设计内涝水位（当难以确定时，可采用历史最高内涝水位）加 0.5 m 的安全超高确定。如有排涝设施时，则按设计内涝水位加 0.5 m 的安全超高确定。

如不设防洪堤，站区设备基础顶标高和建筑物室外地坪标高应不少于表 1 - 5 已给出的防洪标准（重现期）或历史最高内涝水位的要求。

对位于山区的光伏发电站，应考虑防山洪和排山洪的措施，防排设施应按频率为 1% 的山洪设计。

4）气象条件

对于太阳能电站来讲，气象条件直接影响电站的工作效率，因此电站的选择要以多晴少云、多旱少雨的气候特征作为选址的基本气象条件。

无遮光的障碍物；无盐害、公害；无冬季的积雪、结冰、雷击灾害状态。

5）接入电网条件

光伏发电站站址选择应充分考虑电站达到规划容量时接入电力系统的出线条件[34]。

6）环境条件

光伏发电站站址选择应利用非可耕地和劣地，不破坏原有水系，做好植被保护，减少土石方开挖量；应节约用地，减少房屋拆迁和人口迁移。

选择站址时，应避开空气经常受悬浮物严重污染的地区。

光伏发电站站址应避让重点保护的文化遗址，不应设在有开采价值的露天矿藏或地下浅层矿区上。若站址地下深层压有文物、矿藏时，除应取得文物、矿藏有关部门同意的文件外，还应对站址在文物和矿藏开挖后的安全性进行评估。

7）交通

选址时既要考虑施工时设备、材料及变压器等大型设备运输的方便,又要考虑运行、检修时交通运输的方便。

一般情况下,电站站址应尽可能选择在已有或规划的航空、铁路、公路、河流交通线附近,这样可以减少交通运输的困难和投资,加快建设并降低运输成本。

1.2.6.2　关键部件设计计算

由于太阳光能量变化的无规律性、负载功率的不确定性以及太阳能电池特性的不稳定性等因素,太阳能光伏发电系统的设计比较复杂。太阳能光伏系统的设计方法一般可分为解析法和计算机仿真法两种。解析法是根据系统的数学模型,并使用设计图表等进行设计而得出所需的设计值的方法。解析法可分为参数分析法以及LOLP(loss of load probability)法两种方法。

参数分析法是一种将复杂的非线性太阳能光伏系统当作简单的线性系统处理的方法。设计时可从负载与太阳光的入射量着手进行设计,也可以从太阳能电池组件的设置面积着手进行设计。此方法不仅使用价值高,而且设计方法简单。

LOLP 法是一种用概率变量描述系统的方法。由于系统的状态变量、系数等变化无规律可循,直接处理起来不太容易,而采用 LOLP 法可以较好地解决此问题。

计算机仿真法则是利用计算机对日照、不同类型的负载以及系统的状态进行动态计算,实时模拟实际系统的状态的方法。由于此方法可以秒、小时为单位对日照量与负载进行一年的计算,因此,可以准确地反映日照量与负载之间的关系,设计精确度较高。

上面列举了 3 种设计方法,一般常用参数分析法和计算机仿真法,这里着重介绍利用参数分析法和计算机仿真法进行系统设计的方法。

太阳能光伏系统设计时,一般采用负载消费量决定所需太阳能电池容量的方法。但是太阳能电池在安装时,往往会出现设置面积受到限制等问题,因此,设计者应事先调查太阳能电池可设置的面积,然后算出太阳能电池的容量,最后进行系统的整体设计[35]。

1）方阵容量的计算

用参数分析法对系统进行设计时,要对方阵容量进行计算。一般分为两种情况:一种是负载已决定时的情况,另一种是方阵面积已决定时的情况,下面对这两种情况分别进行讨论。

负载已决定时,需要根据负载消费量决定所需太阳能电池容量,一般使用如下公式进行计算:

$$P_{AS} = \frac{E_L DR}{(H_A/G_S)K} \tag{1-10}$$

式中,P_{AS} 为标准状态时太阳能电池方阵的容量(kW);H_A 为某期间得到的方阵表面的日照量(kW·h/(m²·期间));G_S 为标准状态下的日照强度(kW/m²);E_L 为某期间负载消费量(需要量)(kW·h/期间);D 为负载对太阳能光伏系统的依存率($D=1-$ 备用电源电能的依存率);R 为设计余量系数,通常在 1.1～1.2 的范围;K 为综合设计系数(包括太阳能电池组件出力波动的修正、电路损失、机器损失等)。

上式中的综合设计系数 K 包括直流修正系数 K_d、温度修正系数 K_t、逆变器转换效率 η 等。直流修正系数 K_d 用来修正太阳能电池表面的污垢、太阳日照强度的变化引起的损失以及太阳能电池的特性差等,K_d 值一般为 0.8 左右。温度修正系数 K_t 用来修正因日照引起的太阳能电池的升温、转换效率变化等,K_t 值一般为 0.85 左右。逆变器转换效率 η 是指逆变器将太阳能电池发出的直流电转换为交流电时的转换效率,通常为 0.85～0.95。

对于住宅用太阳能光伏系统而言,某时段负载消费量 E_L 可用两种方法加以概算:第一种方法是根据使用的电气设备以及使用时间计算,另一种方法是根据电表的消费量进行推算。根据使用的电气设备以及使用时间计算负载的消费量时,一般采用如下公式进行计算:

$$E_L = \sum (E_1 T_1 + E_2 T_2 + \cdots + E_n T_n) \tag{1-11}$$

式中,负载消费量 E_L 一般以年为单位,即用 E_L 表示年间总消费量,并用单位(kW·h/a)表示;$E_k (k=1, 2, \cdots, n)$ 为各电气设备的消费电量;$T_k (k=1, 2, \cdots, n)$ 为各电气设备的年使用时间。

某时段得到的方阵表面的日照量与设置的场所(如屋顶)、方阵的方向(方位角)以及倾斜角有关,当然,各月也不尽相同。太阳能电池方阵面向正南时日照量最大,太阳能电池方阵倾斜角与设置地点的纬度相同时,理论上的年日照量最大。但实测结果表明,倾斜角略小于设置地点的纬度时日照量较大[36]。

设置太阳能光伏系统时,有时会受到设置场所的限制,即太阳能电池方阵的设置面积会受到限制。系统设计时需要根据设置面积算出太阳能电池的容量。如果已知设置地点的日照量、标准太阳能电池方阵的出力 P_{AS} 以及综合设计系数 K 则可根据下式计算出太阳能光伏系统的日发电量:

$$E_P = H_A K P_{AS} \tag{1-12}$$

标准状态下的太阳能电池方阵的转换效率 η_s 可由下式表示:

$$\eta_s = \frac{P_{AS}}{G_S A} \times 100\% \tag{1-13}$$

式中,A 为太阳能电池方阵的面积。

太阳能电池芯片、太阳能电池组件的转换效率可用式(1-13)进行计算。一般简单地称为转换效率,有时需要加以区别。这些转换效率之间的关系是:太阳能电池芯片转换效率>太阳能电池组件的转换效率>太阳能电池方阵转换效率。

2) 太阳能电池组件总枚数的计算

计算出必要的太阳能电池容量(kW)之后,下一步则需确定太阳能电池组件的总枚数以及串联的枚数(一列的组件枚数)。组件的总枚数可以由必要的太阳能电池容量计算得到,串联枚数可以根据必要的电压(V)算出。

太阳能电池组件的总枚数由下式计算:

$$组件的总枚数 = \frac{必要的太阳能电池容量(W)}{每枚组件的最大出力(W)} \tag{1-14}$$

太阳能电池组件的串联枚数由下式计算:

$$串联枚数 = \frac{必要的电压(V)}{每枚组件的最大输出电压(V)} \tag{1-15}$$

根据太阳能电池组件的总枚数以及串联组件的枚数则可计算出太阳能电池组件的并联枚数,由下式计算:

$$并联枚数 = \frac{组件的总枚数}{串联枚数} \tag{1-16}$$

太阳能电池组件使用枚数可以算出:

太阳能电池组件使用枚数=串联枚数×并联枚数

3) 太阳能电池方阵的年发电量的估算

所设计的太阳能电池方阵的年发电量可以由下式估算:

$$E_P = \frac{H_A K P_{AS}}{G_S} \tag{1-17}$$

式中,E_P 为年发电量(kW·h);P_{AS} 为标准状态时太阳能电池方阵的容量(kW);H_A 为方阵表面的日照量(kW·h/(m²·a));G_S 为标准状态下的日照强度(kW/m²);K 为综合设计系数。

4) 蓄电池容量的计算

太阳能光伏系统设计时,根据负载的情况有时需要装蓄电池。蓄电池容量的选择要根据负载的情况、日照强度等进行。下面介绍比较稳定的负载供电系统以及根据日照强度控制负载容量的系统的蓄电池容量设计方法[37]。

负载的用电量不太集中,负载供电系统比较稳定时,可用下式确定蓄电池容量:

$$B_c = E_L N_d R_b / (C_{bd} U_b \delta_{bv}) \qquad (1-18)$$

式中，B_c 为蓄电池容量（kW·h）；E_L 为负载每日的需要电量（kW·h/d）；N_d 为无日照连续日数（d）；R_b 为蓄电池的设计余量系数；C_{bd} 为容量低减系数；U_b 为蓄电池可利用放电范围；δ_{bv} 为蓄电池放电时的电压低下率。其中 C_{bd}、U_b 和 δ_{bv} 可以由蓄电池的技术资料得到。

无论是雨天还是夜间，当需要向负载提供最低电力时，必须考虑无日照的连续期间向最低负载提供电力的蓄电池容量。在这种情况下，一般采用下式进行计算：

$$B_c = [E_{LE} - P_{AS}(H_{AI}/C_S K) N_d R_b / (C_{bd} U_b \delta_{bv})] \cdot N_d \qquad (1-19)$$

式中，E_{LE} 为负载所需的最低电量（kW·h/d）；H_{AI} 为无日照的连续日数期间所得到的平均方阵表面日照量（kW·h/d）。

5）逆变器容量的计算

对于独立系统来说，逆变器容量一般用下式进行计算：

$$P_{in} = P_m R_e R_{in} \qquad (1-20)$$

式中，P_{in} 为逆变器容量（kV·A）；P_m 为负荷的最大容量（kV·A）；R_e 为突流率；R_{in} 为设计余量系数（一般取 1.5～2.0）。

对于并网系统来说，逆变器在负载率较低的情况下工作时效率较低。另外，逆变器的容量较大时价格也高，应尽量避免使用大容量的逆变器。选择逆变器的容量时，应使其小于太阳能电池方阵的容量，即 $P_{in} = P_{AS} C_n$，这里 C_n 为低减率，一般取 0.8～0.9[38]。

1.2.6.3　山地光伏电站工程设计建议

基于我国山地多、平原少的特征，应采用不占用可耕地的原则，光伏电站建设都根据工程选址的地貌、水文等环境条件选取发电模块的整体配置。荒山、滩涂等地适用于占地面积大的光伏电站。我国目前一般更多地倾向于分布式、农光互补以及水光互补等多种复合发电形式。

1）山区建设光伏电站的特殊性

电站厂址优先考虑在日照年总辐射量高（5 000～5 600 MJ/m²）、年利用小时数多（1 120～1 400 h）的地区。选择适宜的山地地形，电站场地要剔除高压线、水沟、高山遮挡区域等环境因素。整个光伏电站的经济效益与电力接入点（变电站或者附近35 kV架空线）关联密切，宜在 8 km 以内，到 110 kV 变电站的距离在 15 km 以内。施工的难度与山地坡度有关，建议在 25° 以内。电池板设计用地面积要考虑到山坡的阴影，最好布置在正南坡（坡度小于 40°），其次为东南、西南向坡、东西坡坡度小于 20°以及坡度最小的北坡[39-40]。

2）布置方案的特殊性

山地光伏电站应根据地区的地形、地势和气候的特点,可选择集中的或者组串型的逆变器。传统集中型逆变器:布置阵列集中,光伏组件朝向一致,山体坡度基本为南向。组串型逆变器:布置场地地形复杂,阵列布置较为分散,光伏方阵容量差异大,光伏组件朝向各异。

方案计算表明,组串型逆变器的总系统效率比集中型的约高 3 个百分点。

3）山地 PV 支架形式选择

光伏支架形式如下:单立柱、单立柱抱箍配钻孔灌浆、双立柱条形配重基础、双立柱配钻孔灌浆。

安装要求:保证光伏组件倾角一致的条件下,对前、后立柱的调节要求较高,故山区电站支架应具有较大范围的调节能力。

4）山地 PV 的集电方案

电缆直埋的方案经济性最好。电缆沿桥架敷设方案的经济性较好,适用于地表无法开挖、地表岩石的情况。电缆架空敷设的经济性一般,一般采用钢杆形式架空敷设,主要适用于山体情况较复杂,且光伏阵列布置分散的情况。

1.2.6.4 智能化

就分布式光伏电站配置数量多的组串型逆变器及由于其布置分散等原因造成电站功率调节的问题,研究者提出了一种区域智能、分层控制的调控系统[41],将光伏监控主站的功率调节任务按照一定的分配算法分配给多个区域智能调控单元,各智能调控单元同时调节完成整个光伏电站的功率调节任务并实时上送至监控主站,既提高了调节速度及调节精度,又减轻了主站的调节负担。

分布式光伏电站具有布线的简便性、能源最小损耗、接入电网的分散无序性和多电源结构等特点,通常在 10 kV 及以上电压等级的工程建设中要求电站具有功率调节功能,功率调节可以提高电网对分布式光伏发电的接纳能力,使光伏电站能够自动接收调度系统的调节指令,降低其对电网运行的负面影响。

1）电站功率调节控制

光伏电站由建设补贴转换成度电补贴的政策,使用户更关注负荷和发电量。影响发电量的因素如下:当地的太阳能资源、光伏发电的效率、运行方式、电池表面清洁度、线路损耗等。其中最大影响因素是光伏阵列效率,即光伏阵列在 1 000 W/m² 太阳能辐射强度下,实际的直流输出功率与标称功率之比。

光伏阵列在能量转换过程中的损失包括组件的匹配损失、太阳辐射损失、温度影响、最大功率点跟踪精度及直流线路损失以及各种物体投射的阴影造成系统"失配"而引起的遮蔽损失等。

组串逆变器(不大于 60 kW)采用模块化设计,可有助于每个光伏组串并网逆变器直流端口实现最大功率跟踪额功能,且不受组串间模块差异和遮影的影响,减少了光伏组件最佳工作点与逆变器不匹配的情况,还可解决不同朝向、不同倾角、不同区域引起的低效率问题,最大化地减小阵列失谐损耗对发电效率的影响;同时,省去汇流箱、直流柜,减少了两个故障环节,提高系统的可靠性。这种分散逆变、集中并网的模式可大大提高发电效率和发电量。可是,这种模式带来另一个问题,即组串逆变器的功率调节与控制的复杂性,所以逆变器的数据采集及控制的可靠性问题尚需解决。

2) 区域智能控制策略

在分布式光伏电站网络结构图 1-17 中,光伏监控主站主要接收调度中心下发的功率调节指令,然后进行功率分配计算,并将计算结果下发给各对应的区域智能调控单元。区域智能调控单元包括数据采集与处理模块,采集就地组串逆变器、电度表、保护测控装置等设备的模拟量、开关量、电度量等数据并进行相应的处理(如滤波、精度校验、有效性检查等)。区域智能调控单元主要在光伏监控主站与区域就地设备之间建立了桥梁,起到"承上启下"的作用。

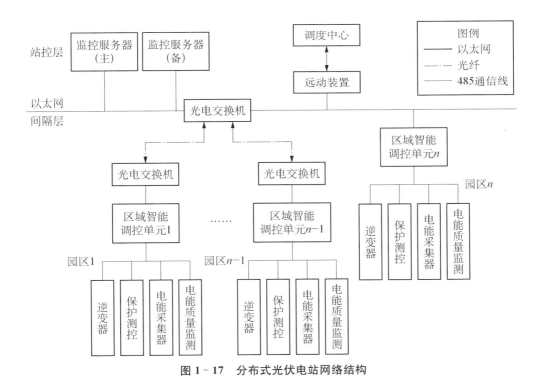

图 1-17　分布式光伏电站网络结构

区域智能调控系统采用的智能功率调节策略的框架如图 1-18 所示。

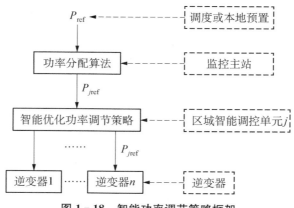

图 1-18　智能功率调节策略框架

调节步骤如下：

（1）监控主站接收调度指令 P_{ref} 或在本地预置调节指令 P_{ref} 后，根据实时输出功率 P_{cur} 计算出整站待分配的有功调节指令 P_{Dref}。

（2）监控主站根据功率分配算法计算各区域智能调控单元的待分配有功调节指令，按照最大可调容量大的区域分配有功功率多的原则进行功率调节指令的分配。

（3）各智能调控单元根据调节指令 P_{jref} 分配给所负责区域内的组串逆变器并进行调节。

经过有功控制能力及电压无功控制能力的模拟测试表明，前者每次调节完成的响应时间均不超过 2 min，后者无功输出可以很好地跟踪预置的计划调节指令，能够实现较高的调节精度，且调节时间在 2 min 以内均满足要求。

大量分布式电源的合理接入是智能配电网的重要特征之一。光伏电源的智能配电网规划、网络潮流、电压与无功平衡、电能质量、继电保护、故障与可靠性、微网动态、优化调度与协调运行等内容还需深入研究，以期光伏电源合理接入智能配电网，促进智能电网快速发展。作为一种重要的分布式电源，光伏电源正处在由补充能源向替代能源过渡的阶段，并从独立系统向大规模并网发展[42]。

1.2.6.5　光伏发电并网

1）并网型光伏发电系统分类

光伏发电系统根据不同的构成、使用目的等可进行各种分类，如根据光伏发电系统所产生的电能是否反送到电力系统可分为有逆流（电能反送电力系统）型并网系统和无逆流（电能不反送电力系统）型并网系统，还有切换型并网系统，直、交流型并网系统，混合用系统以及地域型系统等，图 1-19 为并网型光伏发电系统的主要类型[43]。

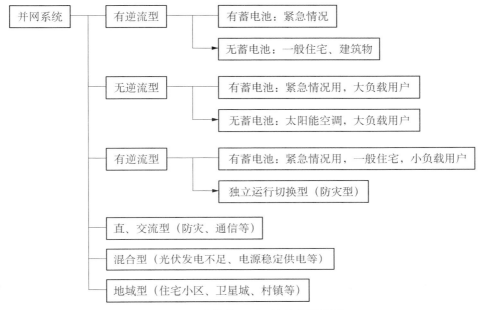

图 1 - 19　光伏并网型系统的主要类型

2）有逆流型并网系统

有逆流型并网系统如图 1 - 20 所示。太阳能电池的电力供给负载后若有剩余电能，并且剩余电能流向电力系统，则称该系统为有逆流型并网发电系统。对于有逆流型并网发电系统来说，由于剩余电能可以供给其他负载使用，因此可以充分发挥太阳能电池的发电能力，并使电能得到充分利用。当太阳能电池的电力不能满足负载的需要时，可从电力系统得到电能。有逆流型并网系统可广泛用于家庭、工业电源等场合，目前一般采用这种并网系统[44]。

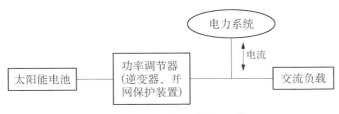

图 1 - 20　有逆流型并网系统

在并网型光伏发电系统中一般省去蓄电池，这不仅可节省投资，使系统的成本大大降低，有利于光伏发电系统的普及，同时还可以省去蓄电池的维护、检修等费用，所以该系统十分经济。目前，这种不带蓄电池、有逆流型并网发电系统在住宅用、屋顶用等光伏发电系统中正得到越来越广泛的应用。

3）无逆流型并网系统

无逆流型并网系统如图 1‑21 所示。太阳能电池的电力供给负载后即使有剩余电能,但剩余电能并不流向电力系统,该系统称为无逆流型并网系统。在此系统中,如果太阳能电池的电力不能满足负载的需要,可从电力系统得到电能。

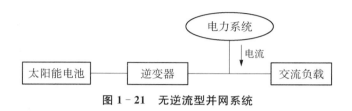

图 1‑21　无逆流型并网系统

4）切换型并网系统

切换型并网系统可分为一般情况下使用的系统以及自立运行切换型并网系统,后者主要在防灾等情况下使用。

切换型并网光伏发电系统如图 1‑22 所示,该系统主要由太阳能电池、蓄电池、逆变器、切换器以及负载等构成。正常情况下光伏发电系统与电力系统分离,直接向负载供电。当日照不足、夜间、阴雨天或蓄电池的电能不足时,切换器自动切向电力系统一侧,由电力系统向负载供电,这种系统的特点是在设计蓄电池的容量时可选择较小容量的蓄电池,节省投资。

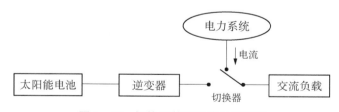

图 1‑22　切换型并网光伏发电系统

自运行切换型并网光伏发电系统一般用于灾害、救灾等情况下。图 1‑23 为自运行切换型并网系统,通常该系统通过系统并网装置与电力系统连接,光伏发电系统所产生的电能供给负载,当灾害发生时,系统并网保护装置(功率调节器内)发动,使光伏发电系统与电力系统分离,带有蓄电池的自运行切换型并网光伏发电系统可作为经济通信、避难所、医疗设备、加油站、道路指示以及照明等的电源,向灾害情况下的负载紧急供电。

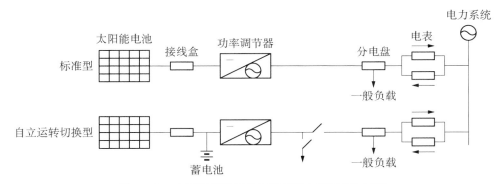

图 1 - 23 自运行切换型并网光伏发电系统(防灾型)

5) 直、交流型并网系统

图 1 - 24(a)所示为直流并网型光伏发电系统。由于情报通信等设备的电源为直流电源,因此,光伏发电系统所产生的直流电能可以直接提供给情报通信等设备使用,为了提高供电的可靠性,光伏发电系统也可与电力系统并用。图 1 - 24(b)为交流并网型光伏发电系统,该系统可以为交流负载提供电能。

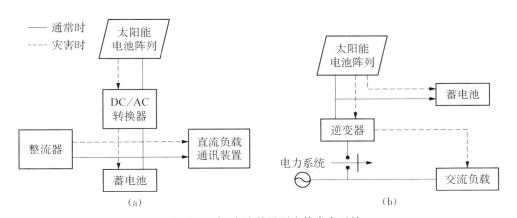

图 1 - 24 直、交流并网型光伏发电系统

(a)直流系统;(b)交流系统

6) 混合型并网系统

光伏发电系统与其他发电系统,如风力发电、燃料电池发电等组合而成的系统称为混合型发电系统(hybrid system),如果将其与电力系统并网则称为混合型并网发电系统。该系统适用于太阳能电池电力输出不稳定,需要使用其他的能源作为补充时的情况[45]。

(1) 风-光互补型并网发电系统 风力发电、光伏发电的电力不通过蓄电池储存,而是通过逆变器与电力系统并网,一般把这种系统称为风-光互补型并网发电系统。图 1-25 为风-光互补型并网发电系统的示意图。在该系统中,利用风力发电与光伏发电的互补性,负载优先使用风力和光伏发电所产生的电能,当供电不足时由电力系统供电,而当有剩余电能时则通过并网保护装置送往电力系统。

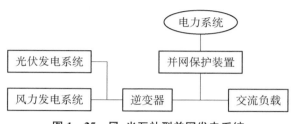

图 1-25   风-光互补型并网发电系统

（2）太阳能光伏、燃料电池并网系统   图 1-26 所示为太阳能光伏、燃料电池并网系统。它由太阳能光伏系统、燃料电池系统、供热系统以及负载构成,燃料电池使用煤气作为燃料。该系统可以综合利用能源,提高能源的综合利用率,将来可以作为个人住宅用电源。太阳能光伏、燃料电池并网系统由于使用了燃料电池发电,因此可以节约电费,明显降低二氧化碳的排放量,减少环境污染。

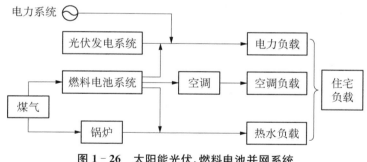

图 1-26   太阳能光伏、燃料电池并网系统

7）地域型并网系统

传统的地域型并网型光伏发电系统如图 1-27 所示。该系统主要由太阳能电池、功率调节器以及负载等构成,其特点是各个光伏发电系统分别与电力系统的配电线直接连接,各系统的剩余电能直接送往电力系统,而当各负载的所需电能不足时,直接从电力系统得到电能。

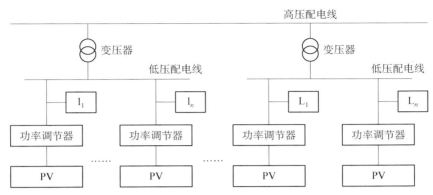

图 1 - 27　传统的地域型并网型光伏发电系统

8）并网发电系统入网申报流程

由上述内容可知,无论是哪种并网光伏发电系统,都有电能输送问题,因此要将太阳能光伏发电系统与电网相连接时,需要向电力公司提出相关申请。以某地为例,其用户申请步骤如图 1 - 28 所示。

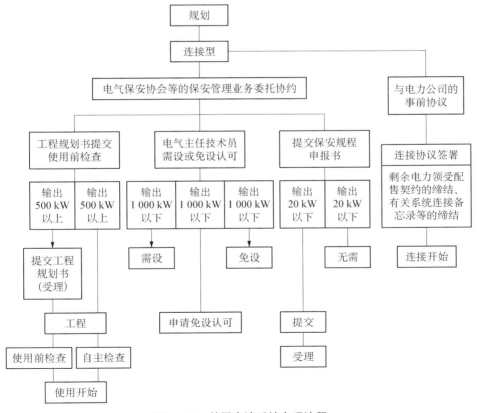

图 1 - 28　并网申请手续办理流程

1.2.7　相关标准

1）标准号 GB/T 18479—2001：地面用光伏(PV)发电系统概述和导则

本标准制定导则，并给出地面光伏发电系统及此类系统功能部件的概述，如图 1 - 29 所示。导则所述系统及此类系统的功能部件应被今后制定的地面光伏系统标准所引用。

本标准包括：主要子系统的概述；主要部件的接口（见图 1 - 29）的功能描述；从图 1 - 29 衍生的可能的配置表。

2）标准号 GB/T 9535—1998：地面用晶体硅光伏组件——设计鉴定和定型

本标准规定了地面用晶体硅光伏组件设计鉴定和定型的要求，该组件是在 GB/T 4797.1 中所定义的一般室外气候条件下长期使用。本标准仅适用于晶体硅组件，有关薄膜组件和其他环境条件如海洋或赤道环境条件的标准正在考虑之中。本标准不适用于带聚光器的组件。本试验程序的目的是在尽可能合理的经费和时间内确定组件的电性能和热性能，表明组件能够在规定的气候条件下长期使用。通过此试验的组件的实际使用寿命期望值将取决于组件的设计以及它们使用的环境和条件。

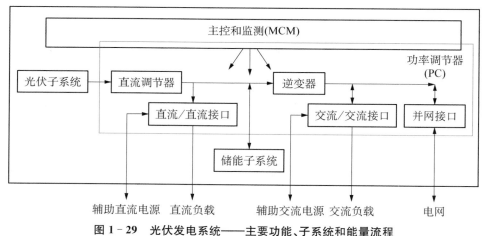

图 1 - 29　光伏发电系统——主要功能、子系统和能量流程

3）标准号 GB/T 17683.1—1999：在地面不同接收条件下的太阳光谱辐照度标准

本标准提供了一套标准光谱辐照度分布，适用于在直射辐照度和半球向辐照度下确定太阳能热系统、光伏以及其他系统、部件与材料的相关性能。

4）标准号 GB 2297—1989：太阳能光伏能源系统术语

本标准规定了太阳能光伏能源系统术语，其中包括一般术语，光电转换和光伏、光谱特性术语、组件方阵和系统术语以及工艺术语等五部分。

5) 标准号 GB 6497—1986：地面用太阳能电池标定的一般规定

本标准规定了地面用单晶或多晶硅太阳能电池标定的一般技术要求以及产生一级太阳能电池的程序。

6) 标准号 NB/T 32004—2013：光伏发电并网逆变器技术规范

本标准规定了光伏(PV)并网系统所使用逆变器的产品类型、技术要求及试验方法。本标准适用于连接到 PV 源电路电压不超过直流 1 500 V，交流输出电压不超过 1 000 V 的光伏并网逆变器。

7) 标准号 GB/T 29319—2012：光伏发电系统接入配电网技术规定

本标准规定了光伏发电系统接入电网运行应遵循的一般原则和技术要求。本标准适用于通过 380 V 电压等级接入电网，以及通过 10^6 kV 电压等级接入用户侧的新建、改建和扩建光伏发电系统。

8) 标准号 QX/T 263—2015：太阳能光伏系统防雷技术规范

本标准规定了太阳能光伏系统的直击雷防护、雷击电磁脉冲防护等技术要求。本标准适用于安装在地面和光伏建筑一体化的太阳能光伏系统新建、改建、扩建防雷工程的设计和施工。风-光互补型发电系统、通信专用太阳能光伏电源系统等可参照使用。

1.2.8　国内外光伏发电电站案例介绍

1) 青海格尔木光伏电站

青海格尔木光伏电站如图 1 - 30 所示。格尔木位于青海省西部，柴达木盆地南缘。此地区空气稀薄，干燥少雨，日照时间长，太阳辐射资源十分丰富，在全国属高值区。电站于 2010 年 9 月 6 日开工建设，现已建成投产发电一、二、三期光伏发电项目，累计投产容量为 70 MW。其中一期发电项目建设规模为 20 MW，首批 5 MW 于 2010 年 9 月 6 日开工建设，2011 年 5 月 15 日建成投产发电；第二批 15 MW 于 2011 年 9 月 1 日开工建设，同年 11 月 18 日建成投产发电。二期发电项目建设规模为 30 MW，2011 年 9 月 1 日开工建设，同年 12 月 20 日全部建成投产发电。三期发电项目建设规模为 20 MW，2012 年 9 月 20 日开工建设，同年 12 月 26 日建成投产发电。电站每年的投产容量不断增加，创造了"世界上太阳能光伏装机最集中的地区、世界上最大的光伏电站群、世界上同一地区短期内最大光伏发电安装量、世界上规模最大的光伏并网系统工程、世界范围内首个实现百万千瓦级光伏电站并网发电"五项光伏发电的世界之最。

格尔木光伏电站的建成投产对于有效缓解地方电网供需矛盾，优化系统电源结构，减轻环保压力，促进地方经济可持续发展有着极为重要的意义。电站年累计发电量达 17 亿度,能完全满足全市 30 万市民的生活用电,并能同时满足 30% 的工业用电,为当地经济社会发展作出了重要贡献。

图 1-30　青海格尔木光伏电站

2）中民投宁夏(盐池)新能源综合示范区电站

中民投宁夏(盐池)新能源综合示范区电站如图 1-31 所示,计划建设 2 GW(1 GW＝1 000 MW，1 MW＝1 000 kW)光伏发电项目,占地累计约 6 万亩,这是截至目前全球最大的单体光伏电站项目。按照宁夏的光照条件,这一 2 GW 项目建成后,年平均上网电量约为 289 419 万度。以该发电量计算,与火电相比每年可节约 101 万吨标煤。该示范区还将建设风、光、生物质、储能多元互补可再生能源发电系统、绿色现代牧业养殖示范基地、绿色现代牧草种植示范基地、全球最大光伏旅游基地等项目结合起来进行。

图 1-31　中民投宁夏(盐池)新能源综合示范区电站

　　3）印度 Charanka 太阳能公园

　　该光伏电站位于印度西部古吉拉特邦帕坦区 Charanka 村附近,总共有 17 个子工程,由不同的发展商承包,共占地 12 000 余亩。第一个子工程为 5 MW 光伏电站,在 2010 年 12 月 3 日建成,当月发电 363.7 MW·h。此后,各子工程陆续完成。该太阳能公园在 2012 年 3 月发电 21 866.9 MW·h。太阳能公园(见图 1-32)采用最先进的薄膜电池技术,总投资为 2.8 亿美元。建成后每年将节省约 9×10^8 kg 天然气,减少 CO_2 排放量约 8×10^9 kg。

图 1-32　印度 Charanka 太阳能公园

1.3　分布式光伏电站

　　近年来,随着《分布式发电管理办法(征求意见稿)》《分布式光伏发电项目管理暂行办法》以及《光伏扶贫电站管理办法》政策的出台,分布式光伏电站的建设速度加快。2014—2017 年全国户用分布式光伏电站有了很大发展,从 2014 年的 2 510 户发展到 2017 年的 464 758 户,单套光伏电站的规模扩大到 9.8 千瓦/户。

　　文件主要规定:分布式光伏电站不纳入国家光伏的规模管理,由地方进行规划;户用光伏发电可以全额上网,也可选择“全部自用”或“余电上网”;按月足额结算电费和转付国家补贴资金,保证分布式补贴及时结算。这些利好促进了分布式光伏电站的发展。

　　按照城市用户住房的平均容积率 1.5,取 70 W/m² 计算,未来的装机容量将大于 100 GW。据 OFweek 专业评估,2017—2020 年户用光伏装机容量将由 2017 年的 4 GW 增大到 36 GW。

1.3.1 几种屋顶光伏系统

聚光光伏(CPV)作为新一代的光伏发电技术,理论效率可达 70% 以上,降低成本的潜力很大。针对目前快速发展的分布式光伏发电技术,在面积尺寸和承载力有限的屋顶,配置结构和系统布局上优化设计的屋顶 CPV 具有一定优势。其静态载荷通常低于 30 kg/m²,系统光电效率为 25%~30%[46]。

早在 1999 年,俄罗斯 Ioffe 物理技术研究所开发出第一套屋顶型聚光型光伏系统。组件面积为 0.5 m²,厚度为 7 cm,采用 288 片三结砷化镓电池,800 倍聚光,电池效率超过 37%,光学效率为 87%。单机功率最大可达 10 kW(见图 1-33)。

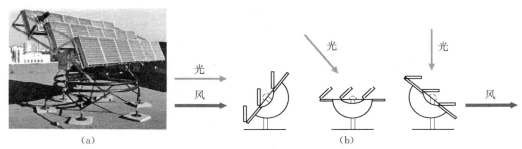

（a）

图 1-33 俄罗斯 Ioffe 研究所屋顶聚光型光伏系统照片

（a）系统照片；（b）运行示意图

我国天津蓝天太阳科技有限公司研发的屋顶型聚光组件为 500 倍聚光,光电转换效率大于 25%,接收角容差为 ±0.5°,厚度为 15 cm,单位面积重量为 15 kg/m²。系统跟踪精度为 0.1°~0.2°,根据屋顶尺寸可柔性设计组串数量和跟踪器排布,抗风能力达到 13 级。

几种屋顶聚光光伏系统的参数及其与几种常见 PV 系统发电量的比较如表 1-6 和图 1-34 所示。

表 1-6 国内外屋顶型聚光光伏系统比较

项　目	Soliant	Energy Innovations	Ioffe	天津蓝天太阳
组件功率/W	63	300	111	100
聚光倍数	1 000	1 200	800	500
组件效率/%	25.3	29	26.5	26
单位重量/(kg/m²)	9~24	19	—	20
安装高度/m	0.76	1.66	—	1.5

（续表）

项　目	Soliant	Energy Innovations	Ioffe	天津蓝天太阳
最大高度/m	≥0.76	2.01	—	1.9
跟踪精度(/°)	0.1	0.3	0.1	0.2
抗风能力/(km/h)	208	145	—	149
抗阴影遮挡	电池串并联优化	微型逆变器	无	电源优化器

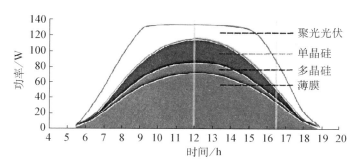

图 1-34　屋顶 CPV 与几种常见 PV 系统发电量的对比

1.3.2　一般居民光伏电站

发展我国居民光伏电站大有作为，既满足人们日益增长的物质与精神生活的需求，又有助于实施政府调整能源结构、改善生态环境的重大举措。

近来在政策的激励下，不少光伏企业进军居民光伏电站的领域。据报道，光伏组件效率达 16.83%，功率领先(0～+5 W)100% 正公差；在太阳能辐照强度较低的情况下，即早上、傍晚和阴雨天也可发电；质量保证 10 年，且承诺 25 年线性功率质保；光伏接线盒达 IP67 的防护等级可承受风压 2 400 Pa、雪压 5 400 Pa，一般自然气候难以伤害光伏面板。

发展国内居民光伏市场，不仅可让百姓得益，对于精准扶贫也正发挥着重要的作用。

1.3.3　户用光伏电池的可靠性设计

1) 有边框设计优势

有边框设计可降低组件运输、安装过程中的破损；防止双玻组件在长期使用后受力点不匀引起的破坏；双面玻璃配合边缘的硅胶能避免水气进入；支持 1 500 V 系统；可用 2 mm×2 mm 半钢化玻璃降低组件重量[47]。

2）双面组件与单面组件的性能比较

蒲城实验电站的测试数据显示：在安装条件相同的情况下（干土地、组件离地高度 1.3 m、支架背面无遮挡、倾角 15°），单晶常规组件容量为 18.4 kW，组件功率为 280 W×66；单晶双面 PERC（passivated emitter and rear cell）的容量为 18.9 kW，组件功率为 350 W×54。

3）地面环境对发电增益影响比较

实证试验显示：地表环境分别为草地、混凝土和热塑性聚烯烃（thermoplastic polyolefin，TPO）反光材料的增益分别为 6.84%、9.82% 和 12.34%。

4）TPO 材料的不同高度对发电增益的影响

安装高度为 1 m、1.5 m 和 2 m 时，发电增益分别为 12.34%、18.94% 和 22.97%。

5）雪天对光伏组件的影响

下雪天，双面组件的积雪厚度小于单面组件，反之融雪也较快；跟踪系统也同样，应高于固定支架。

6）影响增益的主要因素

影响因素包括地面反射率、组件离地高度、阵列间距、辐射条件（直接与散射）等。

典型的反射环境对发电增益的影响：水面 5%～12%，草地 15%～25%，干土地 20%～33%，水泥地 20%～40%，黄沙地 20%～40%。

1.3.4　影响发电量的因素

太阳能发电量的影响因素如下：太阳辐射量、组件的倾斜角度（见表 1-7）、转化效率、系统损失（组合损失、灰尘遮挡、温度特性、线路、变压器损失、逆变器效率、阴影或积雪遮挡）。

理论上，光伏发电年发电量＝年平均太阳辐射总量×电池总面积×光电转换效率。

实际上，实际年发电量＝理论年发电量×实际发电效率。

表 1-7　最佳倾角与项目所在地的纬度的经验值及其他参考值[47]

名　称	参　考　数　据		
纬度	0°～25°	26°～40°	41°～55°
最佳倾角	倾斜角等于纬度	纬度加 5°～10°	纬度加 10°～15°
财务模型	系统发电量 3 年递减约 5%，20 年后发电量递减到 80%		
组合损失	由于组件的电流差异，串联造成电流损失，并联造成电压损失，标准规定小于 10%		

（续表）

名　称	参 考 数 据
温度特性	温度上升 1℃,晶体硅太阳能电池的最大输出功率下降 0.04%,开路电压下降 0.04%(−2 mV/℃),短路电流上升 0.04%
线路、变压器损失	系统的直流、交流回路的线损要控制在 5% 以内
逆变器效率	一般组串式逆变器效率为 97%~98%,集中式逆变器效率为 98%,变压器效率为 99%

1.3.5　光伏电站常见故障

表 1-8 归纳总结了光伏电站常见的故障征兆以及出现故障的可能原因。

表 1-8　光伏电站常见故障分析

故障现象	分　析	可 能 原 因
逆变器屏幕没有显示	没有直流输入,因为逆变器液晶显示器(LCD)由直流供电(100~500 V)	组件电压不够,与太阳能辐照度有关;PV 输入端子接反;直流开关没合上;组件串联接头没有接好或一组短路
逆变器不并网	逆变器和电网没有连接(正常输出端子电压 220/380 V)	交流开关没有合上;逆变器交流输出端子没有接上或输出接线端子上排松动
PV 过电压	组件温度越低,电压越高;单相组直流电压过高报警	组件串联数量过多,组电压大于逆变器电压。单相组输入电压范围为 100~500 V,建议组串后电压为 350~400 V;三相组输入电压范围为 250~800 V,建议组串后电压为 600~650 V
隔离故障	系统对地绝缘电阻<2 MΩ	太阳能组件有电线对地短路或者绝缘层破坏;PV 接线端子和交流接线外壳松动,导致进水
漏电流故障	漏电流过大	取下 PV 阵列输入端,检查外围的交流电网
电网错误	电网电压和频率过低或过高	若电网正常,则是逆变器检测电路板发电故障
逆变器硬件故障	可恢复故障或不可恢复故障	直流端和交流端断开,逆变器停电 30 分钟以上,如果能恢复就继续使用
系统输出功率偏小	不理想	与影响光伏电站发电量的因素有关。要求:组串之间功率相差不超过 2%;各路组串的开路电压,相差不超过 5 V;逆变器温度控制;逆变器有双路 MPPT(maximum power point tracking)接入,每一路输入功率只有总功率的 50%
交流侧过压	电网阻抗过大,用户侧不能接受	输出时,因阻抗过大,造成逆变器输出侧电压过高,引起逆变器保护关机,或者降额运行,宜减低阻抗

1.4 其他新型光伏发电技术

对可用于光伏发电材料的深入研发为光伏发电技术增加了许多新颖的品种,扩大了光伏发电的应用范围。

1.4.1 非晶硅电池

非晶硅是近代发展起来的一种新型的非晶态半导体材料。与晶体硅相比,非晶硅最明显的特征是组成原子的短程有序、长程无序性;原子之间的键合十分类似晶体硅,形成共价无规则网络结构。非晶硅的另一个特点是在非晶硅半导体中可以实现连续物性控制。一般在太阳能光谱可见光波长范围内,非晶硅的吸收系数比晶体硅提高将近一个数量级,并且非晶硅太阳能电池的光谱响应峰值与太阳能光谱峰值接近,这就是非晶硅材料首选用于太阳能电池的原因[48]。

1) 非晶硅太阳能电池的优缺点

非晶硅太阳能电池的优点如下:

(1) 制造工艺简单,生产过程中只需要在 200℃ 的温度下进行就可以,大大节约了能量。

(2) 非晶硅为准直接带隙材料,光吸收系数大,所以在生产过程中可以使厚度控制在 $1~\mu m$ 以下,比单晶硅节省了材料,降低了生产成本。

(3) 非晶硅可实现大面积连续生产,也可以实现曲面下正常工作提高光的吸收,且为使用提供了便利。

(4) 非晶硅太阳能电池可以使用玻璃、不锈钢、塑料等低价材料作为衬底。

(5) 不受天气影响,不会产生孤岛效应。

(6) 很容易实现高浓度可控掺杂,并能获得优良的 PN 结,这是非晶材料在器件应用方面最重要和最基本的特性。

(7) 可以在很宽的组分范围内控制其能隙变化,如 a-Si 及其合金的能隙可以从 $1.0~eV$ 变到 $3.6~eV$。

非晶硅太阳能电池的缺点如下:

(1) 光电转换率低,衰减率(光致衰退率)较高。

(2) 光损失严重(表面反射的损失,进光面电极材料的覆盖面积造成的入射光总能量的损失,由于电池厚度过薄产生的透射损失)[49]。

2) 非晶硅电池的工作原理

太阳能电池的基本原理是半导体的光生伏特效应。半导体吸收入射光子后产生电动势需要以下三个条件:

（1）入射光必须能够产生非平衡载流子；

（2）非平衡载流子必须经受一个由 PN 结或金属-半导体接触势垒所提供的静电漂移作用；

（3）非平衡载流子要有一定的寿命，以保证能有效地被收集。

非晶硅的能带结构与晶硅能带结构基本相似，PIN 型太阳能电池的光生伏特机理也可以利用一个简单的 PN 结来说明。非晶硅太阳能电池的工作原理如下：当适当波长的入射光通过 P 层进入 I 层产生电子-空穴对，在 PN 结内建电池的作用下，空穴漂移到 P 区，电子漂移到 N 区，从而在电池内部形成光生电流和光生电动势，光生电动势与内建电势方向相反。当两者达到平衡时，光生电动势达到最大值，称为开路电压。当外电路接通时，则形成最大光电流，称为短路电流。

3）非晶硅电池生产工艺

非晶硅太阳能电池（a－Si）可以用真空蒸发、射频溅射和辉光放电等方法制造，制作工艺如图 1－35 所示，其中 TCO（transparent conductive oxide）膜为透明导电氧化物膜。其中辉光放电在国际上已经技术成熟，通过高频辉光放电促使硅烷分解并沉积，在沉积的过程中能够在不锈钢、玻璃以及陶瓷灯多种材质外形成一层薄膜。辉光放电用氢补偿了非晶硅内大量存在的悬挂键，从而使 a－Si 具有良好的光电特性。

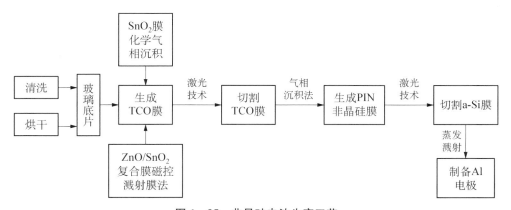

图 1－35　非晶硅电池生产工艺

4）非晶硅电池基本结构

a－Si 太阳能电池有三种基本的结构：PIN 结、异质结、肖特基势垒。其中 PIN 结因其良好的性能已经成为 a－Si 太阳能电池的主要结构。PIN 结电池的非晶硅电池的非平衡载流子寿命和迁移率远小于单晶硅中的数值，在 a－Si 太阳能电池中，光在载流子的收集应当主要靠电池内建电场的漂移过程。为保证电池有足够的内建电场，必须在 P 层和 N 层 a－Si 中加入一个本征层（I 层），形成 PIN 结构。典型的非晶硅薄膜太阳能电池结构如图 1-36 所示,首先在玻璃衬底上沉积透明导电膜,然后依次用等离子体反应沉积 P 型、I 型、N 型三层 a-Si,最后再蒸镀金属电极铝/钛(Al/Ti),光从玻璃面入射,电池电流从透明导电膜和铝/钛引出,其结构可以表示为 Glass/TCO/P-I-N/Al/Ti[50]。

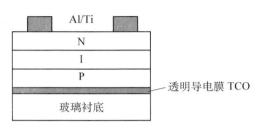

图 1-36 非晶硅单结电池结构图

5) 技术难点及发展趋势

非晶硅太阳能电池的最大缺点就是转换效率较低,最高仅为 13.4%,且因光致衰减的影响,其效率会随着时间增加而逐渐降低。目前,非晶硅薄膜电池的研究主要集中在提高效率和稳定性方面,主要工作有,通过不同带隙的多结叠层提高效率和稳定性,降低表面光反射,使用更薄的本征层,以增强内电场、降低光致衰减等。用微晶、多晶硅薄膜作为窄带隙材料与非晶硅组成叠层电池结构,可更充分地利用太阳光谱,可将电池光谱响应长波从目前的 0.9 μm 扩展到 1.1 μm,有效降低光致衰减效应。在电池中引入陷光结构可以有效地减少吸收层的厚度,进而减少沉积时间;通过采用具有微纳结构的衬底使入射光在进光面不断发生漫散射或发生多次反射,这样光通过电池 I 层的有效路径增加了,从而提高了入射光的收集效率,电池光谱响应明显提高。以上是非晶硅太阳能电池新的发展方向[51]。

1.4.2 砷化镓太阳能电池

1954 年科学家首次发现砷化镓材料具有光伏效应的特性,从此开始了砷化镓电池的发展之路,并且确立了太阳能电池转换效率与材料禁带宽度的关系,即禁带宽度为 1.4~1.6 eV 的材料具有最高的光电转换效率。砷化镓材料的禁带宽度为 1.34 eV,因此它能获得很高的转换效率。砷化镓太阳能电池在航天空间领域备受青睐,目前国外已将砷化镓太阳能电池作为航天飞行器空间主电源,并且所占比例越来越大。

1) 砷化镓电池优点

(1) 光电转换效率高 砷化镓的禁带宽度较宽,光谱响应特性与空间太阳能光谱匹配能力好,因此光电转换效率高,单结和多结砷化镓电池的理论效率分别为 27% 和 50%。

（2）电池有效区很薄　由于砷化镓是直接禁带半导体材料，光吸收系数只与光子吸收有关，光子能量大于禁带后，吸收系数很陡，直至 $10^4/cm$ 以上，只需 $4~\mu m$ 几乎就可以吸收全部光子。

（3）耐温性好　以硅光伏电池为例，有数据表明，在 200℃ 高温下砷化镓电池仍可以正常工作，而硅电池在 200℃ 的环境中光电转换效率几乎为零。

（4）抗空间辐射能力强　砷化镓是直接带隙半导体材料，电池有效区很薄，因此砷化镓太阳能电池抗辐射性能特别是抗高能粒子辐照性能比较好[52]。

2）砷化镓电池生产工艺

（1）液相外延技术（liquid phase epitaxy，LPE）　LPE 于 1963 年提出，是一种外延生长技术。其原理是以低熔点的金属（如 Ga 和 In 等）为溶剂，以待生长材料（如 Ga、As、Al 等）和掺杂剂（如 Zn、Te 和 Sn 等）为溶质，使溶质在溶剂中呈饱和或过饱和状态，通过降温冷却使溶质从溶剂中析出，结晶在衬底上，实现晶体的外延生长。LPE 最先用来研制单结 GaAs 太阳能电池，通过在 GaAs 单晶衬底上外延生长 N-GaAs、P-GaAs 和一层宽禁带 $Al_xGa_{1-x}As$ 窗口层，使 GaAs 太阳能电池效率明显提高。LPE 设备成本较低，技术简单，可用于单结太阳能电池的批量生产。

缺点：异质界面生长无法进行，多层复杂结构的生长难以实现，外延层参数难以精确控制，外延层一般只有 1～3 层，电池结构不够完善，单结电池最高效率只有 21%，限制了 GaAs 太阳能电池的进一步发展，现已逐步淘汰。

（2）金属有机化合物化学气相沉淀技术（metal-organic chemical vapor deposition，MOCVD）　MOCVD 是利用Ⅲ族、Ⅱ族元素的金属有机化合物 $Ga(CH_3)_3$、$Al(CH_3)_3$、$Zn(C_2H_5)_2$ 等和Ⅴ族、Ⅵ族元素的氢化物作为晶体生长的原材料，以热分解的方式在衬底上进行气相沉积（气相外延），生长Ⅲ-Ⅴ族、Ⅱ-Ⅵ族化合物半导体及其三元、四元化合物半导体薄膜单晶。与 LPE 技术相比，MOCVD 的一次外延容量同时可多片多层，能精确控制外延层厚度、浓度和成分，实现薄层、超薄层和多层生长，大面积均匀性好，但是相邻外延层界面陡峭。最突出的是 MOCVD 技术可以控制异质衬底外延，外延层可多达十几层，并可引入超晶格结构，使电池结构更加完善，可制备多结叠层太阳能电池。单结电池的效率可达 22%，GaInP/GaAs 双结电池最高效率可达 26.9%，三结 GaInP/GaAs/Ge 太阳能电池甚至可达 30%。目前国内 MOCVD 技术占主导地位。

1.4.3　发展前景及趋势

GaAs 太阳能电池作为新一代高性能、长寿命的空间主电源，必将逐步取代目前广泛采用的 Si 电池，在空间光伏领域占据主导地位。我国航天事业的飞速发展迫切需要高性能、长寿命的空间主电源。目前我国在 GaAs 电池领域与国外先进水平差距较大,必须加快研制,重点发展三结以上的高效率 GaAs 多结太阳能电池。

1) 高效率多结 GaAs 太阳能电池

我国应改进多结 GaAs 太阳能电池的结构和制备工艺,提高电池的光电转换效率(三结 $Ga_{0.5}In_{0.5}P/GaAs/Ge$ 太阳能电池效率突破 32%,四结 GaAs 太阳能电池效率突破 35%),扩大批产能力(年产量大于 10 MW),大幅提高空间太阳能电池方阵的面积比功率、质量比功率和应用寿命,降低太阳能电池阵的成本。

2) GaAs 薄膜太阳能电池

GaAs 电池质量大、费用高,利用 GaAs 材料对阳光吸收系数大的特点,可制成薄膜型太阳能电池(厚度为 $5\sim10~\mu m$)。就空间应用而言,薄膜化可大大减轻太阳能电池方阵质量,从而提高电池的质量比功率(由 120 W/kg 提高到 600 W/kg 以上)。20世纪 80—90 年代,GaAs 薄膜电池的最高效率虽已达到 22%,但由于制备技术难度很大,而且大面积薄膜的移植和组装非常困难,因此,其空间应用受到较大的限制。随着我国对大面积 GaAs 薄膜电池的均匀性、剥离、移植、组装及柔性帆板等方面研究的深入,预期在未来 $5\sim10$ 年内,高效率大面积 GaAs 薄膜电池将逐步应用于空间。

3) 聚光太阳能电池

采用聚光器是目前空间光伏界的趋势之一。空间聚光阵列具有更高的抗辐射性能、更低的费用和更高的效率,并可减少电池批产的资金投入。多结 GaAs 太阳能电池因其高效率、高电压(低电流)和高温特性好等优点而广泛用于聚光系统。目前高效率三结 Ga0.5In0.5P/GaAs/Ge 聚光电池的最高效率已达到 34%(AM1.5,210 太阳常数),批产效率已达到 28%(AM1.5,100~300 太阳常数)。聚光太阳能电池大部分用于地面系统,空间散热非常困难。目前少部分用于空间的聚光太阳能电池聚光倍数均较低,成本相应较高。

GaAs 聚光电池发展的重点:提高光电转换效率(>40%)和批产能力(年批产大于 300 MW);大幅降低成本;提高抗辐射能力;改善聚光器性能(研制空间实用的高效轻质聚光太阳能电池帆板),提高太阳能的利用率,减少太阳能电池阵的质量;改善散热系统性能,显著提高聚光系统效率[53]。

1.4.4 N 型背结电池

N 型背结电池是一种特殊的背结背接触太阳能电池,它的最大特点是所有电极都位于电池背面,最大限度减少了由于前电极遮光而造成的电池效率损失。并且电池背表面的磷扩散 N+区域和硼扩散 P+区域呈十指交叉状排列,同时在表面制备 SiO_2 钝化膜,N 型和 P 型金属电极则穿过 SiO_2 膜上的接触孔与硅基体形成欧姆接触。

1.4.4.1　N 型背结电池的优点

与掺杂的 P 型晶体硅材料相比,P 掺杂的 N 型晶体硅材料具有如下优势:

(1) N 型硅材料中的杂质(如一些常见的金属离子)对少子空穴的捕获能力要低于 P 型材料中的杂质对少子电子的捕获能力,因此相同电阻率的 N 型硅少子寿命普遍比 P 型硅高 1～2 个数量级;

(2) N 型硅片对金属杂质的容忍度要高于 P 型硅片;

(3) 用掺 P 的 N 型硅材料形成的电池几乎不存在光致衰减;

(4) N 型硅中少子空穴的表面复合速率低于 P 型硅中电子的表面复合速率;

(5) 某些 N 型硅电池的生产工艺可以在 200℃ 环境中实现,符合高效率、高产量、低成本的要求;

(6) 在弱光下,N 型硅电池组件通常表现出比常规 P 型硅电池组件更优异的发电特性。

上述六大优势是 N 型晶体硅电池获得高转化效率的前提[54]。

1.4.4.2　N 型背结电池生产工艺

1) 印刷 Al 浆烧结法

当前,铝背结电池的 PN 结主要是通过丝网印刷 Al 浆烧结法形成的。此方法已成熟运用于传统 P 型硅电池铝背场的制备,但是存在一些明显的缺点:需要大量使用铝浆,需要丝网印刷设备,带来了较高的附加成本(铝浆的价格约为高纯铝价格的 4 倍,自动丝网印刷机是光伏产业链中迄今尚未实现国产化的少数制造装备之一);而且铝浆方法难于获得均匀完整的 P 型层,常出现无 P 型层的空缺区域,虽然作为电池背场影响不大,但以它来大面积制备商用电池背结还不可靠;此外,铝浆方法制得的 P+ 发射极少子寿命偏低,限制了 Al 背结电池性能的进一步发展。

2) 液相外延晶硅层法

液相外延是把硅溶解在熔点较低的金属溶液中使其达到饱和,再让硅衬底与饱和溶液接触,同时逐渐降温,使硅在溶液中呈过饱和而发生偏析,在衬底上再结晶形成外延层。现提出改良方案,直接以硅片单面浸渍 Al - Si 溶体,生产以硅片漂流过 Al - Si 溶体槽的方式实现 N 型硅太阳能电池背面液相外延 P+ 层的制备[55]。

N 型高效晶体硅电池已经成为光伏电池产业化发展的趋势,现有三种主流方式来提高电池转换效率。

(1) 串并联电阻　背结太阳能电池的填充因子较低,可能的原因是串联电阻偏高以及并联电阻偏低。传统太阳能电池的串、并联电阻为 3～6 mΩ 与 10～20 Ω,乘以面积 156 mm×156 mm 后为 0.7～1.5 Ω·cm² 及 2433.6～4867.2 Ω·cm²,将此数值按面积 4 cm² 进行调整后输入到 PC1D 模型仿真。当将串联电阻调整为 0.4 Ω·cm² 时,开路电压与短路电流基本不变,但填充因子由 64.2% 提升到 75.9%。

效率因此提升到约 13.4%；而将并联电阻设为 4 500 $\Omega \cdot cm^2$ 时，效率仅提升到 11.8%。若同时改变串并联电阻，最后填充因子上升到 80.6%，效率值为 14.3%。

（2）背表面复合速率　当调整串联电阻与并联电阻后填充因子已上升到 80%，不再是限制背结太阳能电池效率的因素。由于背结太阳能电池的发射结位于背表面，因此光生载流子需要扩散经过整个电池片厚度的距离才能被发射结分离。而低的少子寿命会增强光生载流子在体内的非平衡载流子复合（Shockley-Read-Hall，SRH），使得其不能到达发射结，从而降低了短路电流和开路电压。因此，将少子寿命由 500 μs 提升到 2 ms，以保证衬底的扩散长度远远大于电池片的厚度。但短路电流仅提升 0.7 mA/cm^2，开路电压也仅提升 5 mV，使得效率约为 14.8%。可能由于前表面复合大，使得光生载流子大部分在前表面复合。因此，将钝化膜的复合速率设为 10 cm/s，金属的复合速率为 40 000 cm/s，按面积加权平均后得到前后表面的复合速率约为 2 000 cm/s。但是，经过仿真后发现效率仅轻微提升到 15.3%，这说明一定还存在其他机制影响光生载流子在前表面的复合。

（3）前表面场的掺杂　对于背结太阳能电池来说，前表面场（FSF）的掺杂情况对于电池的性能影响较大。FSF 可有效抑制少数载流子在前表面的聚集，增强其向背面发射结的输运，从而提高电池的开路电压和短路电流。因此，在 PC1D 模型中对 FSF 掺杂情况进行调整。模拟不同浓度的 FSF 时，假定 FSF 为余误差（ERFC）掺杂，掺杂深度固定为 0.5 μm。结果如图 1-37 所示，起初随 FSF 掺杂浓度的提高，电池的效率显著提升；但当掺杂浓度超过 1×10^{19} 时，电池效率随 FSF 掺杂浓度的提高而下降，这主要是由于高掺杂的 FSF 中本身的复合就很大，从而降低了少数载流子的数目[56—57]。

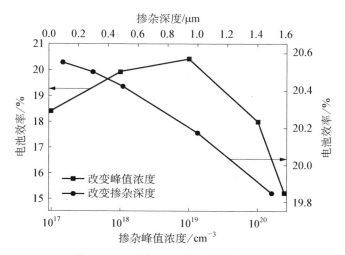

图 1-37　前表面场掺杂对效率的影响

1.4.5　钙钛矿电池

自 2013 年开始钙钛矿太阳能电池发展异常迅速，Grätzel 采用两步序列沉积法制备出了效率高达 15% 的钙钛矿薄膜。9 月，Snaith 利用气相沉积法制备出效率超过了 15.4% 的平面异质结构钙钛矿太阳能电池。2014 年通过掺杂优化 TiO_2 层，大幅提升了光电转换效率，效率达到 19.3%。斯坦福大学通过在硅基底上生长钙钛矿，获得了效率 23.6% 的器件。

1）钙钛矿电池原理

有机卤化物太阳能电池是一种以全固态钙钛结构为吸光材料的太阳能电池。全固态钙钛矿吸光材料具有 ABX_3 晶型的特殊结构，如图 1-38 所示。

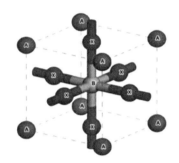

图 1-38　钙钛矿电池原子结构

$CH_3NH_3PbX_3$ 的晶体结构和能级如图 1-39 所示，$CH_3NH_3PbX_3$ 的晶体结构是卤素八面体共顶点连接构成三维网络结构，稳定性好，晶格结构中存在较大的空隙，允许较大尺寸离子填入，即使产生大量晶体缺陷仍能保持结构稳定，并且有利于缺陷的扩散迁移。这种无机杂化钙钛矿吸光材料的电荷传输能力强，具备一步实现光生载流子的激发、运输、分离及转化过程的特性，并且光吸收特性好、光电转换效率高。

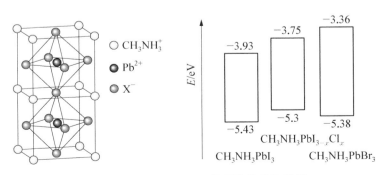

图 1-39　$CH_3NH_3PbX_3$ 的晶体结构和能级

钙钛矿太阳能电池的基本构造通常由玻璃衬底、导电玻璃、电子传输层（通常为 TiO_2）、钙钛矿吸收层、空穴传输层、金属阴极几部分构成。太阳光透过玻璃射向钙钛矿光吸收层，能量大于钙钛矿光吸收材料禁带宽度的光子被吸收，形成激子，随后激子在钙钛矿结构中产生电子空穴对，并分别在各自传输材料中传输，其中电子的传输是在钙钛矿材料和电子传输材料界面完成的（通常为纳米 TiO_2 薄膜），空穴的传输是在钙钛矿材料和空穴传输材料界面完成的。

2）钙钛矿电池生产工艺

钙钛矿太阳能电池的制备主要依靠钙钛矿薄膜，制备钙钛矿薄膜技术主要有：一步溶液法、两步溶液法、双源气相蒸发法及溶液-气相沉积法。

（1）一步溶液法　在有机溶剂中将摩尔比例为 1∶1 的 PbI_2 与 CH_3NH_3I 预先混合好，然后旋涂在基体上，最后经退火处理形成钙钛矿薄膜材料。一步溶液法在薄膜形态上存在两个缺点：小的晶粒尺寸和有限的覆盖率。

（2）两步溶液法　两步溶液法只适合介孔结构，将旋涂了 PbI_2 薄膜的基体浸入 CH_3NH_3I 的有机溶剂中，使 PbI_2 薄膜与 CH_3NH_3I 在基体上反应转化为钙钛矿薄膜。两步法反应迅速且在过程中不需要退火，制备的薄膜具备优异的晶体与表面形貌。

（3）双源气相蒸发法　在密封空间采用双源气相蒸发法使同时蒸发的 PbI_2 晶体与 CH_3NH_3I 晶体在致密 TiO_2 衬底表面反应成膜，此方法生成的薄膜晶粒大小均匀，薄膜覆盖率高，基本无缺陷。双源气相蒸发法的优点是可以在各种各样的基体上沉积出高质量的钙钛矿薄膜，但是高真空度双源气相制备成本高、产出率低。

（4）溶液-气相沉积法　采用溶液沉积法将 PbI_2 沉积到 TiO_2 衬底上，再将其置于 150℃ 的 CH_3NH_3I 蒸气密闭环境中充分反应。通过该方法制备的无孔钙钛矿薄膜电池晶粒尺寸达到了 $1~\mu m$，其平面异质结电池效率达到 12.1%，有效降低了生产成本、提高了产品质量。

3）发展前景及趋势

自 2009 年钙钛矿材料首次作为太阳能电池材料至今，钙钛矿太阳能电池展现了快速的发展速度，应用前景十分广阔。但是面对钙钛矿太阳能电池产业化应用，仍有许多难度需要解决。其中包括如下问题。

（1）稳定性问题：钙钛矿材料对紫外光、水蒸气、氧气等非常敏感，在上述环境中容易分解失效。

（2）环境友好问题：金属卤化物钙钛矿材料中的 Pb 对环境影响巨大。

（3）大面积制备：目前所有报道的高效率钙钛矿太阳能电池制备面积都在平方厘米级大小，如何在保证高效率下提高电池面积是一项艰巨的挑战。

（4）电子-空穴传输材料成本问题：现如今广泛采用的有机空穴传输材料成本过

高,严重阻碍了太阳能电池的广泛应用。

探寻低成本、高效率、稳定的电荷传输材料是钙钛矿太阳能电池产业化的必由之路。随着全世界科研工作者的不懈努力,制备出低成本、高效率、绿色环保的钙钛矿基太阳能电池将指日可待,未来人类将开启太阳能利用的新时代[58]。

1.4.6　染料敏化太阳能电池

在太阳能电池的最初发展阶段,一般不适用带隙较宽的半导体,对于宽带隙半导体,尽管本身捕获太阳光的能力非常差,但将适当的染料吸附到半导体中,借助染料对可见光的吸收,也可以将太阳能转换为电能,这种电池就是染料敏化电池。自从1991年瑞士研究者开发染料敏化电池(dye sensitigation cell, DSC)以来,DSC 的开发及其产业化发展迅速,见表 1-9。

表 1-9　一些国家研发染料敏化太阳能电池(DSC)的简况

年份	国　家	内　　容	备　注
1980	美国	研究各种染料敏化剂与半导体纳米晶间光敏化作用	集中于平板电极,效率低
1991	瑞士	Grätzel 在 Nature 上发表了关于 DSC 的文章	光电效率>7%
1998	瑞士	采用固体有机空穴传输材料替代液体电解质的全固态 Grätzel 电池研制成功	单色光电效率约33%
2000	日本东芝公司	开发含碘/碘化物的有机融盐凝胶电解质的准固态 DSC	光电转换率为7.3%
2003	中国科学院等离子所	成功制备出 $15 \times 20 \ cm^2$ 及 $40 \times 60 \ cm^2$ 的电池组件;建成了 500 W 规模的小型示范电站	光电转换效率近6%
2004	韩国	Jong Hak Kim 等使用复合聚合电解质全固态 DSC	光电转换效率达4.5%
2004	日本日立公司	试制色素(染料)增感型太阳能电池的大尺寸面板	光电效率试验数据为9.3%
2006	日本桐荫横滨大学	开发基于低温 TiO_2 电极制备技术的全柔性 DSC	效率超过了6%
2009	中科院长春所	研制的 DSC 效能为9.8%	—
2011	瑞士	研制的 DSC 光电效率为12.3%	—
2014	瑞士	Michael Grätzel 刷新 DSC 效率,最终达到13%	—

目前染料敏化电池的光电转化效率已达到 14.1%。

1）染料敏化电池的优点

（1）与纳米晶 TiO_2 表面有良好的结合性能，能快速达到吸附平衡。这就要求分子中含有能与 TiO_2 薄膜表面结合的官能团；

（2）在可见光区域有较强的、尽可能宽的吸收带；

（3）染料的氧化态和激发态有较高的稳定性以及尽可能高的可逆转换能力；

（4）染料激发态寿命足够长且具有很高的电荷传输效率；

（5）有足够的激发态氧化还原电势，使染料激发态电子能注入 TiO_2 导带中；

（6）分子应含有大 π 键，高度共轭并且具有很强的给电子基团。

2）染料敏化电池原理

染料敏化纳米晶太阳能电池的结构主要分为三个部分：工作电极、电解质和对电极。在透明导电基底上制备一层多孔 TiO_2 半导体薄膜，然后将染料分子吸附在多孔膜中，这样就构成了工作电极。电解质可以是液态的，也可以是准固态或固态。对电极一般是镀有一层铂的透明导电玻璃。与传统的 PN 结太阳能电池不同，在染料敏化太阳能电池中，光的捕获和电荷的传输是分开的，具体过程如下：

首先，染料电子吸收光子后跃迁到激发态，并通过配体注入到较低能级的 TiO_2 导带上。然后，氧化态的染料分子被电解质中的 I^- 还原，而 I^- 被氧化为 I^{3-}。最后，进入 TiO_2 导带中的电子经过多孔网络最终进入光阳极，然后通过外电路和负载到达对电极，并被对电极附近电解质中的 I^{3-} 吸收，把 I^{3-} 还原成 I^-，完成一个循环。

3）染料敏化电池生产工艺

TiO_2 纳米薄膜的制备方法主要包括溶胶-凝胶法、水热反应法、溅射法、醇盐水解法、等离子喷涂法、丝网印刷法和胶体涂膜等，目前以溶胶-凝胶法为主。制备染料敏化太阳能电池的纳米半导体薄膜一般具有以下特征：

（1）大的比表面积，使其能够有效地吸附单分子层染料，更好地利用太阳光；

（2）纳米颗粒和导电基底以及纳米半导体颗粒之间有很好的点接触，使载流子在其中能有效地传输，保证大面积薄膜的导电性；

（3）电解质中的氧化还原电对能够渗透到纳米半导体薄膜的内部，使氧化态染料能有效再生。

4）染料敏化电池的发展趋势

自染料敏化太阳能电池在实验室研究取得突破后，各国学者对染料纳米多孔半导体电极、电解液和电极方面都进行了大量研究。从 21 世纪开始，染料敏化太阳能电池的发展进入了新的阶段。首先，采用具有直线电子传输能力的一维半导体材料作为染料敏化太阳能电池阳极材料，可以有效提高电子的传输效率，减少电子的反向复合，成为染料敏化太阳能电池的研究热点。其次，柔性染料敏化太阳能电池是另一个重要的发展方向,柔性染料敏化太阳能电池具有巨大的开发潜力和应用背景。最后,大规模电池应用是染料敏化太阳能电池另一个重要的发展趋势。

1.4.7　铜铟镓硒薄膜电池

铜铟镓硒薄膜太阳能电池是 20 世纪 80 年代后期开发出来的新型太阳能电池,由铜铟硒($CuInSe_2$,简称 CIS)发展而来,将镓(Ga)替代 CIS 材料中的部分铟(In),形成 $CuIn_{1-x}Ga_xSe_2$ 四元化合物。CIGSe 薄膜太阳能电池具有优异的太阳能吸收特性,理论光电转换效率(即每平方米太阳能电池单元将日照能量转换为电能的转换效率)可达 25%～30%,目前实验室最高光电转换效率达到 20.3%,组件转换效率最高达 15.7%,是当前光电转换效率最高的薄膜太阳能电池[59-60]。

1) 铜铟镓硒薄膜电池的优点

CIGSe 薄膜太阳能电池成本低、性能稳定、轻柔便携、透光性较好、适用性强,可以设计成任意尺寸和功率,适用于消费品市场、边远山区独立电站、小型户用屋顶组件、大型商用屋顶轻质组件、太阳能电站组件、建筑一体化(BIPV)光伏系统解决方案、建筑材料一体化应用、超大规模太阳能应用项目解决方案等多个领域。目前建筑一体化和光伏电站占应用市场的 70%,是 CIGSe 薄膜太阳能电池的主要应用领域。

2) 铜铟镓硒薄膜电池原理

CIGSe 薄膜太阳能电池的主要工作原理为半导体的光生伏特效应,核心部分是 PN 结。其中,以 CIGSe 薄膜作为 P 型区,以 CdS,i-ZnO,AZO 薄膜共同构成 N 型区。CIGSe 太阳能电池中的 PN 结属于异质结,形成的机理主要是:P 型半导体 CIGSe 薄膜的空穴与 N 型区半导体的电子相互扩散,留下的受主离子形成了空间电荷区。这样就产生了一个从 N 型区指向 P 型区的静电场 E,阻止了空穴与电子继续相互扩散,达到动态平衡。该电场 E 称为内建场,是使得所产生的空穴-电子对分离的动力。同时,内建场使得 P 型区的费米能级上移,N 型区的费米能级下移,形成 PN 结统一的准费米能级 E_F。PN 结的势垒高度 eV_D 就是原先 P 型区和 N 型区的费米能级之差,决定了整个器件的开路电压。当能量大于 CIGSe 薄膜禁带宽度的光子注入到其中时,将被吸收并激发空穴-电子对。产生在(或扩散至)内建场中的空穴-电子对将会被分离。电子被分离至 N 型区,空穴被分离至 P 型区,形成光电流。这就是 CIGSe 薄膜太阳能电池的主要工作原理。

3) 铜铟镓硒薄膜电池生产工艺

各种 CIGSe 薄膜太阳能电池的制备方法不同之处主要在于其吸收层 CIGSe 薄膜的制备过程,而除此之外的其余各层主流制备方法大同小异。一般将 CIGSe 薄膜的制备方法分为真空法和非真空法两大体系。真空法制备所得的 CIGSe 薄膜质量以及其电池效率基本都优于非真空法,但设备初始投入成本很高。真空法主要包括多元共蒸发法和溅射后硒化法两种。非真空法的种类较多,此处主要介绍电沉积法、肼溶液沉积法和纳米墨水涂覆法。

多元共蒸发法主要是通过加热将所需的元素蒸发,并使得其以原子或分子的形式沉积下来。根据蒸发工艺过程的不同可分为一步法、两步法和三步法。一步法是指沉积过程中 Cu、In、Ga、Se 四个源同时蒸发且保持流量不变。此方法工艺步骤简单,但所得 CIGS 薄膜的晶粒尺寸较小。二步法是指沉积过程中,首先沉积多于化学组分比的 Cu 元素形成富 Cu 的 CIGSe 薄膜,然后再沉积得到贫 Cu 的 CIGSe 薄膜。此方法通过富 Cu 相时液相辅助再结晶的机制,得到了较大尺寸的 CIGSe 薄膜晶粒。三步法是指首先沉积不含 Cu 的 In、Ga、Se 元素形成预制层,然后只沉积 Cu、Se 并使之形成略微富 Cu 的 CIGSe 薄膜,最后再沉积 In、Ga、Se 使之形成符合化学计量比的或略微贫 Cu 的 CIGSe 薄膜。此方法也利用了富 Cu 相时液相辅助再结晶的机制,得到了尺寸较大且表面光滑、晶粒紧凑的 CIGSe 薄膜。同时利用了 In 和 Ga 的扩散速率不同,使得薄膜底部和表面的 Ga 含量多于化学计量比,得到了双梯度带隙的吸收层。

溅射后硒化法是指先在 Mo 薄膜底电极上沉积含有 Cu、In、Ga 元素的预制层合金,然后在含有 Se 的气氛下退火处理,最终得到满足化学计量比的 CIGSe 薄膜。在有的制备工艺中,沉积得到的预制层合金硒化后再硫化,用 S 原子部分替代 Se 原子形成 CIGSSe 薄膜,以此来增大禁带宽度,提高器件开路电压。Cu-In-Ga 预制层的沉积一般采用直流磁控溅射。溅射过程中,元素配比、靶材选取、溅射顺序和预制层厚度等都对以后的硒化过程有着重要的影响。硒化过程根据所用 Se 源的不同,一般分为固态 Se 源硒化和气态 Se 源硒化两种。固态 Se 源硒化多采用 Se 单质颗粒,由于 Se 的蒸气压难以控制且 Se 原子的活性较差,因此硒化较为困难,所得到的薄膜质量较差。气态 Se 源硒化多采用经 90% 惰性气体稀释后的 H_2Se 气体。其活性较好,容易得到质量较好的 CIGSe 薄膜,但因 H_2Se 剧毒易挥发,实验、生产中要严格管控。总的来说,溅射后硒化法得到的 CIGSe 太阳能电池效率较高,且成本较低,适合工业化生产。

电沉积法是指利用电位差使得含有 Cu、In、Ga、Se 元素的电解液发生氧化-还原反应,并在电极上析出形成 CIGSe 薄膜。一般采用三电极法,Mo 薄膜底电极作为工作电极,铂作为对电极,饱和甘汞作为参比电极。根据沉积步骤的不同可分为一步共沉积法和多步连续沉积法。沉积所得的 CIGSe 薄膜一般还需经过硒化退火的步骤,以提高结晶质量。由于 Cu、In、Ga 离子的电位差较大,很难得到符合化学计量比的 CIGSe 薄膜。但工艺相对简单,成本较低,且方法本身有提纯原料的效果,因此被视为可能成为工业化生产的途径之一。

肼溶液沉积法是指利用肼(N_2H_4)作为溶剂,将含有 Cu、In、Ga 的二元硒化物彻底溶解,分别得到其溶液。按所需组分配比混合均匀后,通过喷涂或旋涂等方法形成预制层薄膜。最后在惰性气氛中退火,无需硒化即可生成质量较好的 CIGSe 薄膜。该方法制备过程简单,原料利用率非常高,得到的 CIGSe 太阳能电池效率也很高。但由于肼剧毒,极易挥发,且易燃易爆,制备过程需要在完全密闭的惰性气氛中进行,生产工艺的安全性限制了该方案的工业化生产。IBM 托马斯·沃森研究中心的 Mitzi 小组是在该研究方向的佼佼者。2013 年,该小组利用此种工艺制备了效率达到 15.2% 的 CIGSSe 太阳能电池。

纳米墨水涂覆法是在达到反应温度的含有 Cu、In、Ga 元素的溶液中,注入含有 S 元素的溶液,通过表面活性剂(例如油胺)的作用,使之反应、成核,并最终生成所需的 CIGS 纳米颗粒。将纳米颗粒提纯,分散后形成所谓的纳米墨水。再将纳米墨水通过滴落法、旋涂法或者刀刮法形成 CIGS 前驱体薄膜。最后在 Se 的气氛中硒化退火,得到可以作为吸收层的 CIGSSe 薄膜。通过这种方法,可以制备效率达到 12.0% 的 CIGSSe 太阳能电池。该方法的主要优点是原料使用率高,同时设备要求低,这样整个工艺的制备成本就得到了降低,是有望成为工业化的一种方案。

4) 铜铟镓硒薄膜电池的发展趋势

对于 CIGSe 薄膜太阳能电池的研究,一方面是提高效率,另一方面是降低成本。目前其最高效率已经达到 20.8%,由于采用高成本、较复杂的“三步法”多元共蒸发工艺制备,因此其大规模工业化的可能性不大,多用于研究领域。但是研究此方法仍有巨大意义,一方面验证了 CIGSe 薄膜太阳能电池达到高效率的可能性,另一方面可以了解提高电池效率的途径,为其他低成本工艺制备电池提供指导。在降低 CIGSe 薄膜太阳能电池制备成本方面,非真空工艺是很有希望的途径,其优势在于设备成本低、原料利用率高,但制备出的电池效率远不如真空工艺所制备的。提高该工艺所制备的电池效率的关键在于高质量的 CIGSe 薄膜及有效的 CIGSe/CdS 界面,因此,预制层薄膜的制备及其硒化,是该套工艺的核心所在。

1.4.8　碲化镉薄膜电池[61-63]

国外 CdTe 薄膜太阳能电池的研究和制造十分活跃。美国 First Solar 公司是全球最大的 CdTe 薄膜太阳能电池制造商,通过不断扩产以及技术进步,使得 CdTe 薄膜太阳能电池的成本降至 0.76 美元/瓦,其制备小面积 CdTe 薄膜太阳能电池的光电转换效率已达到 18.7%,组件达到 14.4%(0.72 m^2)。

1) 碲化镉薄膜电池优点

CdTe 是一种重要的 Ⅱ-Ⅵ 族化合物半导体材料。CdTe 是直接带隙半导体,禁带宽度为 1.45 eV,对太阳光谱响应处于最理想的太阳光波段;其次 CdTe 在可见光范围内的吸收系数高达 10^{-5} cm^{-1},高于硅材料 100 倍的吸收系数等材料特性适合制备高效薄膜太阳能电池,其理论转换率为 28%。

CdTe 相比硅材料具有功率温度系数低和弱光效应好等特性,表明碲化镉太阳能电池更适于沙漠、高温等复杂的地理环境,以及在清晨、阴天等弱光环境下也能发电。

2) 碲化镉薄膜电池原理

CdTe 薄膜太阳能电池分别由玻璃、透明导电氧化物(TCO)薄膜、窗口层 N 型 CdS 多晶薄膜、吸收层 P 型 CdTe 多晶薄膜、背接触缓冲层和金属背电极组成。太阳光从玻璃面入射,穿过玻璃、TCO 和窗口层 CdS 层后,被吸收层 CdTe 吸收产生电子空穴对,即光生载流子,光生载流子在 PN 结内建电场的作用下分离,电子流向氟掺杂的氧化锡(FTO)负极,空穴流向正极金属背电极,对外传输电流。

3) 碲化镉薄膜电池生产工艺

CdTe 作为一种简单的二元化合物,易生成单相材料,已有多种技术可制备电效率 10% 以上的 CdTe 小面积电池,制备方法有近空间升华法、气相输运沉积法、磁控溅射法、电化学沉积法、丝网印刷法等。其中近距离升华(CSS)和气相输运沉积(VTD)技术具有沉积速率高、原材料利用率高、生产成本低以及所制备的膜质好、晶粒大等优点,应用最为广泛,可实现规模化生产。目前已经产业化的 CdTe 薄膜主要采用近空间升华法和气相输运沉积法制备。

4) 碲化镉薄膜电池的发展趋势

碲化镉薄膜太阳能电池具有光电转换效率高、功率温度系数低、弱光效应好、易制备、生产成本低等优势,已经在光伏市场上占有一席之地。目前,研究人员和生产厂商研究的焦点仍是降低生产成本和提高光电转换效率,产业化的升级将进一步提高碲化镉薄膜太阳能电池的竞争力。国内的碲化镉薄膜太阳能电池的产业化仍存在很大的发展空间和市场前景。

1.5 光伏发电的发展

光伏发电在实践应用中得到很快发展,为构建光伏电站的产业链提供了多种发展模式。

1.5.1 光伏发电电站存在的问题

光伏发电系统根据是否并网可以分为离网(独立)和并网两种。其中前者可以分为直流、交流和交直流混合光伏发电系统,还可以分为有蓄电池、无蓄电池两种系统;后者可以分为逆流和无逆流光伏发电系统,根据用途也可以分为有蓄电池和无蓄电池系统。从规模和应用形式方面来说,独立光伏系统均自有其个性和特点。系统规模横跨度较大,如太阳能庭院灯的功率大约为 0.3~2 W,太阳能光伏电站的功率为千瓦级别,在家用、通信和空间等多个领域均可得到广泛的应用。太阳能组件产生的直流电可以转换为符合市电电网要求的直流电,最终将其接入公共电网,可称为并网光伏发电系统。从集中度的方面来看,集中式大型并网光伏系统和分散式小型并网光伏系统均是并网光伏发电系统常见的类型,其中前者主要包括国家级电站,后者主要包括住宅。

光伏发电在实际应用推广中主要有如下问题:

(1) 最大功率点跟踪技术方面　由于光伏发电最主要的出力特性为随机性,并且受环境条件影响很大,所以最大功率点跟踪技术成为研究重点,一些基于传统方法上的改进方法不断研究成功,大大改善了精确度和动态响应的快速性,以后还会有更多的先进方法产生,以提高光伏发电的效率。

(2) 光伏发电并网技术方面　光伏并网发电受技术、投资等限制起步较晚,但光伏发电的并网化和大型化无疑是将来的主要发展趋势。大规模光伏电站发电作为一种先进的新能源发电方式,当其接入电网时会产生谐波、电压波动等多种负面影响,随着光伏发电容量的不断增大,许多之前可以忽略的问题变成必须要考虑的因素。目前已经有多种解决这些问题的控制手段和保护措施,甚至在逆变器的设计方面也已经加入了相应的控制器。

(3) 并网逆变器及其控制方面　逆变器是光伏发电并网系统中的核心和关键,合理地设计并改进逆变器的结构和控制方法可以有效地提升系统效率。随着技术的发展,逆变器由单级拓扑结构发展为多级拓扑结构,目前还出现了许多结合单级和多级的优点而产生的拓扑结构。虽然上述改进可以提高光伏系统的效率,但由此也带来一些关于多个逆变器统一控制的问题,还有如何处理多个逆变器产生的谐波的叠加问题等,这些都有待在今后的研究中解决。

1.5.2　构建可持续发展的光伏产业链

产业链是产业经济学中的一个概念,是基于各个产业部门之间的技术经济关联、各个区域优势以及专业化分工和多维性需求,实现内容和形式上的合作载体。

产业链整合就是由关键主导企业对产业链进行调整和协同的过程。通过上下游企业的一体化或纵向分离的形态实现,具体形式为竞争或协商方式。

1.5.2.1　光伏产业链

光伏发电系统的演变,按实际应用时间段划分大致经历了三代技术发展。

第一代晶体硅电池(单晶、多晶)产业过程:工业化合硅提纯为太阳能级晶体硅、高纯度晶硅或硅锭,多线切割成硅片,硅片高温扩散掺杂(磷或碳化硼),制作电池 PN 结型组件。

第二代薄膜电池(非晶硅(a - Si)、铜铟镓硒(CIGS)和碲化镉(CdTe)电池)生产过程：将半导体材料镀在具有导电性的金属膜或柔性的塑料薄膜底材上。

制作晶体硅电池需要 7 个工艺环节，而薄膜光伏电池只需要 3 个环节，制作便捷。

第三代聚光电池：主要指多结Ⅲ-Ⅴ族半导体化合物（砷化镓 GaAs）电池，分为投射式和反射式聚光。透镜或反射镜等聚光模块将大面积的阳光汇聚到一个极小面积的光伏电池上。应用抗高温、高转换效率的Ⅲ-Ⅴ族元素化合物作为光伏电池的主要材料，在聚光的高温条件下吸收和转换高强度的光能。

1.5.2.2　制造公司

从技术门槛上看，产业链从上至下技术含量逐渐降低，上游的核心装备制造技术含量最高，涉及半导体、机电、化学、机械等多个行业。

非晶硅太阳能电池的技术关键是制备非晶硅薄膜。

薄膜光伏发电产业从 20 世纪 90 年代开始进入大发展时期。特别在 2004 年德国实施修订的"上网电价法"以来，光伏需求急剧扩大。世界可供硅薄膜电池生产线设备的主要企业有 14 家，包括北京北仪创新真空技术有限责任公司。

1.5.2.3　逆变器发展

逆变器技术发展（见表 1-10）始终与功率器件及其控制技术的发展紧密结合，从开始发展至今经历了五个阶段。最近我国单机十兆瓦双向储能逆变器问世，将为大规模的光伏储能电站、着力解决"弃电"的智能电网提供可靠的技术基础[64]。

表 1-10　逆变器技术发展

时段划分	技术或产品代表	功　效
第 1 阶段 1950—1960	晶闸管 SCR 诞生	发展正弦波逆变器
第 2 阶段 1970—1980	可关断晶闸管 GTO、双极型晶体管 BJT 问世	逆变技术得到发展和应用
第 3 阶段 1980—1990	功率场效应管、绝缘栅型晶体管、MOS 控制晶闸管等功率器件	向大容量逆变器方向发展
第 4 阶段 1990—2000	微电子（矢量控制、多电平变换技术、重复控制、模糊控制等）技术发展	促进了逆变器技术的发展
第 5 阶段 21 世纪初	逆变技术随电力电子技术、微电子技术和现代控制理论发展而改进	朝高频化、高效率、高功率密度、高可靠性、智能化的方向发展

1.5.2.4　生产管理

某公司以薄膜光伏为载体，对薄膜光伏的产业链进行了垂直一体化整合，在上游的设备制造、中游的电池生产、下游的光伏发电等产业链环节进行战略布局,在 2012 年一跃成为全球最大的薄膜光伏企业[65]。

垂直一体化战略选择的原则具有驾驭企业组织、管理、协调、控制整个战略有序执行的能力。

实施对象的客观分析:基于整合协调观的能力、文化观的能力、资源观技术观和系统观的能力,明确企业的核心价值理念,客观分析、处理实施对象在各环节中的问题。

1.5.2.5　产业链问题和相关措施

整个产业两头在外,产业规模化程度不高;薄膜光伏的三个关键产业环节行业跨度较大、企业集中度低是症结之所在。

1) 降低成本

薄膜光伏为新一代的光伏发电技术,拥有原料消耗少、生产过程耗能少,促进发电成本降低等优点。

硅片厚度减薄。随着硅片切割技术的发展,硅片厚度从最初的 300 μm 降低到 150 μm,甚至减薄到 120 μm。

光伏电池的关键设备国产化,PECVD(等离子体增强化学气相沉积)不断更新。

2) 规避市场风险

2012 年 9 月、11 月,欧盟分别启动对中国光伏产品的反倾销和发补贴调查,给予中方光伏制造业一个沉重教训。因此,有关机构需要提振国内光伏需求,同时转变观念,加大制订可持续发展的长远规划。

3) 产能控制

根据“十三五规划”提高光伏转换效率、降低成本的要求,到 2020 年,系统成本将达到 5 元/瓦以下。《光伏制造行业规范条件》是控制产能向高质量、低成本的方向有序发展的保证。

4) 制造装备

在市场经济条件下,纵向一体化是企业提高市场竞争力、优化资源配置的一种重要手段。

国内光伏产业链的所有环节基本上能自行生产,但生产水平较低,生产成本高,各环节配合欠佳,在国际市场上体现不出中国光伏的竞争力。这与光伏的配套产业还没有形成,价值链高端的多晶硅和硅片生产的配套设备(如多晶硅浇铸炉、线切割机、破锭机等)完全依靠进口等因素有关[66]。

5) 提升光伏电池效率

太阳能电池最重要的参数是光电转换效率,太阳能电池提高一个百分点,可使成本降低 5% ~ 7%。在实验室所研发的硅基太阳能电池中,单晶硅电池效率为

25.0%,多晶硅电池效率为20.4%,CIGS薄膜电池效率达19.6%,CdTe薄膜电池效率达16.7%,非晶硅(无定形硅)薄膜电池的效率为10.1%,而在实际应用中效率略低于这一水平[67]。一些光伏产品的供应情况如表1-11所示。

表1-11 一些光伏企业产品的供应情况

企业	产品技术	规格	性能	备注
博世(阿恩施塔特,德国)	离子注入指叉背结背接触(IBC)技术	高效晶体硅电池(c-Si);正方形,156毫米	效率22.1%;太阳能板输出功率5.32 W峰值	与哈梅林太阳能研究所(ISFH·Emmerthal,德国)合作
中电光伏(CSUN)	传统硅片上使用新结构设计	单晶太阳能电池	效率20.26%>业内设定值20%	获得业内引领转换率水平的ISE认证
晶澳太阳能	"博秀"P型	(1)博秀P型单晶;(2)多晶硅产品	(1)效率突破20%;(2)效率18.3%	获得德国弗劳恩霍夫太阳能系统研究所独立认证
天威新能源	用"多晶"方法制造"单晶"电池	单晶硅太阳能电池	平均转换率18%,最高达到18.55%	年产能150 MW
日本京瓷(Kyocera)	"GAINA"电池	多晶硅太阳能电池	转换效率高于现产品0.8%~17.8%	量产
松下公司	单晶硅晶圆两面形成非晶硅层的异质结构造	HIT型	效率达24.7%;量产单元效率为21.6%	单元面积为100 cm²
夏普公司	三结聚光电池	—	效率高达44.4%	用于透镜聚光系统
美国	超高效太阳能电池(VHESC)	—	效率高达40%	

结构设计包括以下两点:适中的背脊宽度;通过超薄氧化层实现基区接触电极与其上方发射区之间的理想绝缘。

主要攻关内容如下:

(1)降低成本 包括降低对衬底质量的要求、制作工艺易于工业化、简化工艺步骤等。

(2)性能优化 包括电池结构的设计、陷光及钝化效果的优化、背面接触电阻的降低等。

(3)大面积化 薄衬底、大面积电池成为未来发展的趋势。背接触硅太阳能电池已经朝低成本、高效率、大面积方向发展。

1.5.2.6　先进制备工艺

1）表面钝化

晶硅太阳能电池的表面钝化一直是工艺设计和优化的重中之重[68]。从早期的仅有背电场钝化到正面氮化硅钝化，再到背面引入诸如氧化硅、氧化铝、氮化硅等介质层的钝化，局部开孔接触的 PERC/PERL 设计，乃至一种既能实现背面整面钝化且无需开孔接触的技术。

2）减薄晶硅片厚度

越来越薄的晶体硅太阳能电池成为降低太阳能电池生产成本的重要途径[69]。

硅片切割技术，以碳化硅和 PEG 为媒介切割硅片方式，对硅片造成较大的损伤。金刚线切割技术是最新的切割技术，SiGen 公司开发的 PolyMax 的切割技术，主要将离子束（如 H 离子）注入到硅锭的一定深度，随后通过撕裂的方式得到 20～150 mm 厚的硅片。若将硅片的厚度减少到 120 mm，硅片使用率可降到 3.70 g/W，成本从 0.31 \$/W 降低到 0.18 \$/W。

3）电极制备

PV 的快速发展，很大程度上得益于浆料的不断改进和创新。Ni/Cu/Ag 等结构的前电极电镀和背面蒸镀铝工艺已实现工业应用。电镀工艺具有工艺简单、成本低的优点；蒸镀铝工艺需要较大的成本投入，但因其具有很好的背反射性和工艺简单等特点，也是未来超薄电池背电极制备工艺的趋势。透明导电薄膜和低温银浆工艺因避免高温烧结，减少高温烧结对钝化膜（如 Al_2O_3 或非晶硅）的破坏，也是电极制备的选项。

4）电池结构改进

浆料的改进是解决超薄电池翘曲问题的方法之一，而更重要的解决办法是采用更为先进的电池结构（背面钝化＋局域金属接触结构）代替常规电池结构。Sanyo 公司开发的 HIT 电池结构避免了使用高温银、铝浆料，超薄硅片同样可以运用于该结构中。

5）制绒及后清洗工艺

采用小绒面结构，也可使用单面碱制绒等新型工艺进行单面制绒。

防裂措施：采用更好的制绒工艺得到光学性能不变或更优的小绒面结构；采用单面碱制绒、酸制绒或干法制绒等新工艺实现单面制绒。

逐渐用代用材料取代银或者大幅度降低银浆中的银含量以节省材料；背板和 EVA 大多国产，但其上游原料 Tedlar 和 EVA 粒子还需进口，需进一步国产化[70]。

1.5.2.7　系统降成本

1）提升电压

随着光伏发电补贴将逐年下调，适度提升系统直流电压有利于整体降低成本。

光伏系统从 600 V 升级到 1 000 V 带来了成本下降和发电量提升,显然将 1 000 V 升级到 1 500 V 将是一个变革[71]。

目前,组件成本占到系统成本的 55% 以上,而硅料又占到组件成本的 40% 以上。以多晶硅为例,从 2010 年到 2013 年,硅料成本下降了 65%,后续趋于平缓;而 2013 年之后则依靠背板、EVA、玻璃等辅材价格下降,但总成本下降空间有限;系统电压的提升对整体降低成本是光伏成本持续降低的措施之一。因为组件串联增多,线缆、汇流箱、逆变器数量减少,成本便会下降,同时路径减少就意味着效率提升,加上相同容量电站并网点减少,减少了变压器数量和成本。

据分析,1 500 V 系统在降低成本和损耗上优势明显,度电成本较 1 000 V 系统降低 2%~3%。

当然,更高的系统电压也会给光伏电站带来更高的电击危险、火灾隐患、PID (potential induced degradation)风险等,需要防范,比如出台具体产品的规范标准,整合产业链等。

2) 量身定做光伏容量

晶硅和薄膜电池适用于规模较小的家用、建筑一体化的商业用电,充当分布能源;CPV 系统复杂,增加追日跟踪控制和冷却等系统,适用于沙漠、荒地、滩涂等地域的大型光伏发电站。

3) 管理提效

光电场的有效操作和营维,及时消除故障,对于降低发电成本是显而易见的。

1.5.3 发展多种模式光伏发电技术

我国幅员辽阔,阳光、气候、地貌的巨大差异决定了太阳能利用的不同形式。根据区域环境、用能需求,可因地制宜地选择分布式、组合式、列阵式的太阳能装备。特别是主流光伏发电产品,在选择和布置装备方面具有很大灵活性。

在荒漠滩涂地区可采用大规模列阵式的光电场;在边缘缺电地区、大小城区可选择小型化分布式光电站。为解决其分散性和随机的不确定用电的特性,往往采用组合式,配置多种模式的能源结构,除配置蓄能装置外,可与风电、水电、燃机发电、固废能源站或火电站等结合,扬长避短。在系统控制上配置智能微电网,提高供电质量。

优化组合方式,这是分布式光伏系统输出高品质电能的好办法。如发电厂+光伏、光伏+风电+水电(如龙羊峡水光互补 850 MW 光伏电站)、光伏+固废能源站等,可大大改善电能的品质,满足地区的用电需求。

在大多数城市地区,充分利用地区的固废能源包括城市生活垃圾、农林生物质等,转换成可燃气、油和碳粉等附加值高的产品,以及配置的内燃机发电机组,实现负荷的调节功能,使分布式光伏与整个"固废能源站"系统组合为稳定的开环或闭环的供电系统。

采用光电效率、光热效率和综合效率的评价,光伏光热一体化系统具有重要的现实意义。根据 Solarzoom 光伏太阳能网讯,研究人员开发了一种非晶硅的全新应用,在太阳能技术方面取得了一项重要突破,他们开发出一种新型太阳能光伏光热系统(PV/T),可以将太阳能发电和太阳能供热完美地合二为一[72]。该新系统由于具有更高的运行温度因此能够发出更多的热量,同时发电量也增加了 10%。

所谓光伏光热一体化(PV/T)系统是一种集太阳能光伏发电与热利用为一体的太阳能集热器(见图 1 - 40)。太阳照射在集热器的表面产生电能,热能从电池的冷却系统中获得。

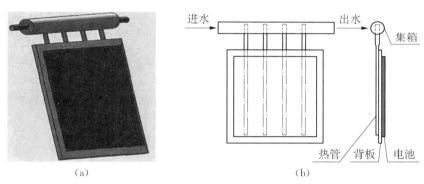

（a）　　　　　　　　　　　　　（b）

图 1 - 40　PV/T 系统结构设计

（a）平面设计图；（b）立体设计图

聚光光伏光热一体化系统(CPV/T)是集 PV/T 与聚光装置为一体的系统,聚光装置可提高电池表面的太阳辐射强度,增加 PV/T 输出电功率和热功率。

总之,未来的太阳能利用必将改变目前的化石能源结构,是人类主要依靠的一种能源。大力发展多种形式的太阳能发电是必然的趋势。

参考文献

［1］ 赵本水. 我国光伏发电的现状和前景[J]. 智慧工厂,2017,5：61 - 62.

［2］ 2011 年中国及海外太阳能光伏产业发展报告[R]. 光电产业研究报告,2011：4.

［3］ 李春鹏,张廷元,周封. 太阳能光伏发电综述[J]. 电工材料,2006,3：45 - 48.

［4］ 张映红,路保平. 世界能源趋势预测及能源技术革命特征分析[J]. 天然气工业,2015,35
　　 (10)：1 - 10.

［5］ 北极星太阳能光伏网. 可再生能源将在全球范围内对化石能源发起成本大战[EB/OL].

[2015 - 10 - 16]. http://guangfu. bjx. com. cn/news/20151016/672382. shtml.

[6] 索比光伏网. 目前日本光伏发电政策解析[EB/OL]. [2018 - 01 - 04]. https://news. solarbe. com/201801/04/122825. html.

[7] 北极星太阳能光伏网. 2016 年全球太阳能需求量预计达 58 GW 亚洲、美洲需求持续增温 [EB/OL]. [2015 - 09 - 24]. http://guangfu. bjx. com. cn/news/20150924/667172. shtml.

[8] 安信证券. 2016 年中国光伏行业发展分析报告[R/OL]. [2017 - 07 - 30]. http://www. askci. com/news/chanye/20170730/194857104209. shtml.

[9] 赵玉文,吴达成,王斯成,等. 中国光伏产业发展研究报告(2006—2007)(下)[R]. 太阳能, 2008,8: 6 - 13.

[10] 冯楚建,谢其军. 国内外光伏产业政策绩效对比研究[J]. 中国科技论坛,2017,2: 58 - 65.

[11] 中国机器视觉网. 我国太阳能光伏发电行业市场发展概况分析[EB/OL]. [2015 - 12 - 10]. http://www. china-vision. org/application/applicationsub/21040. html.

[12] 深圳节能网. 中国可再生能源正引领全球[EB/OL]. [2018 - 12 - 25]. http://www. saveen. com/NewsView. aspx? id=1238.

[13] 张平伍. 户用光伏市场前景及问题分析[C]. 上海:中国分布式光伏发展论坛,2018.

[14] 林春挺. 光伏入网设限 6 兆瓦的内情[N]. 第一财经日报,2013 - 01 - 30(3).

[15] 侯云龙. 新版《光伏制造行业规范条件》发布[N]. 经济参考报,2018 - 03 - 06(2).

[16] 王斯成. "十三五"光伏行业发展战略和政策分析[R]. 河北:2017 第六届新能源发电系统技术创新大会,2017.

[17] 李跃群. 国务院出招驰援光伏产业:力推分布式发电,分区域定标杆电价[N]. 东方早报, 2012 - 12 - 20(3).

[18] 多部门酝酿"十三五"光伏新政 助力行业高增长[N]. 经济参考报,2015 - 10 - 13(2).

[19] 肖玮,黄维臻. 光伏业"十三五"定调一放一收[N]. 北京商报,2015 - 10 - 13(3).

[20] 中国储能网新闻中心. 全国太阳能光伏发电补贴扶持政策汇总[EB/OL]. [2014 - 06 - 03]. http://www. escn. com. cn/news/show-138576. html.

[21] 王海霞.《中国 2050 高比例可再生能源发展情景暨路径研究》发布——2050 年中国可再生能源占比超 60%[N]. 中国能源报,2015 - 04 - 20(3).

[22] 杨贵恒,强生泽,张颖超,等. 太阳能光伏发电系统及其应用[M]. 北京:化学工业出版社, 2011: 40 - 47.

[23] 杨金焕. 太阳能光伏发电应用技术[M]. 北京:电子工业出版社,2013: 121 - 145.

[24] 刘志平,赵谡玲,徐征,等. PECVD 沉积氮化硅膜的工艺研究[J]. 太阳能学报,2011,32 (1): 54 - 59.

[25] 魏金燕. 钙钛矿太阳能电池或将引领产业发展新方向[EB/OL]. [2013 - 11 - 27]. https://www. qianzhan. com/analyst/detail/220/131127-e3bcab97. html.

[26] 杜邦微电路材料推出全新 Solamet® PV76x 导电浆料[EB/OL]. [2015 - 04 - 09].

http://www. dupont. cn/products-and-services/solar-photovoltaic-materials/media/press-releases/20150409-dupont-introduces-solamet-pv76x. html.

[27] 任丙彦,吴鑫,勾宪芳,等. 背接触硅太阳能电池研究进展[J],材料导报,2008,22(9):101-105.

[28] 赵争鸣,刘建政,孙晓瑛. 太阳能光伏发电及其应用[M]. 北京:科学出版社,2005:304.

[29] 丁兆明,贺开矿. 半导体器件制造工艺[M]. 北京:中国劳动出版社,1995:99-101.

[30] 安其霖,曹国深,李国欣,等. 太阳能电池原理与工艺[M]. 上海:上海科学技术出版社,1984:84-89.

[31] 赵百川,孟凡英,崔容强. 多晶硅太阳能电池表面化学织构工艺[J]. 太阳能学报,2002,23(6):759-762.

[32] 肖建华,姚正毅,孙家欢. 并网太阳能光伏电站选址研究述评[J]. 中国沙漠,2011,31(6):1598-1605.

[33] 李英姿. 太阳能光伏并网发电系统设计与应用[M]. 北京:机械工业出版社,2014:29.

[34] 车孝轩. 太阳能光伏发电及智能系统[M]. 武汉:武汉大学出版社,2013:36-39.

[35] 崔容强,赵春江,吴达成. 并网型太阳能光伏发电系统[M]. 北京:化学工业出版社,2007:48-51.

[36] 周长友,杨智勇,杨胜铭. 北坡场地光伏电站阵列间距设计[J]. 华电技术,2013,35(6):14-17.

[37] 陈刚,姬鸿,王勇. 太阳能光伏发电系统设计[J]. 智能建筑电气技术,2011,05(2):6-10.

[38] 辛力坚,刘英杰,接建鹏. 并网光伏发电系统逆变器选型[J]. 内蒙古石油化工,2012,38(24):85-86.

[39] 王斯成. 我国光伏发电有关问题研究[J]. 中国能源,2007,29(2):7-11.

[40] 董晓青. 建设山地光伏电站必须要掌握六大要点[EB/OL]. [2016-02-01]. http://www. sohu. com/a/58120286_374195.

[41] 王以笑,崔丽艳,雷振锋,等. 分布式光伏电站区域智能调控系统的研究[J]. 电力系统保护与控制,2016,44(4):118-122.

[42] 刘伟,彭冬,卜广全,等. 光伏发电接入智能配电网后的系统问题综述[J]. 电网技术,2009,19(33):1-6.

[43] 罗杰. 光伏发电并网及其相关技术发展现状与展望[J]. 低碳世界,2016(27):71-72.

[44] 县永平. 常用3 kW太阳能光伏发电系统设计方案[J]. 甘肃科技,2011,27(9):69-70.

[45] 姚光辉. 光伏并网发电系统设计及MPPT技术研究[D]. 杭州:浙江大学,2014.

[46] 穆杰,夏宏宇,仲琳. 屋顶型聚光光伏系统[J]. 太阳能,2013,13:45-49.

[47] 白银. PERC双面组件特性与发展趋势[C]. 上海:中国分布式光伏发展论坛,2018.

[48] 朱继平. 新能源材料技术[M]. 北京:化学工业出版社,2015:155-157.

[49] 李玲,李明标. pin型非晶硅薄膜太阳能电池优化设计[J]. 科技与企业,2015(10):183-184.

[50] 李素文.薄膜太阳能电池的研究[D].合肥:合肥工业大学,2003.

[51] 李海华,王庆康.非晶硅薄膜太阳能电池的研究进展及发展方向[J].太阳能学报,2012,33(S1):1-6.

[52] 欧阳婷,刘彭义,乐松.GaAs太阳能电池[C].珠海:2013年广东省真空学会学术年会论文集,2013.

[53] 张忠卫,陆剑峰,池卫英,等.砷化镓太阳能电池技术的进展与前景[J].上海航天,2003,20(3):33-38.

[54] 付蕊,陈诺夫,涂洁磊,等.基于Ⅲ-Ⅴ族材料制备的高效多结太阳能电池最新技术进展[J].材料导报,2015,29(7):124-128.

[55] 和江变,邹凯,马承鸿,等.N型背发射极晶体硅太阳能电池模拟研究[J].光电技术应用,2015,30(2):27-32.

[56] 周哲辉.铝背结N型硅太阳能电池设计优化与液相外延制结工艺研究[D].南昌:南昌大学,2014.

[57] 张巍,贾锐,孙昀,等.针对N型IBC太阳能电池中背结模型的建立及优化[J].太阳能学报,2015,36(5):1274-1277.

[58] 杨宇,梁精龙,李慧,等.钙钛矿太阳能电池研究新进展[J].铸造技术,2017,38(9):2063-2066.

[59] 童君.铜铟镓硒薄膜太阳能电池的研究[D].杭州:浙江大学,2014.

[60] 杨洋,张婧.铜铟镓硒薄膜太阳能电池产业发展综述[J].科技信息,2013(19):53-55.

[61] 肖迪.碲化镉薄膜太阳能电池背场缓冲层及电池制备研究[D].合肥:中国科学技术大学,2017.

[62] 范文涛,朱刘.碲化镉薄膜太阳能电池的研究现状及进展[J].材料研究与应用,2017,11(1):6-8.

[63] 朱卫东,张阳.中国薄膜太阳能电池技术发展现状与趋势[J].中国基础科学,2013,15(2):7-10.

[64] 刘锟.首台单机十兆瓦双向储能逆变器诞生[N].解放日报,2018-5-29(4).

[65] 李锐.薄膜光伏产业垂直一体化战略研究——以A公司为例[D].北京:北京交通大学,2013.

[66] 徐德云,王晓明.我国光伏产业纵向一体化边界的思考[J].经济视角,2011,18:6-8.

[67] OFweek太阳能光伏网.【技术前沿】太阳能电池转换效率排行一览[EB/OL].[2013-09-06].https://solar.ofweek.com/2013-09/ART-260018-8300-28718945.html.

[68] 中国光伏协会.详解钝化接触太阳能光伏电池[EB/OL].[2016-06-06].http://www.china-nengyuan.com/tech/94108.html.

[69] 刘家敬,沈辉.超薄晶体硅太阳能电池关键工艺及产业化研究[C].北京:第12届中国光伏大会暨国际光伏展览会(晶体硅材料及电池),2013.

[70] 刘勇,任丙彦.电池/模块生产/成本/技术及其发展[C].上海:半导体、光伏产业用碳-石

墨技术市场研讨会,2012.

[71] 成思思.1 500 V 光伏系统能否跃居主流？[N].中国能源报,2016 - 04 - 04(17).

[72] 刘路.新型太阳能光伏热系统将发电和供热合二为一[EB/OL].[2012 - 07 - 16].http://info. jjcn. hc360. com/2012/07/16084583584. shtml.

第 2 章 光热利用技术

太阳能是一种取之不竭、清洁的可再生能源,利用太阳能发电是保护环境、节能减排和开拓新能源的有效途径。欧美一些发达国家和我国正在探索更高能源利用率的太阳能光热发电技术研究与应用,并相继建立了不同形式的示范装置。利用太阳能发电,特别是光热发电是解决当前能源、资源和环境等问题的有效途径和方法[1-2]。

2.1 简述

我国地处北半球,大部分国土处在温带区域,不同地域有着丰富的太阳能资源。这是上苍馈赐给我们能够开发的宝贵能源。据国际能源署发布的 2050 聚光类太阳能热发电路线图报告,预计至 2050 年太阳能热发电的发电量可能占全球总发电量的 11%;近年来我国的光热发电产业也呈现出蓬勃发展的良好势态[1]。

据中国可持续发展能源项目相关报告指出,以美国可再生能源实验室(NREL)根据天气日辐照模型提供的 40 km×40 km 分辨率的直接光照强度(direct normal irradiance, DNI)数据为基础,同时考虑到云遮盖、水汽、气溶胶和痕量气体等因素,按照符合太阳能热发电开发的基本条件,即 $DNI \geqslant 5$ kW·h/m²·d,以坡度小于 3%地区为依据,对中国太阳能热发电可开发利用潜能进行计算,略去可影响电站选址以及上网电价,以及当地的水资源供给、人口密度、距交通干道和电网的距离等因素,中国太阳能热发电潜能约 16 000 GW(见表 2-1)。

表 2-1 中国主要太阳能可开发资源的潜能分布

数值 省份	5~6 kW·h/m²·d		6~7 kW·h/m²·d		≥7 kW·h/m²·d	
	GW	TW·h/a	GW	TW·h/a	GW	TW·h/a
内蒙古	6 000	15 000	59	170	0	0
新疆	4 300	11 000	400	1 100	340	1 200
青海	2 000	4 900	720	2 100	31	1 200

（续表）

数值 省份	5~6 kW·h/m²·d		6~7 kW·h/m²·d		≥7 kW·h/m²·d	
	GW	TW·h/a	GW	TW·h/a	GW	TW·h/a
西藏	320	770	300	860	1 100	3 900
甘肃	440	1 100	15	42	0	0
四川	56	140	0	0	0	0
河北	26	64	0	0	0	0

由表中数据可见,中国太阳能热发电可开发潜能位居前五位的省分别是内蒙古、新疆、青海、西藏和甘肃。其中西藏具有高品质的太阳能热发电资源,拥有 DNI 大于 7 kW·h/m²·d 的总功率数为 1 100 GW,占全国总数的 78.5%,在各省中遥遥领先。

太阳能发电可分为光伏发电和光热发电。光热发电技术是把太阳辐射热能转化为电能,该技术无化石燃料的消耗,对环境无污染。太阳能光热发电可分为两大类:一类是利用太阳热能直接发电,如利用半导体或金属材料的温差发电,真空器件中的热电子、热离子发电以及碱金属热发电转换和磁流体发电等,这类发电形式的特点是发电装置本体没有活动器件,但目前此类形式发电量小,而且有的方法尚处于原理性试验阶段,故下面不作介绍;另一类是太阳热能间接发电,它的原理是太阳热能通过热机带动发电机发电,其基本组成与常规发电设备类似,只是其热能是从太阳能转换而来。太阳能光热发电技术,按太阳能采集方式划分为聚光型和非聚光型。聚光型太阳能热发电(concentrating solar power,CSP),通过大量反射镜或透射镜以聚焦的方式将太阳直射光聚集起来,将其用来加热工质,产生高温高压的蒸汽驱动汽轮机发电。非聚光型电站有太阳能烟囱发电站等。目前,比较常见的太阳能热发电系统是聚光型太阳能热发电系统,它是利用聚焦型太阳能集热器把太阳能辐射能转变成热能,然后通过汽轮机、发电机来发电。根据聚焦的形式不同,聚光型太阳能热发电站集热器主要有塔式、槽式、碟式和菲涅尔式(Fresnel)四大类[3-5]。

按采用的传热介质分类主要包括:熔盐槽式、导热油槽式、熔盐塔式、水工质塔式、二次反射熔盐塔式、熔盐菲涅尔、导热油菲涅尔、改良水工质菲涅尔八种技术路线。

2.1.1　光热发电特点及其与光伏发电的差异

光热发电应用现有的蒸汽轮机发电,属于热动转换原理,而光伏发电利用半导体的热电转换原理。

1) 光热发电特点

(1) 上网功率平稳可控。配置大容量储热装置可确保发电功率稳定输出。

(2) 余热综合利用。发电余热可供建筑用暖、海水淡化等。

(3) 与化石燃料(燃煤、燃油、天然气及生物质)构成互补发电或联合热力循环运行。

(4) 太阳能热发电具有优异的低碳环境特性。从设备全寿命周期内考察,光热的单位 CO_2 排放量为 $12\ kg/MW \cdot h$,而其他能源的单位 CO_2 排放量($kg/MW \cdot h$)分别为:煤电 900、天然气 435、光伏 110、风能 17、氢能 14[2]。

2) 光热发电与光伏发电的差异

(1) 太阳能光伏发电的光电转换率为 $14\% \sim 17\%$,光热发电的光电转换率可达到 20%。

(2) 光热发电相对稳定、时间长,对电网冲击小;光伏发电的间断性剧烈。

(3) 光热发电使用的原材料主要是钢材和平面玻璃,没有硅电池板制造的二次污染。

(4) 光热发电原材料供应量充足,可实现与传统化石燃料电站互补利用,经济性良好。

光热发电是可利用的清洁能源之一,发展光热发电势在必行。

2.1.2　国内外光热发电技术

光热发电技术应用经历了艰难的示范过程,取得了市场的认可,并在各国能源政策的扶助下有了较快的发展。

2.1.2.1　国外光热发电技术

1) 国外光热发电技术现状

太阳能光热发电的示范运行工作始于 20 世纪 80 年代,美国在加利福尼亚州建立了世界上第一座太阳能示范电站,装机容量为 14 MW,到 1990 年共建成九座光热电站,总装机容量达 354 MW。几种光热发电装备的早期开发(见表 2-2)显示出未来应用的前瞻性。

1991 年开始全球光热发展进入停滞状态,直到 2006 年西班牙启动首个光热发电项目,国际光热发电产业才开始逐渐复苏。2007 年,西班牙建成了国内首座光热电站,带领全球光热发电产业进入新一轮快速发展期[3]。2016 年前全球光热发电投运装机约 4 652 MW,项目数量在 120 个左右。在已并网的电站中,美国占 40%,西班牙占 53%。在规划和在建装机中,美国占 56%、西班牙占 24%、中东占 8%。自 2015 年以来,以色列、沙特阿拉伯、南非等国的光热装机量增长迅猛。

表 2-2　几种太阳能光热发电装备开发一览

国家	建设/投运	项目规模	特征
苏联	1950	小型塔式光热发电试验装置	最早光热电站
美国	1996	容量：1 MW；投资 1.42 亿美元	塔式
美国、以色列	1980	美国加州；装机：9 台；总容量：353.8 MW 发电投资：1 号电站 5 976 美元/千瓦	槽式（联合组建路茨太阳能热发电国际公司）
美国、以色列	1985	8 号电站降至 3 011 美元/千瓦 发电成本：自 26.5 美分/度降至 8.9 美分/度	槽式（联合组建路茨太阳能热发电国际公司）
美国、德国、以色列		在西班牙建造 1×135 MW； 在摩洛哥建造 1×18 MW	太阳能热发电
美国、德国、以色列	1983	在西班牙建造太阳能热电站	非聚光抽风式
美国、德国、以色列	1988	盘式斯特林太阳能热发电系统，其聚光器直径为 11 m，最大发电功率为 24.6 kW，转换效率为 29%	由美国加州喷气推进实验室完成
德国	1992	容量 9 kW，到 1997 年累计运行 17 000 h，峰值净效率 20%，月净效率 16%	碟式（斯特林）太阳能光热发电电站

当前全球太阳能热发电市场呈现出西班牙、美国领跑，新兴市场装机开始释放，整个产业在全球范围内蓬勃发展的局面，每年新增装机容量成倍增长。如图 2-1 所

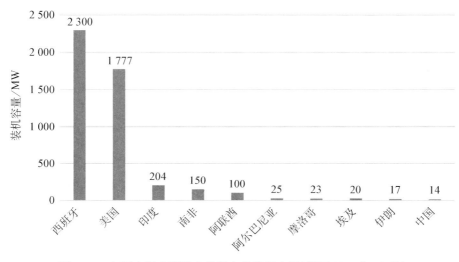

图 2-1　各国在运太阳能光热发电站装机容量（截至 2015 年 12 月）

示,截至 2015 年底全球已建成的光热发电站在运装机容量已达 4 652 MW,并且还将持续增长。国际可再生能源署(IRENA)统计数据显示,截至 2015 年 12 月底,西班牙在运光热电站总装机容量为 2 300 MW,约占全球总装机容量一半,位居世界第一;美国总装机量为 1 777 MW,位列世界第二;两者合计光热装机容量超过 4 GW,约占全球光热装机的 88%。其后是印度、南非、阿联酋、阿尔及利亚、摩洛哥等国。

2016 年底,全球光热发电装机容量增长放缓,运行的总装机容量约为 5 017 MW,增幅为 7.85%(见图 2-2)。其中,西班牙为 2 362 MW,占全球总装机容量的 47%。在新增装机中,南非为 50 MW、中国为 20.2 MW、美国为 2 MW、摩洛哥为 1 MW、意大利约为 0.66 MW。

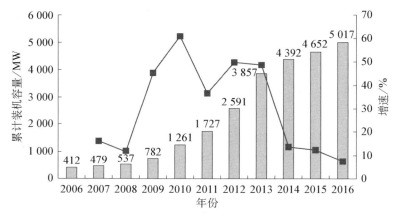

图 2-2　全球光热发电累计装机容量

数据来源:国家太阳能利用产业技术创新战略联盟。

2015 年,全球太阳能热发电新增装机容量主要来自于摩洛哥、南非和美国,新兴市场的装机量首次超过西班牙和美国两大传统市场。

根据国际能源署太阳能热发电和热化学组织(SolarPACES)统计,截至 2016 年 2 月底,全球在建太阳能光热发电站装机容量约 1.4 GW,如图 2-3 所示。其中摩洛哥的在建装机容量最高,达 350 MW。中国近几年也开始发展光热发电产业,在建装机容量位居第二位,为 300 MW。印度在建项目的装机容量达 278 MW,位居第三位,其后是南非、以色列、智利等国。国外已投入商业化应用的兆瓦级大型太阳能热发电站主要为槽式和塔式,其中以槽式聚光型电站为主流,同时也并存着不断研发的光热发电新技术。槽式、塔式、碟式系统是世界上主要的太阳能热发电技术,它们有各自不同的特点(见表 2-3)。

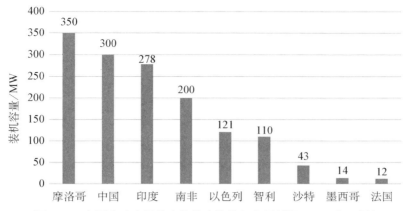

图 2-3　各国在建太阳能光热发电站装机容量(截至 2016 年 2 月)

表 2-3　槽式、塔式、碟式太阳能热发电系统对比

项　目	槽式	塔式	碟式
聚光镜	抛物槽式	定日镜	抛物碟式
聚光比	10～100	300～1 500	500～6 000
容量/MW	30～320	10～200	5～25
温度/℃	200～400	500～2 000	800～1 000
容量系数/%	23～50	20～77	25
峰值效率/%	20	23	29.40
年均效率/%	11～16	7～20	12～25
成熟度	商业化运行	规模化示范	示范中
投资成本/(美元/瓦)	4.0～2.7	4.4～2.5	12.6～1.3

2) 各国的太阳能热发电政策

不同国家和政府对光热发电采取不同的扶持政策推动了太阳能热发电行业的快速发展。这些政策主要包括上网电价补贴(即 FIT,给予每度可再生能源上网电力以特定的价格补贴额度)、购电协议(即 PPA,规定电力公司以何种价格和规则收购可再生能源发电量)、可再生能源配额制(即 RPS,政府给电力公司分配任务指标,要求电力中必须有一定比例来自于可再生能源)或可再生能源投资比例限定、贷款担保、税收优惠等。

(1) 西班牙:FIT 补贴政策　西班牙是第一个采用 FIT 补贴机制来促进光热发电产业发展的国家,2002 年对光热发电上网电价补贴为 0.12 欧元/千瓦时,但由于补贴力度不够,成效甚微。2007 年西班牙政府颁布《对可再生能源的 FIT 补贴》,提供了两种补贴方式供国内光热电站运营商选择,即固定的上网电价补贴或者市场电价加上额外补贴,补贴期限为25年。2009年,西班牙政府对《对可再生能源的FIT补贴》进行了修订,取消了原有的"市场电价+额外补贴"。2012年西班牙政府迫于财政危机取消了对新建光热电站和原有电站辅助燃气发电部分的电价补贴,同时加征7%的能源税。2013年,FIT补贴废除。

(2)美国:贷款担保和投资税收减免 美国采用强制性产业推动政策RPS,规定电力公司必须与可再生能源发电公司签署PPA,保证按照PPA价格购买可再生能源电力。美国还围绕着RPS制定了一系列激励政策,包括能源部贷款担保计划和太阳能投资税收减免(ITC)等,以推动光热产业发展。据统计,美国能源部贷款担保计划共支持了5个光热发电项目,总计获支持额度为58.35亿美元,总装机容量达1 282兆瓦。但是只有少量具有重大意义的项目才能获得贷款担保支持;同时贷款担保计划也存在无法追回债务的风险。

(3)以南非为代表的新兴市场:竞争性项目投标制 新兴市场在发展光热发电产业时大多采用的是竞争性项目投标制,即根据中标电价的高低来决定各个项目最终的上网电价。竞争性投标带来电价竞争加剧,随之带来更低的光伏度电成本(levelized cost of electricity,LCOE)和更优惠的融资支持,这无疑会驱动光热发电产业进一步发展。

以南非为例,2011年南非能源部发布可再生能源独立电力生产采购计划(REIPPPP),其实质就是竞争性项目招标制。招标过程中,投标电价的高低是决定开发商能否中标的主要标准,所占权重高达70%,但非价格评价标准仍占30%的权重,包括国产化率、技术水平、项目开发商的过往业绩等因素[4]。

3)国外投运光热电站

国外太阳能热发电技术已发展40余年,建设光热电站4 997.8 MW。

国外一些投运的光热电站见表2-4。

表2-4 一些运营的太阳能热电站(≥50 MW)

容量/MW	名称	国家	地方	坐标	技术型式	备注
361	太阳能发电(SEGS)	美国	莫哈韦沙漠,加州	35°01′54″N 117°20′53″W	抛物面槽	集合9套装置
280	索拉纳发电站	美国	吉利本德,亚利桑那州	32°55′N 112°58′W	抛物面槽	2013年10月完成,储能6 h
160	Noor 1	摩洛哥	加萨特,瓦尔扎扎特省	30°59′40″N 6°51′48″W	抛物面槽	热量储存3小时

（续表）

容量/MW	名称	国家	地方	坐标	技术型式	备注
392	Lvanpah 太阳能发电	美国	圣贝纳迪诺县,加州	35°34′N 115°28′W	塔式光热发电	2014 年 2 月 13 日完成投运
125	新月形沙丘太阳能项目	美国	奈州,内华达州	38°14′N 117°22′W	塔式	2015 年 9 月完成,储能 10 h
125	Dhursar	印度	杜沙尔,斋沙默尔区	26°47′N 72°00′E	菲涅尔反射镜	2014 年 11 月完成
75	马丁下一代太阳能中心	美国	佛罗里达州的 Indiantown	27°03′11″N 80°33′00″W	ISCC 与抛物槽	2010 年 12 月完成

2.1.2.2　我国光热发电技术现状

国外光热发电技术在材料、设计、工艺及理论方面有长达 50 多年的研究,相比之下,我国太阳能热发电技术研究起步相对较晚,始于 20 世纪 70 年代。1978 年中科院电工所成立了太阳能热发电测控实验室。之后的研究可大致分为三个阶段:

"八五"到"九五"期间(1991—2000 年)为第一阶段,当时国家支持相关科研单位研制槽式太阳能聚光器。

"十五"(2001—2005 年)为第二阶段,我国依托"863 计划"进行了碟式斯特林太阳能热发电系统的研究,成功研制出 1 kW 碟式斯特林发电系统,2005 年在南京建立了太阳能与燃气联合的 70 kW 塔式发电系统。云南师范大学太阳能研究所设计并制作了 10 m² 槽式聚光太阳能热电联供系统,并对单晶硅电池阵列、多晶硅电池阵列、空间太阳能电池阵列、砷化镓电池阵列、槽式聚光太阳能热电联供系统的性能进行实验研究。

"十一五"(2006—2010 年)为第三阶段,2006 年启动了"863"重点项目"太阳能热发电技术及系统示范"研究,并开始建设北京八达岭 1 MW 塔式太阳能热发电示范电站,2009 年启动了"973"重点项目"高效规模化太阳能热发电的基础研究",在太阳能高温选择性涂层技术、太阳能高温传热蓄热、太阳能聚光方法、太阳能热电转换技术等方面有了较大的进步。

"十一五"以来,我国逐渐开展了一些示范项目。华电集团是国内开展槽式太阳能热发电试验研究最早的大型企业,于 2007 年在河北廊坊建设 200 kW 的槽式太阳能热发电试验台。2009 年中金盛唐设计建造了两列 120 m² 集热器及成套集成的热发电系统。2010 年,新倪空太阳能有限公司在天津建造了多碟聚光的太阳能热发电系统。2011 年 6 月国电吐鲁番 180 千瓦槽式热发电项目建成试运行。2012 年 1 月益科博在三亚建设了采用"模块定日阵"聚焦光热发电技术的 1 MW 太阳能热发电示范项目并发电成功。2012 年 8 月国家"863 计划",延庆八达岭塔式热发电示范项目建设成功。2012 年 8 月浙江中控多塔式太阳能热发电示范系统成功产汽。2012 年 10 月华能在海南三亚建成我国首个 1.5 MW(th)菲涅尔式光热联合循环混合电站。2013 年 7 月 16 日青海中控德令哈 50 MW 塔式太阳能热发电站一期 10 MW 工程顺利并入青海电网发电,标志着我国自主研发的太阳能光热发电技术向商业化运行迈出了坚实步伐,填补了我国太阳能光热电站并网发电领域的空白。

在此期间太阳能热发电研究项目还有:10 kW 槽式太阳能热发电示范工程(北京工业大学)、100 kW 槽式太阳能热发电技术研究(南京中材新能源公司)、1 MW 槽式太阳能热发电示范工程(康达机电公司)、北京"MW 级塔式热发电技术与示范"项目(中科院电工所)等。北京工业大学重点实验室在槽式太阳能热发电技术研究方面取得进展,建成了以轻量化的槽式太阳能聚光器、国产高温直通式真空集热管所组成的 10 kW 单螺杆膨胀机有机朗肯循环系统。

截至 2015 年底,我国光热装机容量规模约 18 MW,其中纯发电项目总装机量约为 15 MW,除了中控德令哈 10 MW 塔式电站有商业化规模以外,其他均为小型的示范和实验性项目。

2.1.3　中国光热发展规划及存在问题

"十一五"开始,国家开始制定专门的能源发展规划。这一系列专项规划,量化了太阳能光热发电的发展目标,明确了太阳能热电产业的发展重点。

2.1.3.1　中国光热总体发展框架

2007 年颁布的《可再生能源中长期发展规划》是我国第一部专门针对可再生能源发展的规划。规划明确规定:到 2010 年,我国可再生能源年利用量占能源消费总量的 10%,到 2020 年达到 15%。该规划把建设太阳能热发电站列入了重点发展领域中,要求建设大规模的太阳能光伏电站和太阳能热发电站。

2008 年颁布的《可再生能源发展"十一五"规划》对太阳能发电总容量提出了具体的发展目标。该规划指出,2010 年我国太阳能发电装机容量达到 30 万千瓦,并择机进行兆瓦级并网太阳能光伏发电示范工程和万千瓦级太阳能热发电试验和试点工作,为实现太阳能发电技术的规模化应用奠定技术基础[6]。

2012 年 7 月《太阳能发电发展"十二五"规划》正式发布,提出了积极利用太阳能的决策。这是我国光热发电快速发展的起点,成为我国光热发电大发展的一个里程碑。太阳能发电目标为:到 2015 年底,太阳能发电装机容量达到 2 100 万千瓦以上,年发电量达到 250 亿千瓦时。重点在中东部地区建设与建筑结合的分布式光伏发电系统,建成分布式光伏发电总装机容量 1 000 万千瓦。特别是在青海、新疆、甘肃、内蒙古等太阳能资源和未利用土地资源丰富地区,以增加当地电力供应为目的,建成并网光伏电站总装机容量 1 000 万千瓦。以经济性与光伏发电基本相当为前提,建成光热发电总装机容量 100 万千瓦[7,8]。

"十二五"时期,中国坚持集中开发与分布式利用相结合原则,推进太阳能多元化利用。在青海、新疆、甘肃、内蒙古等太阳能资源丰富、具有荒漠和闲散土地资源的地区,建设大型并网光伏电站和太阳能热发电项目以增加当地电力供应。

2015 年底,全国已建成实验示范性太阳能热发电站(系统)6 座,装机规模为 1.388 万千瓦。太阳能集热面积达到 4 亿平方米。自主创新的成果有:中国科学院电工研究所建成了 1 MW(th)的熔融盐吸热换热回路,并成功运行;中控太阳能德令哈"5 MW 水介质＋5 MW 熔盐介质"塔电站的建设;西安航空动力公司 MW 级碟式斯特林太阳能热发电示范电站(50×20 kW)建于陕西铜川;甘肃阿克塞 800 m 熔盐槽式示范回路 200 kW 装机成功发电等。

2016 年 9 月 13 日,国家能源局核准第一批 20 个总计 134.9 万千瓦的太阳能热发电示范项目。2016 年 12 月 8 日,国家能源局发布的《太阳能发展"十三五"规划》提出推进太阳能热发电产业化,在"十三五"前半期积极推进 150 万千瓦左右的太阳能热发电示范项目建设。太阳能发电目标为:到 2020 年底,太阳能发电装机达到 1.1 亿千瓦以上,其中,光伏发电装机达到 1.05 亿千瓦以上,在"十二五"基础上每年保持稳定的发展规模;太阳能热发电装机达到 500 万千瓦。太阳能热利用集热面积达到 8 亿平方米;到 2020 年,太阳能年利用量达到 1.4 亿吨标煤以上[9]。

2016 年全国新增装机有首航节能敦煌 10 MW 熔盐塔式项目,并网投运的甘肃阿克塞 800 m 熔盐槽式 200 kW 示范回路项目;正在建设、规划和在开发中的商业化光热发电项目有近 40 个,规划装机容量超过 3 GW。全球第三座、亚洲第一座可实现 24 小时连续发电的熔盐塔式光热电站于 2016 年 12 月 26 日在甘肃敦煌并网发电。该电站占地 120 公顷,总投资 4.2 亿元。100％采用太阳能,且能存储光能,不间断发电,无需补燃。该熔盐塔式光热发电站吸热塔高 138.3 m,由 53 375 片镜子组成的 1 525 面定日镜围绕吸热塔进行环形布置(见图 2 - 4)。单面定日镜反射面积为 115 m²,光场总反射面积为 1.75×10⁵ m²。该项目共使用 5 800 吨熔盐作为吸热、储热和换热的介质,可在没有光照的条件下 15 小时满负荷运行,从而使电站实现 24 小时连续发电。电站规划二期工程装机容量为 100 MW,总容量为 110 MW[10]。

截至 2016 年底,我国太阳能光热发电的总装机容量达到 28.3 MW。其中 2016 年新增装机量为 10.2 MW,不包括 2016 年 8 月 20 日并网发电的中控德令哈 10 MW 熔盐塔电站等。

在建的项目有中科院电工所槽式光热发电示范项目 9 000 m² 槽式集热/蒸发系统,兆阳张家口 15 MW 改良菲涅尔光热示范项目,兰州大成敦煌 10 MW 菲涅尔熔盐

图 2-4 首航节能敦煌 10 MW 熔盐塔式项目

电站等试验性示范项目,中广核德令哈 50 MW 槽式电站等。

2.1.3.2 产业发展

近年来我国的从业厂家和产品生产线快速增加,涌现许多组合发电技术,有光热-生物质联合发电、光热-天然气联合发电、光热-风电联合发电、光热-燃煤电站的梯级利用以及诸多能源方式的整合、系统集成,可因地制宜地成为未来广泛应用的发电方式。

环境和气候的特点决定了我国光热发电的技术路线。从经济角度分析,光热发电逐渐向塔式、碟式等高聚光比、高光热转换效率的技术倾斜。电站建设也将向高储能、规模化、集群化发展。

技术经济的性价比是新技术发展的内动力。联合研究的成果表明,到 2025 年中国太阳能热发电电站一次投资可以减低到 1 万元/千瓦(见图 2-5),相应的电价为 0.6 元/度(见图 2-6)[1]。

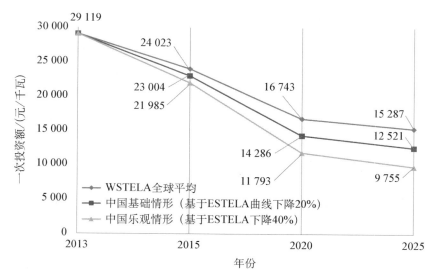

图 2-5 中国太阳能热发电一次投资学习曲线

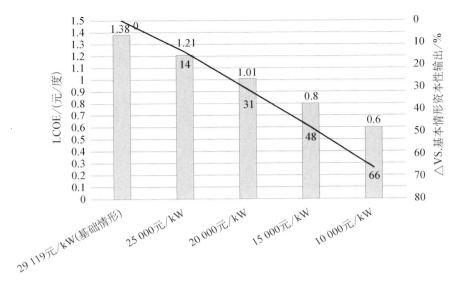

图 2 - 6　电价和一次投资的关系

2.1.3.3　存在问题

目前,光热发电技术还处在研究发展阶段。国产的聚光系统、吸热光热发电系统、储热系统以及换热系统装备技术的发展水平参差不齐[9]。

(1) 我国缺少光热资源的太阳能直接辐射值 DNI 累积数据是制约设计的因素。目前开展光热发电项目的地区 DNI 普遍在 $2\,000\ \mathrm{kW \cdot h/m^2 \cdot a}$ 以下。我国 $DNI > 2\,000\ \mathrm{kW \cdot h/m^2 \cdot a}$ 的地区集中分布在甘肃河西走廊、青海西部、西藏及新疆南部地区。

(2) 我国缺少新技术、核心设备和关键配件,缺失系统集成、运行经验、检测平台及标准体系。一些槽式真空管和玻璃反射镜产品通过国外专业检测,性能参数虽然可以达到国际水平,但其性能、质量稳定性还未得到实践验证,模拟仿真技术才刚起步。

(3) 技术的实际应用受到一些因素的制约。一些技术如二元高结晶点熔盐槽式技术严重依赖电伴热,槽式直接蒸汽(DSG)技术中,光照不稳、压力变化会对集热管构成安全威胁。

(4) 装备制造工艺、质量与标准(聚光阵列、集热管、定日镜、塔式接收器、盐气换热器和高温泵等)与国际先进水平有差距。

(5) 技术经济性较差。我国投运的光热电站自耗率占比过大,槽式电站循环系统复杂、管线长、热耗高;塔式电站尚无可靠的经济技术指标予以验证,且对环境温度和风速敏感[8]。

2.1.3.4 近期目标

目前,太阳能光热发电技术在塔式、槽式和太阳能低温循环发电方面取得了重要成果。为了加快光热发电产业的发展,《国家能源科技'十二五'规划(2011—2015年)》提出了如下要求。

1)2020年光热发电发展目标

开展多塔超临界太阳能热电技术的研究,实现300 MW超临界太阳能发电机组的商业化应用。

在太阳能发电方面,太阳能利用向采集、存储、利用的一体化方向发展。将光热发电的大规模吸热和储能作为关键技术。

2)研发内容

其一,太阳能塔式热发电技术,包括5 MW吸热器、低成本定日镜、600℃大规模低成本储能技术,多塔集成调控技术。其二,大规模电站的设计集成和调试技术。其三,槽式太阳能热发电技术,包括不同聚光、吸热、蓄热和热功等能量传递和转化系统的集成应用特性,光-热-电转换关键部件设计方法,太阳能热电系统的运行和调试。

3)蓝图规划

(1)大规模太阳能热电技术(2011—2015年) 掌握基于5 MW单塔的多塔开网联技术,完成50 MW槽式太阳能热发电系统及关键部件的设计与优化。

(2)大规模太阳能热发电示范工程(2012—2017年) 建设300 MW级槽式太阳能与火电互补示范电站和50 MW级槽式、100 MW级多塔并联的太阳能热发电示范电站,解决从聚光集热到热功转换等一系列关键技术问题。研究内容有:300 MW级槽式太阳能与火电互补示范工程,包括高精度、低成本太阳能集热器及其工艺、太阳能给水加热器,太阳能集热与汽轮机控制运行特性;50 MW级槽式太阳能热发电示范工程,包括高温真空管、高尺寸精度的硼硅玻璃管、高反射率热弯钢化玻璃、耐高温的高效光学选择性吸收涂层等设备生产工艺,槽式电站设计集成技术示范;100 MW级多塔并联的太阳能热发电示范工程,包括5 MW吸热器、定日镜、储热装置的现场实验,大规模塔镜场的优化排布技术,多塔集成调控技术,电站调试与运营技术示范。

(3)太阳能发电技术研发平台 建成我国权威的太阳能发电研究检测机构,成为世界一流的太阳能发电技术研究中心。建设与研发内容有:太阳能发电技术,建立并网仿真研究平台、运行数据库及数据处理平台和规划设计平台。

(4)水/光/储互补发电系统示范工程(2011—2016年) 建设该技术示范工程,掌握新装备、新技术及系统的实际运行规律,为推广该技术积累经验。

在太阳能热发电新技术中,除了传统的系统优化技术,系统和设备可靠性技术、设备的成本和效率技术外,特别关注可满足电荷"鸭型曲线"的系统与电网的调度技术、超临界太阳能热发电技术、超临界二氧化碳太阳能热发电技术、固体介质吸热器、重金属合金吸热器介质技术等,还有太阳能热转变为化学能,制取液体和气体燃料的技术。

2.1.3.5　制度激励

为促进光热发电的建设,国家发改委发布的《可再生能源发展"十三五"规划》提出,要因地制宜推进太阳能热发电示范工程建设,同时推出配套政策。

1) 标杆电价

2016 年,国家发改委发布光热示范项目标杆电价为 1.15 元/度,并明确此标杆电价仅适用于国家能源局 2016 年组织实施的示范项目。到 2020 年,光伏发电电价水平在 2015 年基础上下降 50% 以上,在用电侧实现平价上网目标。

2) 配套政策

2016 年 12 月,国家能源局、国家发改委相继发布了《能源发展"十三五"规划》《能源技术创新"十三五"规划》《可再生能源发展"十三五"规划》《太阳能发展"十三五"规划》《电力发展"十三五"规划(2016—2020 年)》等文件。

3) "十三五"光热发电规划

(1) 规划　水电水利规划设计总院、电力规划设计总院和国家"光热联盟"三单位对中国首批 20 个太阳能热发电示范项目的建设情况进行调研。2016 年 9 月,国家能源局发布《关于建设太阳能热发电示范项目的通知》,首批 20 个光热示范项目总装机容量约 1.35 GW,包括 9 个塔式电站,7 个槽式电站和 4 个菲涅尔电站,其进度情况如图 2-7 所示。

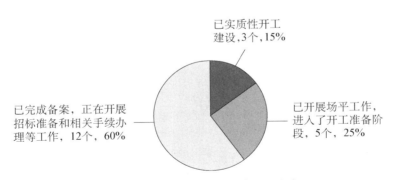

图 2-7　首批 20 个光热示范项目进度

2017 年 2 月,国家能源局下发《关于报送太阳能热发电示范项目建设进展情况的通知》,其主要目的在于提醒各有关企业要严格落实项目,让示范项目真正发挥产业助推器的作用,而不仅仅是企业的投资行为。

(2) 技术目标　到 2020 年,我国太阳能热发电站年平均效率达到 17%,储热系统效率达到 90%;电站年满发小时数达到 4 500 h;玻璃反射镜镜面反射比达到 93%;

槽式吸热管表面耐高温达到 600℃；塔式吸热器选择性涂层吸收比达到 92%，常温发射比为 10%，650℃发射比为 25%。

（3）任务　2020 年底，太阳能发电装机容量达到 1.1 亿千瓦以上。其中，光伏发电装机量达到 1.05 亿千瓦以上；太阳能热发电装机量达到 500 万千瓦。太阳能热利用集热面积达到 $8×10^8 \text{ m}^2$。到 2020 年，太阳能年利用量达到 1.4 亿吨标煤以上。

2.2　槽式聚光发电技术

目前运行的光热电站一般配置镜场、高低温储热罐、各类换热器、汽轮发电机组及管线电控等设备。槽式技术是当前应用最多的光热发电技术，占全球已运行光热电站总装机量的 94% 左右（见图 2-8）。

图 2-8　槽式示范电站

2.2.1　槽式聚光发电系统

槽式太阳能热发电系统全称为槽式抛物面反射镜太阳能热发电系统。

1）原理

它的原理是通过抛物面槽式聚光镜面将太阳光汇聚在焦线上，在焦线上安装管状吸热器吸收聚焦后的太阳辐射能。集热器轴线与焦线平行呈南北向布置。管内的流体被加热后，流经换热器加热水产生蒸汽，借助于蒸汽动力循环来发电。为解决太阳能的间歇性和不稳定性，在太阳能热电系统中也可配置蓄热装置或者辅助锅炉，以实现电厂的持续发电或功率的平稳输出。

槽式太阳能热电站如图 2-9 所示，热发电系统主要包括聚光集热系统、换热系统、储热系统及蒸汽发电系统。

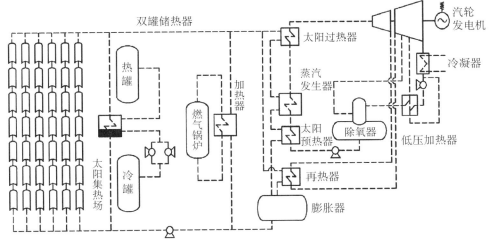

图 2-9　槽式太阳能热电站示意图

聚光集热系统由大量的聚光集热器及其阵列（SCA）串、并联而成。聚光集热器包括高温集热管、聚光反射板、支撑架、驱动系统和追日系统。数个集热器阵列串联成集热器回路（LOOP），大量的集热器回路并联到高、低温主管道上，从而构成规模庞大的太阳能聚光集热场。低温工质（导热油、熔盐）经过聚光集热系统加热成高温工质，以此方式将太阳辐射能转换成热能。

换热系统由换热器组成，换热器包括预热器、蒸汽发生器和过热器。聚光集热系统中的高温工质依次通过换热系统中预热器、蒸汽发生器和过热器后变成了低温工质，并产生过热蒸汽用于蒸汽发电系统发电。

储热系统主要由冷罐、热罐、储热工质、绝热材料及换热器组成。冷罐中的工质通过泵向热罐输送，经过换热器变成高温工质存储于热罐中，即热能储存。同理，热罐工质转移到冷罐中，即热能释放。槽式太阳能热发电系统通过储热系统将部分太阳热能储存起来，保证了太阳能热发电系统稳定发电，可以实现 24 小时连续运行，进而大大提高了太阳能热发电效率。

蒸汽发电系统由蒸汽轮机、发电机及其相关设备组成，实现热能、机械能到电能的转变。

2）传热介质

传热介质大多采用导热油，其最高运行温度约 400℃；也有高温熔盐类和水传热介质。

集热管通常分为预热区、蒸发区和过热区，工质在集热器中依次流动被加热形成高温蒸汽，通过汽轮发电机组做功发电。

以水为工质的 DSG（direct steam generation）优点十分明显，不需要二次换热的导热油等传热介质,降低系统成本,避免了导热油对环境的污染。采用 DSG 技术也可获得更高的蒸汽温度(约为 500℃),进而提升发电效率,但是易对真空集热管造成较高的运行压力(约 110 bar)。因此,对整个热传输过程的控制是太阳能热发电工程的重要挑战。

国外有两个 DSG 技术示范项目。2011 年 3 月 31 日,德国航空航天中心 DLR 和西班牙的公司 Endesa 在位于西班牙南部的 Carboneras 开展了太阳能直接蒸汽发电和能量储存试验。2011 年 12 月,世界上第一座商业化 5 MW DSG 槽式太阳能热发电站在泰国北碧府启用。

2.2.2 槽式聚光发电系统设计

2.2.2.1 选址

根据槽式太阳能热发电的基本原理及工作方式,它的选址要综合考虑太阳直接辐射强度、站址地形地貌、电网接入、供水条件、燃料供应、交通运输条件等因素。首先应选择太阳能丰富地区,然后要考虑交通、运输、环境、距离入网变电站的远近、电网负荷中心和线路等因素,通过选择有利条件、回避不利因素来选择站址位置。

1)太阳能辐射

太阳光到达地球的辐射分为散射辐射和通过大气层未经折射或散射的直接辐射。对于槽式太阳热发电而言,只有太阳直接辐射能够被其收集和利用,槽式太阳能热发电站的发电量与当地的太阳直接辐射密切相关,所以太阳直接辐射强度是槽式太阳能热发电站微观选址的重要指标。国外已建成的槽式太阳能热发电站的运行经验验证,DNI 在 1 900 kW·h/m² 以上的地区适宜建设太阳能热发电站。

2)土地资源

槽式太阳能热发电系统的基本原理主要是利用大面积的槽式太阳能集热场收集太阳能直辐射产生的热量进行换热,然后驱动汽轮机组发电,所以电站的规模、发电量的多少直接依靠集热场规模的大小。综合考虑电站的总体布置以及集热场规模大小,一般而言,50 MW 的槽式太阳能热发电站占地面积为 0.287 76 平方公里,这里的 50 MW 规模是指发电站无储热系统,如果 50 MW 规模并备有储热系统,则需要 0.510 120 平方公里的占地面积。当然,储热系统的规模也是影响集热场面积的直接因素。除了考虑槽式太阳能热发电站的占地面积外,还要考虑地形的平整程度、周围地形和特殊建筑物是否遮挡太阳光的问题。在考虑占地面积时,要重点以荒漠或沙漠化土地资源为主,而不应考虑耕地、草原。

3)水资源

槽式太阳能热发电站前端依靠太阳能提供热量,后端需要汽轮机组进行发电,汽轮机发电部分的冷却塔会消耗大量水产生相当数量的水蒸气。还有一部分水用于清洗槽式聚光镜面。总的来看，一个 50 MW 槽式太阳能热发电站年平均总用水量约 90 177 m³（年运行按 1 981 小时计，其中镜面冲洗水的原水量约 47 059 m³/a），至少要满足这些条件才能保证槽式太阳能热发电站的正常运行。

4）辅助燃料

槽式太阳能热发电站的导热系统含有导热油，为了防止导热油在低温情况下凝结，导热系统内设有导热油防凝装置，并用锅炉房燃料产生的热能加热导热油，防止停止运行期间导热油发生低温凝结。辅助燃料还能用于生产区冬季蒸汽采暖和生产机组启动时的给水除氧和轴封。50 MW 槽式太阳能热发电站每年天然气消耗量约为 2.12×10^6 Nm³（大气压力 1.013 bar、15℃、相对湿度 60%、低位发热量 31 400 kJ/Nm³）。除此之外，如果为了实现槽式太阳能热电站不受太阳辐射间歇影响而能够持续发电，则需要更多的辅助燃料用以驱动汽轮机发电。

5）电网条件

槽式太阳能热发电的发展规模与火力发电相比还比较小，从接入系统的电压等级方面考虑，以 50 MW 为例，其电站规模较小，槽式太阳能电站以大于等于 220 kV 电压等级接入系统可以满足需求，所以在槽式太阳能电站微观选址时应以槽式太阳能发电站距离上述电压等级的变电站的距离为衡量指标来考虑电网的条件。

6）交通条件

槽式太阳能热发电站的建设需要运输大量设备，要保证电站的施工建设，良好的交通条件是保障。所以，选址时需要以槽式太阳能热发电站距离主干道路的距离为衡量指标，对交通运输条件进行比较[11]。

2.2.2.2　槽式聚光系统设计

槽式发电系统由槽式抛物面聚光集热器阵列、太阳光自动跟踪装置以及相应的控制系统组成，其中槽式抛物面聚光集热器是该系统的核心部件，主要有槽式聚光反射器、接收器和跟踪装置三部分组成。

1）聚光反射器

（1）槽型抛物面反射镜　一台槽型抛物面聚光集热器由很多抛物面反射镜单元组构成[12]。反射镜采用低铁玻璃制作，背面镀银，镀银表面涂上金属漆保护层，这种镀银层在清净无尘时，镜面反射率为 0.94。槽型抛物面反射镜的聚光倍数较低，所以系统工作温度一般不超过 400℃。因此，槽式太阳能热发电通常归属为中温太阳能热发电系统，也称为槽式中温太阳能热发电系统。抛物面反射镜的聚光原理如图 2-10 所示。

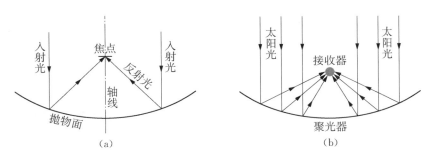

图 2-10　抛物面反射镜原理

（2）混合平面-抛物面反射镜　单抛物面聚光器的聚光倍数比较低,通常只有几十倍,要比塔式和碟式聚光器的聚光倍数小得多,而其接收器的散热面积较大,因此所可能达到的集热温度也就低得多。

为了提高集热温度,也就是提高聚光器的聚光倍数,日本在 20 世纪 80 年代完成的 1 000 kW 槽式太阳能反射镜太阳能热发电试验电站中,就采用了这种混合平面-抛物面反射镜,即采用一组跟踪太阳的平面镜将阳光反射到一台抛物面反射镜上的方式,通过对阳光的二次聚焦提高整个聚光系统的聚光倍数,使系统可以得到更高的集热温度。混合平面-抛物面二次聚光光学布置方式如图 2-11 所示。

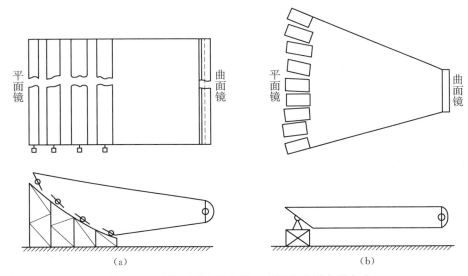

图 2-11　混合平面-抛物面二次聚焦光学布置方式

2）接收器

槽型抛物面反射镜为线聚焦装置,阳光经镜面反射后,聚集为一条线,接收器就放置在这条焦线上,用于吸收阳光加热工质。所以,槽型抛物面反射镜聚光集热器的接收器实质上是一根良好保温的金属圆管。目前,槽型抛物面反射镜有真空集热管和空腔集热管两种结构形式。

(1) 真空集热管 真空集热管是一根金属圆管,它表面涂覆高温选择性吸收膜,如黑铬、黑镍等,为了降低集热损失,金属管外面套有一根同心玻璃圆管,夹层内抽真空,既保护集热管表面的选择性涂层,又降低集热损失,一般采用可伐合金作为玻璃与金属之间的封接。

槽式太阳能发电站用真空集热管如图 2-12 所示。安装在太阳光聚焦线上的管状集热器用于吸收太阳辐射能。当真空玻璃罩的管内加热介质为熔盐时,真空集热管可使出口的熔盐温度达到 550℃。因此要求真空集热管的集热效率高、散热损失小、工作寿命长[13]。这种真空集热管主要用于短焦距抛物面反射镜,以增大吸收表面,降低光照面上的热流密度,从而降低热损失。它的主要优点是热损失小。它的缺点,一是运行过程中,由于玻璃管和金属管之间实际上存在温差,所以真空集热管对玻璃和金属之间的封接技术要求很高,否则很难做到在户外运行条件下长期保持夹层内的真空度;二是高温下涂层容易老化和脱落,真空集热管难以长期维持性能。

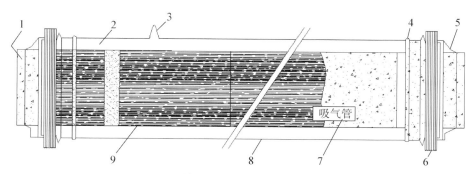

图 2-12 槽式太阳能发电站用真空集热管

1—传热流体;2—玻璃套管与金属管之间真空;3—真空嘴;
4—玻璃-金属密封;5—法兰;6—波纹管;7—吸气管(被动式真空泵);
8—玻璃套管;9—内钢管(有金属陶瓷选择性涂层)

真空集热管的技术要求如下:

其一,太阳能选择性吸收涂层材料采用金属红外反射、金属陶瓷吸收和介质减反层的多层干涉吸收薄膜结构。反射层用于阻止高温红外辐射能量损失,减反层利用光学干涉原理提高光线的透过率,吸收层对太阳光能量高效吸收,黏接层则是提高膜层与不锈钢管的附着力,同时解决高温热稳定性和制作成本问题。

其二,在玻璃管内外表面镀制增透膜,减少太阳光在玻璃管表面的反射损失。通常采用溶胶-凝胶法制作,异形大尺寸表面的增透膜采用镀制方式。在单靶涂层方面,用直流反应溅射方法控制各层中成分比例,或者采用合金靶涂层技术,利用硅基合金氮氧化物等材料。

其三,熔融盐真空集热管表面涂层薄膜由多层金属层组成,分层采用陶瓷-金属材料(金属陶瓷)。外部玻璃的抗反射涂层曲面对太阳光的透射率大于96.5%。

其四,高真空度。采用高温烘烤抽真空,使集热管呈高真空状态。之后通过高频激活将吸气材料沉积在玻璃管和不锈钢管壁上,用以吸附气体。吸气剂为钡铝吸气剂或者钡钛吸气剂。每个波纹管与玻璃-金属的交界处焊有减震器管。

其五,波纹管膨胀节来弥补金属与玻璃的膨胀差。金属管和玻璃之间的连接采用胶联、密封圈联、热压封联和熔封连接等。

真空集热管设计的关键点如下:

其一,连接各集热回路的出口母管距离蓄热储能区域不宜太远,由于熔盐温度高、熔点高、腐蚀性大,因此可能带来燃烧、爆炸、冻堵等一系列安全问题。

其二,设备布置位于熔盐光热发电站的下风向,预留熔盐泄漏后抢险的空间和通道。

其三,熔盐管道大多采用平面布置方式,需要保温绝热,减少热损;设伴热元件加热防止熔融盐的冻结。

(2)空腔集热管　空腔集热管的工作原理是利用空腔体的黑体效应,充分吸收聚焦后的阳光。图2-13为两种空腔集热管的结构示意图,分别为月牙形空腔管和用小管组排成的圆形空腔管。空腔开口对着反射镜面,镜面的反射阳光从开口进入空腔,被集热管吸收。由于空腔的黑体效应,其吸收阳光的表面无需涂层。空腔管外表有包覆良好的隔热层以降低集热损耗。

空腔集热管的主要优点是集热效率高,不用抽真空;没有玻璃和金属的封接;集热管壁不要涂层。所以,其热性能可以长期保持稳定。它的主要缺点是加工工艺复杂。这些特点使得空腔集热管在未来的槽型抛物面聚光集热器中具有很大的潜在应用优势。

为使集热管不承压,槽式太阳能热发电系统多设计为双循环系统,即集热工质采用混合导热油,再通过蓄热式换热器产生过热蒸汽,驱动汽轮机发电机组发电。

3) 跟踪装置

槽型抛物面反射镜根据其采光方式,即轴线指向,分为东西向和南北向两种布置形式,因而它有两种不同的跟踪方式。槽型抛物面反射镜布置形式原理如图2-14所示。通常南北向布置做单轴跟踪,东西向布置只做定期跟踪调整。每组聚光集热器均配有一个伺服电动机。由太阳辐射传感器瞬时测定太阳位置,通过计算机控制伺服电机,带动反射镜面绕轴跟踪太阳转动。

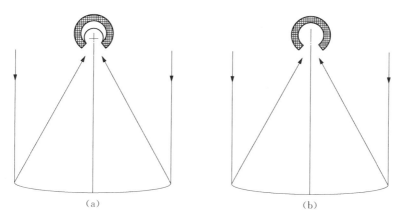

图 2 - 13　两种空腔集热管的结构示意图

(a)月牙形空腔管;(b)小管组排成的圆形空腔管

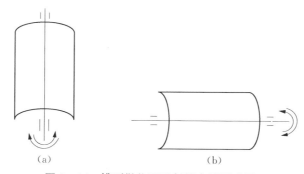

图 2 - 14　槽型抛物面反射镜布置形式原理

(a)东西向;(b)南北向

在槽式太阳能热发电站中,多个槽型抛物面反射镜只做同步跟踪,与塔式太阳能热发电站镜场中每台都必须做独立的双轴跟踪太阳的定日镜相比,槽式太阳能热发电站中的镜面跟踪装置要大为简化,这部分投资自然也大大降低。

2.2.2.3　储能系统设计

储热系统是太阳能热发电系统中必不可少的部分。因为太阳能热发电系统在夜晚和白天云遮间歇的时间内都必须依靠储存的太阳能来维持正常运行。特别是夜间和阴雨天,一般考虑采用常规燃料作辅助能源,否则由于储热容量需求太大,将明显加大整个太阳能热发电系统的初次投资。在目前技术条件下,设置过大的储热系统,经济上显然是不合理的。从这点出发,太阳能热发电比较适合于电力系统的调峰电站。

储热系统是在集热器和汽轮发电机组之间提供的一个缓冲环节,保证机组稳定运行。储热器是采用真空或隔热材料的保温容器。储热器中存放蓄热材料,通过特别设计的换热器对蓄热材料进行储热和放热。

目前,太阳能热储存的方式有三种:显热储存、相变储存和化学储存。

显热储存是利用储热材料的热容量通过升高或降低材料的温度而实现热量的储存或释放的过程。显热储存原理简单,材料来源丰富,成本低廉,是研究最早、利用最广泛、技术最成熟的太阳能热储存方式。低温范围内,水、土壤、砂石及岩石是最为常见的显热储热材料。德国汉堡生态村的设计中,采用了一个容量为 4 500 m^2 的大储水罐用来储存一年四季中所采集的太阳能。

在太阳能高温储存场合常用的显热储存介质有沙石-石-矿物油、混凝土、导热油和液态钠等。从储热能力、成本和安全性考虑,混凝土是比较有前景的储热材料。德国航空航天中心的 Tamme 等人在研究砂石混凝土和玄武岩混凝土的基础上,同时研究开发耐高温混凝土和铸造陶瓷等固体储热材料,在阿尔梅里亚太阳能实验基地与槽式系统进行联合试验,实验效果良好,目前正在为兆瓦级的试验做准备。

相变储存是利用储热材料在热作用下发生相变而产生热量储存的过程。相变储存因为具有储能密度高、放热过程温度波动范围小等优点得到了越来越多的重视。将相变储热材料应用于温室储存太阳能始于 20 世纪 80 年代,应用到的相变材料主要有 $CaCl_2 \cdot 6H_2O$、$Na_2SO_4 \cdot 10H_2O$ 和聚乙二醇。太阳能热发电储热系统中的相变储热材料主要为高温水蒸气和熔融盐,利用熔融盐作为储热介质具有温度使用范围宽、热容量大、黏度低、化学稳定性好等优点,但盐类相变材料在高温下对储热装置有较强的腐蚀性。

有机物相变材料具有相变温度适应性好、相变潜热大、理化性能稳定等优点,因而在太阳能储热利用中受到普遍关注,常用材料为一些醇、酸、高级烷烃等。此外,胶囊封装技术、翅管强化传热技术和金属填料技术等均能有效地提高相变材料的导热率。

化学反应储存是利用化学反应的反应热的形式来进行储热,具有储能密度高、可长期储存等优点。用于储热的化学反应必须满足:反应可逆性好,无副反应;反应迅速;反应生成物易分离且能稳定储存;反应物和生成物无毒、无腐蚀、无可燃性;反应热大,反应物价格低等条件。

1988 年,美国太阳能研究中心指出,化学反应储热是一种非常有潜力的太阳能高温储热方式,而且成本还可能降低到更低的水平。

Hui Hong 等提出了中温太阳能裂解甲醇的动力系统,系统中太阳能化学反应装置是低聚光比的抛物槽式集热器,聚集中温太阳热能与碳氢燃料热解或重整的热化学能相结合,将中低温太阳能提升为高品位的燃料化学能,从而实现了低品位太阳能的高效能量转换与储存。此外,有别于以反应热的形式储存太阳能,降冰片二烯类化合物作为储能材料得到了广泛的研究。在紫外光照射下,降冰片二烯类化合物发生双烯环加成反应,转化为它的光异构体,太阳能以张力能的形式储存起来,在加热、催化剂或另一种波长的紫外光的照射等条件下,又逆转为降冰片二烯类化合物,同时张力能以热的形式释放出来,这一转化方式有效地实现了太阳能的储存与转化。

2.2.2.4　发电部分设计

太阳能热发电系统用的动力发电装置可选用的有以下几种:现代汽轮机、燃气轮机、低沸点工质汽轮机、斯特林发动机。

动力发电装置的选择,主要是根据太阳集热系统可能提供的工质参数而定。现代汽轮机和燃气轮机的工作参数很高,适合用于大型塔式或槽式太阳能热发电系统。斯特林发动机的单机容量小,通常在几十千瓦以下,适合用于盘式抛物面反射镜发电系统。低沸点工质汽轮机则适合用于太阳能电池发电系统。

2.2.2.5　全生命周期分析

以 50 MW 槽式太阳能热发电站为例,用全生命周期(life cycle assessment, LCA)的 4 个过程(设备材料的生产制造、运输、电站运行维护和电站报废处置)分析电站对能耗、环境的影响。

1) 设备配置

鄂尔多斯 50 MW 光热电站,采用槽式圆柱抛物面反射聚光,集热面积为 510 120 m^2。

2) 设计参数

额定功率为 50 MW,运行时间为 1 415 h,蒸汽温度/压力为 380℃/100 bar,使用寿命为 20 年;总投资为 17.6 亿元[4]。

50 MW 槽式光热电站各种原材料的能耗见表 2-5。

表 2-5　50 MW 槽式太阳能热发电站生产制造阶段总能耗

项　目	单位能耗/(kgce/t)	消耗量(t)	能耗/kgce
钢铁	1 261.24	18 097.45	22 825 227.84
铜	3 656.20	140.97	515 441.51
水泥	132.83	6 985.26	97 852.09
玻璃	455.12	5 808.35	2 643 496.25
铝材	5 764.27	85.79	494 516.72
总计	—	31 117.82	26 576 534.41

说明:kgce 是指折算成标准煤的能源消耗量。

3) 环境评判指标

环境评判指标为枯竭性资源消耗(nonrenewable resource depletion, NRDP)、

全球变暖潜力（global warming potential，GWP）、酸化潜力（acid potential，AP）等环境潜值。

4）能耗

电站全生命周期总能耗中生产制造阶段约为 26 576.53 吨标煤、运输过程约为 261.82 吨标煤、运行维护阶段约为 3 531.92 吨标煤、报废处理阶段约为 3 986.48 吨标煤，测算该 50 MW 槽式光热电站在全生命周期内的总能耗为 34 356.75 吨标煤。

5）环境影响评价

按照 300 MW 火电机组的排放指标（火电耗煤 0.4 tce/MW·h，每发 1 MW·h 电排放 CO_2 1 000 kg、SO_2 8 kg、NO_x 5 kg、CO 0.123 kg、粉尘 20.20 kg）计算，50 MW 光热发电站在全生命周期内，累计节省 92.79 万吨标煤，减少 CO_2 排放 233.85 万吨，减少 SO_2 排放 1.91 万吨，减少氮氧化物排放 1.19 万吨，减少 CO 排放 264.39 吨，减少粉尘排放 4.64 万吨。

50 MW 槽式光热电站的排放清单见表 2-6，光热发电与煤电的环境影响指标见表 2-7。

表 2-6　在 LCA 内 50 MW 槽式光热电站排放清单表

影响类型	项目	质量 /(kg/MW·h)	当量因子	影响潜力 /(kg/MW·h)	合计 /(kg/MW·h)
GWP	CO_2	27.87	1	27.87	45.98
	CO	0.013 1	2	0.026 2	
	NO_x	0.056 5	320	18.08	
AP	SO_2	0.049 6	1	0.049 6	0.089 2
	NO_x	0.056 5	0.70	0.039 55	
粉尘	PM10	0.894	1	0.894	0.894

表 2-7　光热发电与煤电环境影响指标

类　别	能耗 /(tce/MW·h)	GWP /(kg/MW·h)	AP /(kg/MW·h)	粉尘 /(kg/MW·h)
太阳能热发电站	0.014 3	45.98	0.089 2	0.894
火电厂	0.4	2 600.25	11.50	20.20
太阳能热发电站指标占火电厂比例/%	3.58	1.77	0.78	4.43

光热电站经济性测算：该 50 MW 槽式电站在 LCA 内的总能耗为 34 356.75 吨标煤，约 85.04 Wh。该电站的能量偿还时间为 0.71 年。它与装机容量 300 MW 的燃煤火电厂相比，每度电的能耗仅相当于火电厂能耗的 3.58%，全球变暖影响潜力仅为煤电的 1.77%，酸化影响潜力仅为煤电的 0.78%，粉尘仅为煤电的 4.43%，节能和环境效益十分显著。

2.2.3　相关标准

1）中国标准

《槽式太阳能光热发电站设计规范》(Trough solar thermal power plant design specifications)

标准内容：对太阳能热发电工程太阳能资源评估方法、槽式太阳能热电站发电量估算、站址规划及选择、总体规划的共性、槽式太阳能热发电工程集热场的布置、集热场系统及设备设置、动力发电系统、发电补水系统、辅助系统设置与设备性能及选型、信息系统建设、热工自动化、建造与结构设计等做出原则规定；对导热油物性参数、储热介质的特性参数提出原则要求；对导热油设备、槽式太阳能光热发电站的机组选型、电力系统的连接提出基本要求。

GB/T 26972—2011《聚光型太阳能热发电术语》(Vocabulary of concentrating solar thermal power)

标准内容：规定了聚光型太阳能热发电的有关术语和定义，适用于聚光型太阳能热发电中聚光、光热转换、储热、发电及并网等过程。

2）国际标准

IEC 62862-3-2 General requirements and test method for parabolic trough collectors(槽式太阳能集热器通用要求与测试方法)

标准内容：规定了几何聚光比大于 7 的大型抛物面槽式集热器的测试方法，适用于户外测量配置单轴跟踪系统的抛物面槽式集热器的光学和热性能（如峰值光学效率、入射角修正系数、热损失、跟踪误差等），不适用于使用相变传热介质运行工况下的集热器。

IEC 62862-1-1 Solar thermal electric plants - Terminology(太阳能热发电术语)

标准内容：太阳能光热发电一般术语、典型太阳能相关术语、储热系统相关术语。

IEC 62862-1-2 Procedure for generating a representative solar year(典型太阳年产生办法)

标准内容：典型太阳年产生办法与用于光热电站模拟的年太阳能辐射数据集产

生办法,定义适用于本标准的数据集结构与数据格式。

IEC 62862 - 2 - 1 Thermal energy storage systems - General characterization (太阳能热发电热储能系统通用特性)

标准内容:光热电站的储热系统分类与系统组成单元,储能系统特性参数(效率、存储容量、热损失与储能系统自消耗等)的测试方法、计算公式与验收依据,以及运行环境条件。

IEC 62862 - 3 - 3 General requirements and test method for solar receivers (太阳能吸热器通用要求与测试方法)

标准内容:规定了太阳能吸热器的主要性能参数与设计要求,吸热器光学与热力学性能(热损失测试、应用光谱仪的光透过率、吸收率与反射率等)测试,以及抗反射玻璃涂层耐久性试验的测试方法。适用于由吸热管与保温中空玻璃管组成的吸热器[14]。

2.2.4 槽式聚光发电示范案例介绍

1) 美国 Solar One 槽式太阳能光热发电站

美国内华达州 Solar One 槽式太阳能光热发电站(见图 2 - 15)于 2006 年开工,2007 年 6 月投运,向 1.5 万户家庭供电。项目业主单位为安讯能源公司,投资 2.66 亿美元,联邦政府给予 30% 的资金支持,同时给予 5 年期的税收抵免。

该电站位于拉斯维加斯 25 英里外,总装机 64 兆瓦,年发电量超 1.3 亿度,镜场面积 357 000 平方米;以导热油作为传热介质;所用真空管由以色列 SOLEL 和德国肖特两家公司生产,供货比分别为 30% 和 70%。聚光镜由德国 FLABEG 公司生产,镜场共由四段组成,每段有 12 个套镜架,每个镜架由 3×4 面镜子组成。发电机组由西门子公司生产,采用天然气补燃以防冻,并配备储热系统。

图 2 - 15 美国 Solar One 槽式太阳能光热发电站

2）西班牙 Andasol 太阳能热发电站

Andasol 太阳能热发电站是欧洲第一个商业运行的太阳能槽式导热油电站,于 2009 年 3 月 1 日开始商业运行,位于西班牙的安达卢西亚。电厂用熔盐储热,在光照不强时电站能连续运行。因站址海拔较高(1 100 m)、属于半干旱气候,太阳能资源好,DNI 为 2 200 kW·h/m²。每台机组装机容量为 50 MW,每年发电量在 165 GWh。集热器反射面安装面积为 51 万平方米,占地约 200 万平方米。

西班牙 Andasol 系列电站是世界上首座带有蓄热系统的槽式太阳能热电站,蓄热系统工质采用熔融硝酸盐混合物(60% NaNO₃＋40% KNO₃)和双罐间接式蓄热布置,冷罐温度 292℃,热罐温度 386℃,蓄热罐容纳 28 500 t 工质,具有 7.5 h 额定出力的蓄热能力。

表 2-8 描述了 Andasol 的三期工程:Andasol-1(2008 年完成,见图 2-16),Andasol-2(2009 年完成)和 Andasol-3(2011 年完成)。每期工程每年发电量约为 165 GWh(三期工程每年总发电量约为 495 GWh)。三期工程总造价为 9 亿欧元。与所有的火力发电厂一样,冷却系统是工艺流程所必需的。由于 Andasol 建在西班牙南部半温带气候区,每台机组每年蒸发的水量为 870 m³(投资商提供数据),约 5 L/kW·h。大部分的光热电站蒸发很少的水(典型的可以少于 2.5 L/kW·h),如果采用江水或海水冷却,几乎可以不蒸发水。Andasol 电站位于 Sierra Nevada,水资源供应是比较充足的。

图 2-16　西班牙 Andasol-1 太阳能热发电站

表 2-8　Andasol 三期工程

类别	Andasol 1 号	Andasol 2 号	Andasol 3 号
集热器	Flagsol SKAL-ET 150	Flagsol SKAL-ET 150	Flagsol SKAL-ET 150
反射镜	Flabeg RP3	Flabeg RP3	Rioglass
采光面积/m²	510 120	510 120	510 120

类别	Andasol 1 号	Andasol 2 号	Andasol 3 号
集热管	Schott(PTR70) Solel(UVAC 2008)	Schott(PTR70) Solel(UVAC 2008)	Schott(PTR70) —
导热油	Dowtherm A	Dowtherm A	Dowtherm A
熔盐	SQM	SQM	—
EPC	Cobra(80%) SENER(20%)	Cobra(80%) SENER(20%)	Duro Felguera
储热	7.5 小时双罐熔盐储热	7.5 小时双罐熔盐储热	7.5 小时双罐熔盐储热
汽轮机	Siemens SST700	Siemens SST700	MAN
电伴热	AKO	AKO	AKO
设计咨询	Fichtner Solar	Fichtner Solar	Fichtner Solar
燃气补燃比例/%	12	12	12

3）美国加州 SEGS 电站案例

美国加州 SEGS 电站设计的聚光集热器聚光比为 19～26，导热工质为导热油，导热油在集热管中被加热到 307～393℃，收集后能预热给水产生蒸汽，利用天然气补燃产生过热蒸汽，汽轮机效率为 29.4%～37.6%，电站容量为 13.8～80 MW，年平均光-热-电效率为 9.3%～13.8%。表 2-9 为 SEGS1Ⅵ与 Andasol-1 电站运行参数。

SEGSⅧ～Ⅸ，年平均发电效率已经提高到 14% 左右，电站投资从最初的 4 500美元/千瓦降至 3 000 美元/千瓦以下，发电成本由 0.8 美元/度降到 0.17 美元/度。预测到 2020 年槽式电站年平均集热效率可达到 60%，汽轮机效率可达 40%，年平均光-热-电的效率可达到 17%。

表 2-9　SEGS1Ⅵ及 Andasol-1 电站运行参数

运行状况	SEGSⅥ	Andasol-1
投产时间	1989	2009
容量/MW	30	50
集热器开口面积/km²	0.188	0.51
电站占地面积/km²	0.635	2.02
传热工质	VP-1 导热油	苯/联苯氧化物

（续表）

运行状况	SEGS Ⅵ	Andasol - 1
工质出口温度/℃	391	393
集热器年均集热效率	0.553	0.50
汽轮机装置效率	0.375	0.381
蓄热方式	无	7.5 h 熔盐双罐
年平均光-热-电效率/%	10.60	16

4）美国 Solana 太阳能热发电站

Solana 太阳能热发电站（见图 2 - 17）靠近亚利桑那州的 Gila Bend，约在凤凰城以南 110 公里处。电站 2010 年开始建设，带有 6 h 储热系统，造价约 20 亿美元，2013年 10 月投运[15]，是当时世界上最大的槽式电站，也是美国第一个带熔盐储热的太阳能电站。电站由西班牙 Abengoa Solar 公司建设，总容量为 280 MW。电站采用 Abengoa 公司研制的太阳能聚光发电专有槽式技术，占地面积为 1 257 万平方米；电站雇员 85 人。

图 2 - 17　美国 Solana 太阳能热发电站

2.3　塔式聚光发电技术

塔式聚光太阳能热发电技术主要是通过安装在集热塔周围的数以百计的定日镜群汇集太阳能，使太阳能聚集到塔顶的接收器中加热工质，将太阳能转化为工质的热能，然后进一步转化为电能。集热工质主要有水、熔盐和空气。

2.3.1 塔式技术的发展历程

塔式光热发电的研究经历了半个多世纪,从概念性研究到示范电站的运行,取得了跨越式进步。1981—1991 年,全球建造了兆瓦级太阳能热发电试验电站 20 余座,其中塔式最大发电功率为 80 MW,具备储能系统的高效塔式光热发电系统,每天可以连续发电 13 个小时[16]。这些示范性机组的平稳运行为大规模光热电站的设计和建设积累了许多宝贵的经验(见表 2-10)。

表 2-10 塔式太阳能热发电的发展历程[17]

日期	国家/公司	形式	规模容量
1950	苏联	塔式	小型试验台
1975	以色列	太阳池发电站	额定功率150 kW;利用低沸点工质蒸汽动力系统、朗肯循环、节流蒸发温度为 $T_0=-30℃$ 的制冷机,取代以环境温度下的水源作为低温冷源
1980	意大利等欧洲九国	塔式	在西西里岛上建设额定功率为 1 000 kW,塔高为 50 米的光热发电系统,镜场配置 70 台 50 m^2、112 台 23 m^2 双轴聚光镜,占地 20 000 m^2;水蒸气温度 500℃
1980	美国加州	塔式	Solar One 额定功率为 10 MW,占地超过 70 000 m^2,塔高为 90 m,采用 1 818 台聚光镜,集热 516℃水蒸气驱动汽轮发电机发电; Solar Two 采用硝酸盐作为蓄热介质,接收器内的硝酸盐被加热到 565℃直接生产蒸汽或储存;日落后可向 1 万户家庭供电 3 h,寿命 25～30 年
1990 后	以色列魏兹曼科学院	塔式	利用独立跟踪太阳的定日镜,将光反射到塔顶部初级反射镜——抛物镜上,再反射到次级反射镜——复合抛物聚光器,最后接收器聚集温度 1 200℃,进行燃气-蒸汽联合循环,总效率达 25%～28%
2005	中国南京	塔式	首套 70 kW 实验系统,塔高为 30 m,配置面积为 20 m^2 的定日镜 32 面
2007	北京延庆	塔式	1 MW 水/水蒸气太阳能塔式热发电系统
2011	西班牙	塔式	Gemasolar 电站,容量为 19.9 MW,蒸汽压力为 14 MPa,蒸汽温度为 540/540℃,熔盐介质,储热
2014	美国加州	塔式	Ivanpah 电站,总容量为 392 MW,水工质,蒸汽压力为 16.3 MPa,蒸汽温度为 540/480℃,无储热

塔式光热发电站的系统主要配置除集热器型式外,其余类同槽式光热发电站。图2-18、图2-19分别为西班牙Gemasolar塔式光热发电站外景和系统流程图。

图2-18 西班牙Gemasolar塔式光热发电站

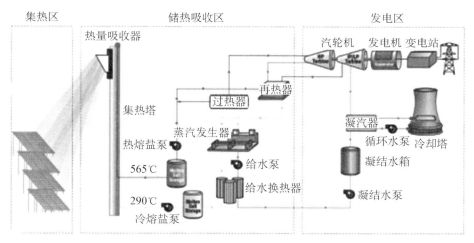

图2-19 西班牙Gemasolar系统流程图

2.3.2 塔式太阳能热发电系统

塔式太阳能聚光发电系统主要由多台定日镜(具有微弧度的平面反射镜)组成定日镜场,将太阳能辐射反射集中到一个高塔顶部的高温接收器上,转换成热能后传给工质升温,经过蓄热器再输入热力发动机,驱动发电机发电,实景图如图2-20所示。

图 2-20　塔式聚光发电系统的实景图

塔式太阳能热发电系统又称为集中型太阳能热发电系统。每台定日镜都各自配有跟踪机构准确地将太阳光反射集中到高塔顶部的接收器上,太阳能塔式热发电的原理如图 2-21 所示。

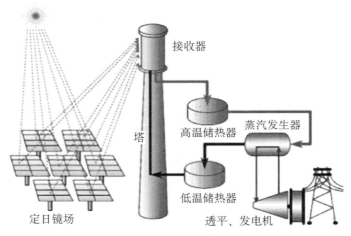

图 2-21　太阳能塔式热发电的原理图

塔式太阳能热发电的关键技术有以下 3 个方面。

1)定日镜

定日镜是塔式热发电系统的反射镜,它始终固定对着太阳,由自动跟踪器完成自动同步跟踪太阳转动。由于太阳能塔式发电系统要求高温、高压,所以塔式发电系统不但要求反射镜是反光率极高(80%~90%)的定日镜,而且对于太阳光的聚焦必须有较大的聚光比,所以需要大量的(千百面)有合理布局的定日镜,使其将反射光都集中到较小的集热器窗口上。

为了使接收器获得更多的太阳能而又不至于烧坏,因此如何判断反射光是否对准聚光塔(较小的集热器窗口上)是非常重要的。检查原理是通过判断从各定日镜中心射向聚光塔目标的激光束是否与经定日镜反射后的太阳光(反射光)平行,若平行则说明是对准聚光塔目标的,如果检测到两者不平行,就要适当调整定日镜的方向使两者平行。

目前大多数塔式太阳能热发电站采用的定日镜结构如图 2-22 所示,玻璃镜面背后多采用铝或银为反光材料。一台定日镜的反射镜面积通常为 $30\sim40\ \mathrm{m}^2$,由若干小的反射镜面组合而成。大型定日镜的镜面面积约为 $100\ \mathrm{m}^2$。由于定日镜距塔顶接收器较远,为了使阳光经定日镜反射后不致产生过大的散焦,以便 95% 以上的反射阳光落入塔顶的接收器上,一般镜面是具有微小弧度的平凹面镜。这个微小弧度就是太阳张角 $16'$。

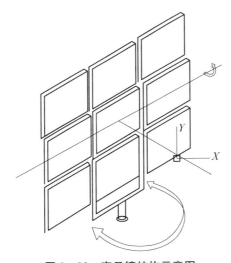

图 2-22　定日镜结构示意图

一个大型塔式太阳能热发电站,其镜场中通常装有几千台定日镜,因此具有很高的聚光倍数,通常为 $500\sim3\,000$ 倍,并且工作温度都在 350℃ 以上,所以塔式太阳能热发电系统也称为高温太阳能热发电系统。

定日镜是塔式太阳能热发电站的关键部件之一,也是电站的主要投资部分,它占据电站的主要场地,因此电站对定日镜的性能有严格要求,具体要求为:镜面反射率高;镜面平整度误差小于 $16'$;整体机械机构强度高,运行中能抗 8 级台风的袭击;运行稳定;全天候工作;可以大批量生产;易于安装;维护少,工作寿命长。

2) 接收器

从结构上看,不管哪种形式的接收器都以排管束为基本换热单元,只是按工作原理不同构成不同形式。空腔型接收器的工作原理是由众多排管束围成具有一定开口尺寸的空腔,阳光从空腔开口入射到空腔内部管壁上,在空腔内部进行换热。显然,这种空腔型接收器的热损失可以降至最小,适合于采用现代高参数的汽轮发电循环。

外部受光型接收器的工作原理是众多排管束围成一定直径的圆筒,受热表面直接暴露在外,阳光入射到表面上进行换热。与空腔型接收器相比,其热损失显然要大。但这种结构形式的接收器可以更容易接受镜场边缘上定日镜的反射,因此它更适用于大型塔式太阳能热发电系统。

从换热原理上,接收器都是太阳辐射直流锅炉。实际上,最初的设计者也都是按照直流锅炉原理构思的。作为换热基本单元体的排管束,采用小管径耐热铜管制作。相反,空腔型接收器按其吸热原理则无需涂层。相比之下,这也是空腔型接收器的一个优点。

3) 蓄热装置

由于太阳能发电受季节、昼夜和气象条件影响,为保证发电系统的热源稳定需设置蓄热装置。为了提高蓄热装置的传热和蓄热能力,太阳能热发电系统应选用传热和蓄热性能好的材料作为蓄热工质。

目前,传热和蓄热的工质有水蒸气、熔盐、空气等。用水蒸气作为工质的热发电站是用水泵将水送到接收器中。接收器中的水吸收大量太阳能变成过热的水蒸气后,进入蒸汽轮机做功发电,带动电机发电。

用熔盐作为工质的热发电站是利用太阳能将接收器中的熔盐加热到高温后,输送到高温储热装置,再到热交换装置将水加热成高温水蒸气后,进入蒸汽轮机做功发电,带动电机发电。

运用高温硝酸熔盐发电的好处如下:

(1) 电效率高　能使太阳能电站操作温度提高到 $450\sim500℃$,这样可以保持蒸汽轮机在最高效率下运作,使得蒸汽轮机发电效率提高到 40%。

(2) 蓄热容器的体积小　运用熔融盐可以使储热效率提高 2.5 倍,从而减小蓄热容器的体积。

(3) 相容性较好　高温硝酸熔盐与阀、管、泵等相容性较好。采用 $60\%NaNO_3$、$40\%KNO_3$ 与硅石、石英石相结合进行研究,研究表明在 $290\sim400℃$ 之间,经过 553 次循环试验后没有出现填料腐蚀性问题。用 $44\%Ca(NO_3)_2$、$12\%NaNO_3$、$44\%KNO_3$ 做试验,结果表明在 $450\sim500℃$ 之间,经过 10 000 次循环试验后,填料与熔融盐相容性仍很好。

(4) 价格便宜　硝酸熔盐价格便宜,从而降低发电系统的成本。

(5) 多元合成熔盐体凝固点较低　硝酸熔盐的缺点是凝固点太高($220℃$),凝固收缩时产生的应力也大,为了防止管道等的损坏,需要提高管道、阀门等设施的强度,从而也就增加了操作和管理的费用。但是用三元合成熔盐(如 $NaNO_3$、$NaNO_2$、

KNO$_3$ 按一定比例配成的三元合成熔盐）后，熔盐的凝固点能降低很多（NaNO$_3$＋NaNO$_2$＋KNO$_3$ 的凝固点仅 142℃，有的三元合成熔盐凝固点仅 120℃），而上限温度却降低不多。凝固点降低不但意味着太阳能容易将盐加热至液态，而且熔盐处在液态的时间会很长。熔盐处在液态的时间长，用其加热水成为蒸汽的时间也长，那么用来推动汽轮机带动发电机发电的时间长，这样使得晚上也可以持续发电。由此可见，多元合成熔盐体系非常适合太阳能热发电，在太阳能热发电中具有广阔的应用前景。

2.3.3　塔式集热器

通常太阳光通过定日镜一次反射直接照到位于集热塔顶部的集热器。由于集热器的高空布置问题，有的设计者采用太阳光二次反射到达地面接收器的塔式光热发电系统，以使得高空接收器能量能够有效输送到地面设备，减少热损失。两者各有特点（见表 2－11）[18]。

表 2－11　聚光塔式光吸热器及其特点

内容	一次反射聚光	二次反射聚光	备注
结构形式	镜场中的各定日镜对于中心吸热塔有着不同的朝向和距离，对每个定日镜的跟踪都要进行单独的二维控制	需在一次聚光系统的焦点处安装光学元件	能量传递方式不同，能量损失也有差异
特点	对各定日镜的控制各不相同，增加控制系统的复杂性和安装调试的难度；接收器在高空布置，通过长管道传递热量到地面设备	改变一次反射系统汇聚后光线的传播方向，反射太阳光到地面接收器；接收器在地面布置	—
镜场光学效率	镜面效率为镜面清洁度与镜面反射率的乘积，有很高的反射率；清洁状态效率为93%；余弦效率的大小与镜面法线方向和太阳入射光线之间夹角的余弦成正比；镜场的大气衰减损失率低于6%	很高的反射率；二次反射的镜面面积小，并且由于光线传播距离的增加，大气衰减损失增加；两次反射的大气衰减损失率在7%左右	4%～5%的光线被镜面直接吸收；因为阴影和阻挡及截断因子的损失变化不大，可忽略
投资运行费用	吸热塔的建筑、设备及安装工程费占总投资的6%左右	节省管道，布置灵活，安装简单，运行维护费较低	二次反射系统的复杂性、加工及安装的精度高
吸热效率	高空布置吸热器，热损大；传热介质循环能耗大	地面布置接收器，相比能耗小，效率较高；管道效率大于99%	理论上塔式效率可达到23%

2.3.3.1　一次聚光塔式光接收器及其特点

接收器是塔式热发电将太阳能转化为热能的核心部件。接收器高位(约 100 m)布置存在许多制约因素：高空风速大，接收器散热损失大；熔盐介质循环增加机械损失；高空构架管道建设成本、安装及维护费用增加。这些都会影响机组的运行经济性。

2.3.3.2　接收器的结构型式

接收器结构可分为外露管状接收器(external tube receiver)、腔式接收器(cavity receiver)和容积式接收器(volumetric receiver)；以载热介质可分为熔盐式接收器、空气式接收器、水/水蒸气式接收器。

(1) 外露管状接收器常见有圆柱型和平板型(见图 2‑23)。其外壁由许多小直径竖管并排焊接而成，材料为耐热镍铬铁合金，外表涂有吸收率高的涂料，一般用Pyromark 2500 系列高温涂料。

管状接收器可接收镜场各个角度的太阳辐射，它的面积取决于管子的最高工作温度和载热流能力，选取最小窗口面积有利于减少热损失。

(2) 由于接收器管直接暴露在外部环境，气候的影响使之热效率较低。于是研发人员发展了腔式接收器，将其热面放置在一个敞开口的隔热腔内部。它以一定倾角固定在塔上，接收定日镜场的太阳能。窗口的面积一般占内部吸热面积的 $\frac{1}{3} \sim \frac{1}{2}$。接收器受热面积呈六棱柱，对镜场的布置有着特殊的要求。

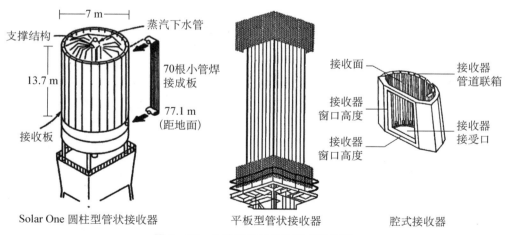

Solar One 圆柱型管状接收器　　平板型管状接收器　　腔式接收器

图 2‑23　几种接收器结构形式示意图

（3）容积式接收器（见图 2-24），具有金属或陶瓷的多孔结构，分为压力式和无压式两种。空气被强制通过多孔结构并被加热。为适应极高温度，吸热器可选用碳化硅陶瓷材料并经过模块化制作。熔盐、水与空气作为热载体，对系统有着各自不同的要求（见表 2-12）。

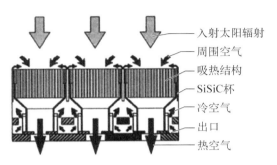

入射太阳辐射

周围空气

吸热结构

SiSiC 杯

冷空气

出口

热空气

容积式接收器结构图

图 2-24 容积式接收器结构示意图

表 2-12 三种载热流体的参数比较

载热流体	接收器	典型接收器	出口温度/℃	平均太阳辐射密度/(kW·m⁻²)
熔盐	管状/腔式接收器	Solar Two	565	430
水	管状/腔式接收器	Solar One	510	140
空气	无压容积式	SOLAIR-3000	720	370~520
	有压容积式	DIAPP	1 300	3 600~5 300

2.3.3.3 聚光系统跟踪

电站定日镜的太阳跟踪系统通常采用一维或二维的调节装置。"模块定日阵"聚焦集热器是一种新型太阳能热能装置，以两维分立式反射聚光镜结构区别于其他，一年四季全天候自动追日。聚光镜采用 300 块边长为 10 厘米的正方形镜片拼出一只"破碎的等效凹面镜"，通过小、大镜子各自的"自转"和"公转"将太阳光反射到同一点汇聚。凹面镜按太阳自东向西的规律每小时转动 15°；小镜片以行为单位，沿南北方向追随太阳的季节变化运动，每天微调不超过 0.1°；托底与地面的倾角则正好是当地的地理纬度，实现了准二维太阳跟踪；加热的导热油输送到换热器，产生的过热蒸汽供汽轮发电机组。

2.3.3.4 传热工质应用对整体系统选择的影响

塔式太阳能热发电是以中央集热系统(CRS)为核心的一种热发电模式。接收器运行的热效率和稳定性直接决定了塔式太阳能热发电系统的经济性和可靠性[19]。

1) 以空气为工质的热力循环分类与比较(见表 2-13)

开式循环(朗肯循环):加热的空气送入各个热交换器,产生的蒸汽由汽轮发电机组发电。

闭式循环(布雷顿循环):来自压缩机的空气,经由压腔体内预热后进燃烧室混合燃烧至燃气轮机发电。

复合循环(SCR-CC):发电系统的组合有利于提高热效率。在极端气候环境下可配置天然气辅助能源系统。

2) 接收器结构

不同类型的空气接收器内的对流-辐射耦合传热过程有着不同的特点。其中管式接收器具有结构简单、高参数、高效率、易于维护等优点。它内部的多孔介质能被入射辐射加热,再通过对流传热将空气加热。

随着高温材料的开发,泡沫陶瓷(SiSiC,re-SiC)吸热体取代金属结构吸热体(见表 2-13)。泡沫陶瓷具有耐高温、抗氧化、抗热震性好、比表面积大、换热效率高的优点,成为广泛应用的热交换载体。

3) 开式循环空气接收器

开式系统利用太阳能驱动朗肯循环的蒸汽轮机发电,理论热电转化效率不超过 45%。

表中 HiTRec-Ⅰ 和 HiTRec-Ⅱ 型接收器采用了多个杯状单元分离式设计,使低温空气回到接收体表面重新加热,另外使模块的拆卸更为方便,吸热体材料改进为再结晶碳化硅(re-SiC)。同类型的 SOLAIR-200 和 SOLAIR-3000 型接收器,其空气循环倍率增至 52%。

4) 有压腔体空气接收器

闭式循环接收器又称为有压腔体接收器;利用布雷顿循环或燃气蒸汽联合循环发电,它的玻璃窗结构使吸热腔封闭,隔离腔体与大气以产生循环所需的压比,并且减小内腔与外部的辐射热损,效率可达 60%。闭式系统的光-热转换效率保持 70% 左右,空气出口温度均接近 1 000℃,达到开式系统的 2 倍,且循环效率更高。当然,使用闭式循环接收器必须要解决玻璃窗的承压性、面积受到的限制、光学性能要求高、在一定温度范围内要保持较高的机械强度和热稳定性及无应力安装等技术问题。PLVCR 型和 REFOS 型接收器结构如图 2-25 所示。

表 2 - 13　现有容积式空气接收器的主要特征参数

项目	闭式布雷顿循环						开式朗肯循环						
	PLVCR-5	PLVCR-500	DIAPR	DIAPR	REFOS	SOLGATE	Sandia foam	Ceram Tec	Selective receiver	HiTRec-I	HiTRec-II	SOLAIR-200	SOLAIR-3000
材料	SIRCON	SIRCON	Al-Si	Al-Si	Inconel 600	Inconel 600 SiC	Al$_2$O$_3$	SiSiC	SiSiC	re-SiC	rt-SiC	re-SiC/SiSiC	rt-SiC
循环倍率/%	—	25	—	350	—	—	30	100	92+80	—	45	40	52
厚度/mm	18	650	350	420	—	—	—	—	—	—	—	—	—
直径/mm	150	420	420	2 500	—	—	875	950	835	Hexagonal	Hexagonal	Square	Square
平均热流/(kW·m^{-2})	300	550	3 600	4 000	350	550	410	330	600	600	450	450	500
峰值热流/(kW·m^{-2})	470	—	5 300	—	600	800	824	840	750	—	900	620	800
平均出口温度/℃	—	625	—	900	800	800	550	500	620	800	700	700	750
峰值出口温度/℃	1 050	960	1 200	1 000	900	960	730	782	750	980	800	815	750
吸热体峰值温度/℃	—	—	—	—	—	—	1 350	1 320	1 400	980	1 000	—	—
接收器效率/%	71	57	71	—	67	70	54	59	62	68	72	75	75
燃气温度/℃	1 050	960	1 200	1 000	800	960	730	782	620	980	800	800	750

（续表）

项目	闭式布雷顿循环						开式朗肯循环						
	PLVCR-5	PLVCR-500	DIAPR	DIAPR	REFOS	SOLGATE	Sandia foam	Ceram Tec	Selective receiver	HiTRec-I	HiTRec-II	SOLAIR-200	SOUIR-3000
测试地点	Sandia	PSA	魏茨曼科学研究所	魏茨曼科学研究所	PSA	PSA	PSA	PSA	PSA	PSA	PSA	PSA	PSA
功率/kW	3	500	50	50	350	400	200	200	200	200	200	200	3 000

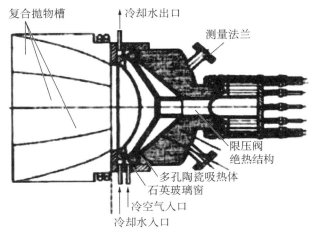

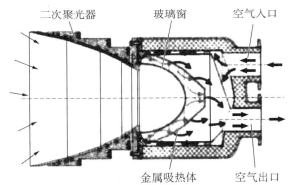

图 2 - 25　PLVCR 型与 REFOS 型接收器结构示意图

PLVCR 型接收器的玻璃窗为圆弧形石英玻璃,窗体前侧为二次聚光系统,后侧为 20 PPI(pore per inch)的 Si_3N_4 泡沫陶瓷吸热体。空气由前而后地冷却玻璃窗内壁,继而在吸热体内加热、流出。REFOS 型接收器仅以金属丝网吸热载体相区别,验证闭环循环的可行性。还有一些改进结构,如南京江宁的 70 kW 装置,加装反射镜将底部入射光再次反射到腔内的吸热体上。有的研究二级反射装置的吸热体,辐射热流达 5 MW/m²,试验表明吸热率可提高 10% 左右。其空气吸热体内对流-辐射耦合传热的规律有待深入研究。

研究对象:以 DAHAN 电站中的定日镜场以及典型的熔盐腔体接收器(见图 2 - 26)组成的塔式聚光集热系统作为研究对象[20]。

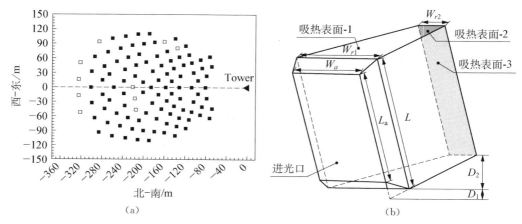

图 2-26 塔式聚光集热系统光热耦合模拟对象

(a)定日镜场示意图；(b)腔体接收器示意图

光热耦合模拟研究目的：通过混合光学模拟方法，了解全镜场条件下吸热表面非均匀能流的分布规律，分析对应熔盐流动布置方式对吸热性能的影响和不同时刻条件下的吸热性能。

熔盐加热与温度条件：高温熔盐分两路对称布置，在接收器内"蛇形流动"。熔盐进口温度为 290℃，出口温度为 565℃。

结果表明，强烈的能流分布不均匀性对接收器性能产生显著的影响（见图 2-27）。

熔盐从能量密度高的一侧流入时，升温迅速，整个吸热面处于较高的温度水平，热损失也大，甚至导致"吸热恶化"现象；反之，温度缓慢升高，整个吸热面温度处于相对较低的水平，热损失较小，能够获得更多的高温熔盐。图 2-28 为 3 个吸热面上的太阳能流分布（春分正午）。

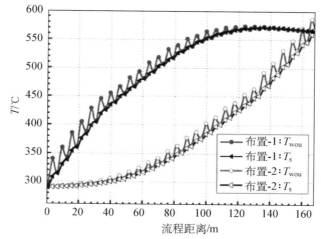

图 2-27 两种布置方式下熔盐和壁面温度沿流动方向分布

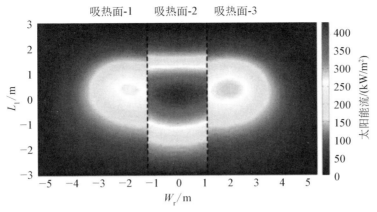

图 2-28　吸热面上的太阳能流分布(春分正午)

2.3.4　发电形式与技术参数

为了提高光热发电效率,通常热力系统采用朗肯循环或布雷顿循环。在热力系统中除了采用水工质外,还探索有机介质和无机低沸点介质,以降低投资和运行成本,提高光热发电效益。

2.3.4.1　朗肯循环

一般常见的塔式光热发电采用蒸汽朗肯循环方式。其关键问题在于太阳能接收器运行的各区域(如蒸发段和过热段)传热效率不同而难以控制,影响接收器寿命。而采用饱和蒸汽接收器表现出更优的寿命和可控性。表 2-14 为几个典型塔式电站的技术参数。

表 2-14　典型塔式电站技术参数

项　目	Solar One	Solar Two	Pianta Solar 10
塔高/m	115	90	90
镜场开口面积/m²	71 447	81 400	75 000
接收器形式	圆柱体	圆柱体	腔体
集热工质	水-蒸汽	熔盐	饱和水蒸气
接收器出口温度/℃	540	565	250~300
容量/MW	10	10	11
汽轮机参数/(MPa/℃)	10.1/516	10/540	4/250
发电系统效率/%	34	34	30.5
蓄热	油/石块,3 h	熔盐,3 h	饱和水,1 h

2.3.4.2 布雷顿循环

塔式集热塔以气态(如燃气、空气、CO_2)为工质的高温加热系统可采用布雷顿循环发电方式。该技术由于循环热电效率高而受到业内关注。我国在南京江宁 70 kW 塔式系统上进行了验证性试验研究[21,22](见图 2-29)。

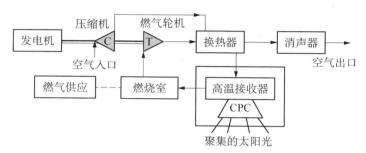

图 2-29 南京江宁的 70 kW 塔式系统

1) 超临界 CO_2 循环在光热发电中的应用前景

超临界 CO_2 布雷顿循环可谓是太阳能光热发电领域中的一束奇葩,其源久远。

超临界 CO_2 涡轮机的历史可追溯到 20 世纪 70 年代。直到 20 世纪 90 年代中期,涡轮制造工艺突破后,科学家才开始进行商业化产品的研发。此外,超临界 CO_2 技术很早就广泛应用在化工、医学萃取、制冷等领域。

目前,常见的几种太阳能光热发电系统都还面临着投资大、效率低和成本高的问题。尽管光热发电成本已经低于光伏发电成本,但却并没有光伏发电市场那样快速增长。于是,除了光热发电固有的高温聚光和储能技术需要突破外,许多国家把研发的注意力由水蒸气的朗肯循环转向布雷顿循环,并集中到以新工质超临界参数技术作为新的经济增长点,致力于超临界 CO_2 技术在光热发电中的示范和推广应用。

超临界 CO_2 发电技术是一项多学科的综合性发电技术,涉及地域的太阳能利用、聚光、载热介质、储能、新型材料、控制和高效热机技术以及制造工艺等问题,是当今太阳热能利用研究的重要内容。

美国能源部(United States Department of Energy,USDE)在分析了太阳热发电二十多年实际运行经验和当今蓬勃发展的太阳能热发电技术的基础上,制定了《利用太阳能发电的创新纲领》,给予光热发电项目政策优惠,其目标见表 2-15[23]。

表 2 - 15　USDE 制定的光热发电目标

国家	规划制订	目　　标
美国·USDE	《利用太阳能发电的创新纲领》,2011 年执行	2010—2020 年内与常规发电媲美,达到 6 美分/度,2030 年电量占全国 14％;2050 年达 27％

国际能源署路线图预测:随着技术逐渐成熟以及投资成本逐步下降,2030 年全球太阳能发电(CSP)装机容量一跃可升至 260 GW;2050 年,全球 CSP 装机容量达到 980 GW,占全球电力总量的 11％。

2011 年美国能源部制定的一项计划(SunShot Initiative),目标是使得热机采用干冷却不依靠水,循环效率大于 50％,2020 年将实现降低 75％ 的成本。具体方案是热机采用"超临界 CO_2 布雷顿循环(Brayton)",并着力完成在 10 MW 样机工程设计后的制造。与此同时,100 MW 级的发动机也在同步设计中。

同时,日本也在加紧研制此类设备。日本东芝与美国 Exelon 和 CB&I 从 2012 年 6 月开始合作,力争在 2017 年完成 250 MW 级商业电站的超临界 CO_2 发电系统的研发。东芝还正在研制 20 MW(50 MW)样机,以化石燃料、氧气、二氧化碳为混合流体的燃烧介质,其中 95％ 的二氧化碳来膨胀做功,目前已完成超临界 CO_2 循环压力燃烧试验,压力已达 30 MPa[24]。

　2) 二氧化碳的超临界特性

　(1) S - CO_2 的物理特性　众所周知,CO_2 具有不可燃、化学稳定性好、无色无味无毒、安全廉价等优点;且水在 CO_2 中的溶解度很小,CO_2 可看作是与水最相似的最便宜的有机溶剂。其三态的压力温度特性曲线见图 2 - 30。

CO_2 临界压力和临界温度较低,超临界的 CO_2 为气液并存的流体,气液界面消失,密度接近于液体,黏度接近于气体,扩散系数约为液体的 100 倍。超临界 CO_2 的最大特点是其临界工况条件容易达到。

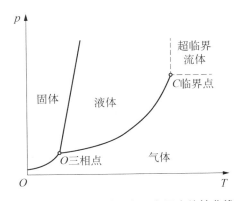

图 2 - 30　二氧化碳三态压力温度特性曲线

作为惰性气体,He 与 CO_2 在动力循环中最大的不同点就是气体性质随压力、温度的变化差别很大(见表 2 - 16)。在高压(7.5 MPa)环境中,CO_2 的导热系数 λ、定压比热容 c_p 和压缩因子 Z 与低压(0.1 MPa)下的参数有很大差异。

表 2 - 16 CO₂ 与 He 热物理性对比(35℃)

工质	p/Ma	ρ/kgm^{-3}	λ/W(mK)$^{-1}$	c_p/kJ(kg·K)$^{-1}$	Z
CO₂	7.5	277.6	0.035 32	5.930 6	0.463
	0.1	1.95	0.014 97	0.828	0.978
He	7.5	11.32	0.160 4	5.198	1.033
	0.1	0.156	0.157 1	5.198	0.999

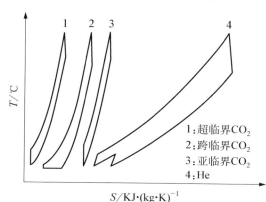

图 2 - 31 CO₂ 循环及 He 循环温熵图

（2）S - CO₂ 的热力学特性 在二氧化碳热泵中，由于其超临界循环的特性，在气体冷却器中换热温差较小时，换热效率较高；在放热过程中 CO₂ 具有很大的温度滑移特性，能够实现与热媒之间良好的温度匹配。在动力循环工况下，CO₂ 的工作参数在其临界点(7.377 MPa，31℃)附近，呈现超临界压力、跨临界压力及亚临界压力 3 种循环工况(见图 2 - 31)。

目前广泛使用的状态方程主要是依据实测数据，用经验或半经验方法建立起来的三种计算方法，即 BWR 方程、Exp - RK 立方型方程和 81 型马丁-侯方程，可对超临界状态下 CO₂ 的 $p - V - T$ 热力性质进行计算。在计算范围温度为310～600 K，压强为 7.5～10 MPa，平均偏差在 2% 左右。研究认为，Exp - RK 立方型方程计算简便，而 81 型马丁-侯精确度较高[25]。

81 型马丁-侯状态方程的形式为：

$$p = \frac{RT}{V-b} + \frac{A_2 + B_2 T + C_2 \mathrm{e}^{-k\pi/T}}{(V-b)^2} + \frac{A_3 + B_3 T + C_3 \mathrm{e}^{-k\pi/\tau_c}}{(V-b)^3} + \frac{A_4 + B_4 T}{(V-b)^4} + \frac{A_5 T}{(V-b)^5}$$

$$(2-1)$$

式中，$k = 5.475$，压力 p(atm)，温度 T(K)，体积 V(cm³/gmol)，气体常数 $R = 82.055$ atm·cm³/K·gmol。

也有研究者认为[26]，应用 BWR 方程在温度为 310～600 K，压强为 75～300 bar 范围内拟合的超临界 CO₂ 流体状态方程，可以计算超临界状态下 CO₂ 体系的熵、热容和焓。超临界状态下 CO₂ 熵的相对误差小于 0.4%，而定压热容的相对误差稍大，为 2.45%(T 为 330～360 K)。在温度为 310～400 K、压力为 75～300 bar 范围

内 CO_2 的熵值见图 2 - 32。

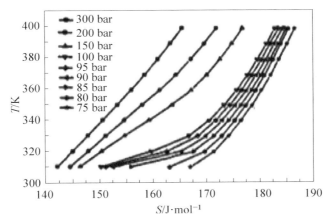

图 2 - 32　超临界状态下 CO_2 温度与熵的关系曲线

（3）S - CO_2 作为热力循环工质的优越性　CO_2 具有合适的临界参数,不需要很高的循环温度就可以达到满意的效率;且压缩性好,可以降低循环温度和压缩功。超临界 CO_2 的闭式布雷顿循环推荐在第四代核电上应用,可提高反应堆的安全性,降低反应堆造价。

超临界 CO_2 布雷顿循环系统可利用太阳集热器或聚热接收器,很容易达到 $500\sim800℃$ 温度。它的主要特点是:其能源为太阳热,不用油气燃料;循环工质不用空气,而是超临界 CO_2;循环系统为闭式循环,不是开式循环。

超临界 CO_2 涡轮机属于外燃机,具有优良的特性,主要表现在:其功率密度高,体积小,一般为蒸汽轮机的 $\frac{1}{30}\sim\frac{1}{20}$,10 MW 规模的设备仅 $4\sim6\ m^3$;其成本低,初始投资比蒸汽轮机低 $30\%\sim40\%$,比燃气轮机低 20%;其热效率高,最高可达 55%;其结构简单,零部件数量少;同比功率下其工作温度低;可以使用多种燃料,能源安全性高;由于超临界 CO_2 循环的简洁性,其可以作为联合循环的底循环;超临界 CO_2 循环属于单相循环(布雷顿循环),没有相变过程,不使用凝汽器,所使用的阀的数量只有朗肯循环的 $\frac{1}{10}$;可以使用常规的不锈钢材料,制造成本低。

超临界 CO_2 应用于太阳能光热发电站、火电厂,可以不用水冷却,适合荒漠缺水地区的应用;它不存在冬季工质冻结、管路电伴热问题,且施工简单,可显著降低安装成本;系统仅需要较低的热量即可启动,负荷变化调整迅速,支持快速启停,提升整体经济效益。这些优点是普通发电系统所无法比拟的。

3）S-CO₂热力循环系统

为了适应高效动力循环的温度参数、材料、应用技术以及安全经济性要求，业内研究者广泛开展超临界热力循环系统的研究。例如美国国家可再生能源实验室（NREL）启动了 10 MW 超临界机组项目的详细研究。

CO_2 是动力循环中较为理想的介质之一。在相同功率下，尽管单位质量 CO_2 的工质吸收的热量比 He 少，其循环质量流量大，但 CO_2 密度较大，其体积流量 V 反而比 He 循环小；在较低温度（650℃）下，布雷顿循环的效率可达到较高水平，且减少换热及做功部件的尺寸[27]。

（1）太阳能发电的布雷顿循环系统特点

① 集热器的高温热量输出取决于定日镜场的聚光效应。从图 2-33 看出介质温度越高，对布雷顿循环系统的效率提升越有利。

$$DNI = 770 \text{ W/m}^2, \quad T_{ambient} = 20\text{ ℃}, \quad \alpha = \varepsilon = 1$$

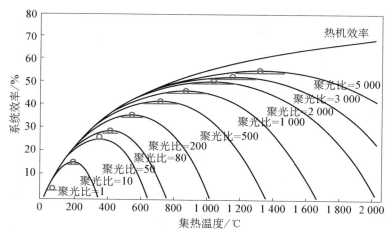

图 2-33　介质温度与聚光比和系统理论效率的关系

② 工质物性的突变性。利用超临界流体拟临界区物性突变性质，大幅降低压缩机功耗，使得超临界流体用作能量转换工质具有明显优势。

（2）高低温回热器系统热力学分析　根据二氧化碳的特性，布雷顿循环系统通常采用两级回热循环发电系统，见图 2-34。

对于布雷顿热机的参数选择和设计，以不同目标（如功率、效率、熵产率、功率密度等）分析和优化布雷顿热机的性能，一直是国内外动力工程领域研究的热点。为提高系统效率，整个系统还选择一级再热系统，以获得更大的经济效益。

图 2-35 中，1—2 为气体工质在压气机 1 中发生不可逆绝热压缩（对应 1—2s

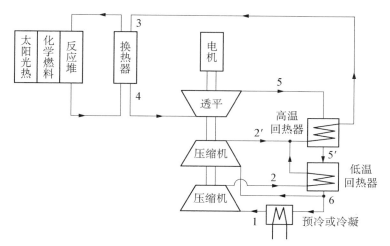

图 2－34　二氧化碳回热循环发电系统

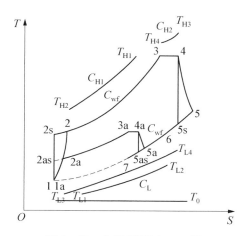

图 2－35　布雷顿循环 T－S 图

为等熵压缩)的过程,2—3 为气体工质在常规燃烧室(RCC)中从高温热源进行吸热的过程,3—4 为气体工质在收敛型燃烧室(CCC)中从高温热源进行等温吸热的过程,4—5 为气体工质在涡轮 1 中发生不可逆绝热膨胀(对应 4—5s 为等熵膨胀)的过程,1a—2a 为气体工质在压气机 2 中发生不可逆绝热压缩(对应 1a—2a 等熵压缩)的过程,2a—3、3a—4a 为气体工质在等温回热器中预热,5—6 为排气在等温回热器中冷却,6—7 为排气在常规回热器中冷却,7—1 为排气向低温侧换热器 1 放热的过程,4a—5a 为气体工质在涡轮 2 中发生不可逆绝热膨胀(对应 4a—5as 为等熵膨胀)的过程,5a—1a 为排气向低温侧换热器 2 放热的过程。RCC 中的外侧流体的热容率为 C_{H1},温度从 T_{H1} 降低到 T_{H2};CCC 中的外侧流体的热容率为 C_{H2},温度从 T_{H3} 降低到 T_{H4};预冷器 1 的外侧流体的热容率为 C_{L1},温度从 T_{L1} 上升到 T_{L2};预冷器 2 的外侧流体的热容率为 C_{L2},温度从 T_{L3} 上升到 T_{L4}。环境温度为 T_0,工质热容率为 C_{wf}。

研究表明[28],闭式再热回热布雷顿循环输出功、热效率、㶲效率对再热压比和总压比均存在极大值的关系,熵产对再热压比存在极小值关系,最佳再热压比与总压比呈单调递增关系。回热与输出功没有影响,但能够提高热效率和㶲效率,并降低熵产。提高再热温比能够增加输出功、热效率和㶲效率,并且熵产变化不明显。增大压气机和涡轮机效率能够增大输出功、热效率和㶲效率,并使熵产减小。显然这种模型的内在变化规律有助于系统参数的选择和优化。

研究认为,采用分流式的二氧化碳布雷顿循环,可避免夹点温度小的问题,改善循环特性,可在较低的循环温度下获得较高的循环效率;分流循环的效率取决于 φ(起始点参数)、ε(循环压比)、τ(温比)、η(等熵效率)、ξ(各部件压力损失)、k(与分流量、回热器端温差、回热度关联)等参数。在工程约束条件下循环存在最佳分流比和最佳循环效率;对于应用在核岛的 CO_2 循环而言,其出口温度较低,保证了反应堆的安全性,超临界二氧化碳再压缩循环是一种较为理想的能量转换方式[29]。

系统设有高温回热器和低温回热器,利用低压涡轮的热排气,给主压缩机后的高压超临界 CO_2 流体加热和再压缩机后的超临界 CO_2 流体加热。

分流式的二氧化碳布雷顿循环,增设再压缩机,其目的是避免或减少发生在回热器内的夹点(pinch point)效应。所谓"夹点效应"是指高低压流体间流体容量率(capacitance rate)不同产生的差别。将分流的一部分流体的温度和压力增加到与低温回热器的出口压力,两股相合在高温回热器得到加热。

配置中间冷却器可减少气体压缩功,减少或消除主压缩机入口压力与低压涡轮出口压力的相互影响。

在 CO_2 膨胀过程中"再热",可以提高动力循环热效率 1~2 个百分点;增加"再热"还可以减少对部分冷却和带中间冷却的主压缩机流量。

(3)S-CO_2 循环系统效率

① 三种工质、两种循环方式的效率比较:现在用于太阳热发电的循环主要是亚临界朗肯循环和斯特林循环,一般效率为 35%~45%。当应用 S-CO_2 循环系统时,效率与温度的关系更为显著。图 2-36 中列举了三种工质、两种循环方式的温度效率特性曲线。

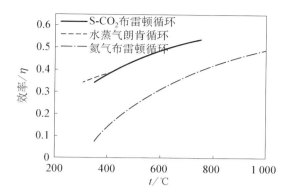

图 2 - 36　不同热力循环系统效率随着热源温度的变化

由图 2 - 36 可见,当温度低于 400℃时,水蒸气朗肯循环的效率高于 S - CO$_2$ 布雷顿循环的。当温度在 400~750℃的范围内,S - CO$_2$ 布雷顿循环效率远远高于水蒸气朗肯循环和氦气布雷顿循环的;当温度超过 800℃时,氦气性质最稳定。

② NREL 对多种循环特性的分析:美国可再生能源实验室(NREL)分析了以超临界 CO$_2$ 作为工质的光热发电系统,比较了多种循环的有关数据,如效率、起动、成本和可靠性等,最佳温度可选择在 600~700℃的温度范围内。即使温度在 500℃以上、20 MPa 的大气压下效率也可达到 45%以上。由此,人们认为超临界 CO$_2$ 布雷顿循环很有前途,将成为新一代的换代产品。

国内研究者从简单超临界 CO$_2$ 布雷顿循环入手(见图 2 - 37、图 2 - 38),挖掘潜力,采用能够大幅提高效率的技术措施[27]。主要措施包括:增加涡轮机进口温度,从 500℃提高到 700℃或更高;压缩过程由两步完成,主压缩机和"再压"压缩机;使用压缩机完成中间冷却;涡轮机也分两级,并对排出的工质再热;压缩机和涡轮机为分轴式,使其在优化转速下运行;增加底循环,如朗肯循环或串联的超临界 CO$_2$ 循环等。

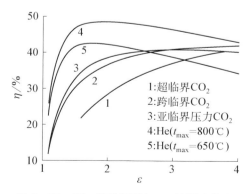

图 2 - 37　CO$_2$ 简单循环与 He 的循环效率

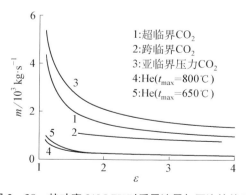

图 2 - 38　热功率 310 MW 时质量流量与压比的关系

由图 2-39 可以看出,采用改进后的循环,CO_2 循环效率在相同 t、p 条件下有大幅度的提升。超临界循环与跨临界循环的 η 已超过 $t_{max}=800℃$ 下的 He 循环,尤其是跨临界循环,将其 p_{max} 降低至 14 MPa 的情况下,η 仍然达到 49.08% 的较高值。

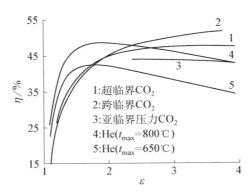

图 2-39 改进后的 CO_2 循环与 He 循环的循环效率

作为实际气体循环,简单 CO_2 循环的 η 不仅取决于温度比(循环最高温度与最低温度之比)和压力比 ε,还取决于给定的计算初始参考点。

结果表明,由于 CO_2 的热物性随压力变化有很大变化,所以改进后的 S-CO_2 循环在较低的 t_{max}(650℃)就能达到与 He 循环在 800~900℃ 时相当的效率,不存在堆芯或中间换热器进口温度太高的问题。循环温度的降低使得技术难度及对材料耐热等性能等方面的要求也有所降低。

在 t_{max} 不变的情况下,提高 CO_2 循环效率的途径主要是使压缩功降低,即在液相区或接近临界点附近进行压缩。

4) S-CO_2 光热发电产业链的技术准备

我国太阳能光热资源丰富,西北大面积的地区处在"太阳带"上,通过地理信息系统(GIS)分析,占我国总面积 $\frac{2}{3}$ 以上的西北地区太阳能光热发电可装机潜力约 16 000 MW。以年发电量来讲,我国潜在的太阳能光热发电量为 42 000 兆千瓦时。

国家能源局通知要求,通过示范项目建设扩大太阳能热发电产业规模,形成国内光热设备制造产业链,支持的示范项目应达到商业应用规模,单机容量不能低于 5 万千瓦。

场址太阳直接光照强度(DNI)≥1 600 kW·h/(m²·a);示范项目各主要系统的技术参数要达到国际先进水平[30]。

　　光热发电站主要由五个系统组成,即太阳场系统、传热流体系统(HTF)、储热系统(TES)、冷却系统、动力机械系统。其中聚光形式的特殊性对整个光热电站系统的影响更大。

　　塔式布置热能聚集度高,技术上趋于成熟,更适宜于大规模的光热发电项目采用(见图 2 - 40、图 2 - 41)。因此,从系统布置形式而言,$S-CO_2$ 光热发电宜采用塔式集中布置系统,有利于大规模化。

图 2 - 40　Ivanpah 1 号电站塔式集热器

图 2 - 41　Ivanpah 空冷岛

　　涡轮机入口温度的选择取决于聚光器、太阳热接收器和涡轮入口管线材料的选择。CO_2 温度越高越有利于提高超临界 CO_2 布雷顿循环的效率。对高镍合金钢而言,涡轮机入口温度可选择 700℃。

　　而压缩机的入口超临界 CO_2 流体温度选择取决于当地的环境条件,缺水的地域往往选择干冷却取代水蒸发冷却。干冷却的温度是基于湿度计的干球温度而非湿球温度,如干旱地区的两者温差常在 10℃ 以上,且冷却器换热面积大的多,传热率低,导致空气和工质之间需要高温差。尽管如此,当压缩机入口超临界 CO_2 流体温度为 45~65℃ 时,超临界 CO_2 循环的效率都大于 49%;若取用温度 40℃ 计算,则其效率为 51%~52%,远高于水蒸气循环的效率 4~5 个百分点。但必须注意,采用回热系统的热效率同样对换热器的效率和压损很敏感。

　　美国麻省理工大学(MIT)对 $S-CO_2$ 系统的研究表明,增加高、低温回热器可以降低"夹点"问题,提高循环效率,同时分析了不同温度和压力条件下对循环效率的影响。其 $S-CO_2$ 布雷顿循环中各个部件运行的 CO_2 参数见表 2 - 17。

　　介质 $S-CO_2$ 与空气同比,空气的布雷顿循环要在 1 000℃ 或高些运行,需要腔式接收器或二级集热器。而超临界 CO_2 系统温度可低些(600~800℃),但也需要开发高压 CO_2 系统的合适材料和新型的接收器设计。

表 2-17   S-CO$_2$ 布雷顿循环中各个部件运行的 CO$_2$ 参数

研究单位　　系统节点	预冷系统	压缩机一次压缩后提高	低温回热器出口	再压缩机出口	高温回热器出口	反应堆源加热后	涡轮机做功后
MIT	7.4 MPa/31℃	20 MPa/62℃	7.6 MPa/163℃	19.8 MPa/157℃	19.7 MPa/403℃	19.4 MPa/550℃	7.7 MPa/443℃
TTT(日本东京工业大学)	直接,增加分流、中间压抱和中间冷却	—	—	—	—	7 MPa/650℃ 系统效率 45.8%	—

5) 换料停堆模式(RCS)

本运行模式包括如下特性的所有反应堆标准工况:

(1) 若反应堆厂房换料水池内水闸门尚未就位,反应堆厂房换料水池内水位必须高于或等于 15 m;若反应堆厂房换料水池内水闸门已就位,则为 19.3 m。

(2) 一回路冷却剂的硼浓度在 2 300~2 500 ppm(×10^{-6})的范围内;

(3) 一回路冷却剂温度介于 10~60℃;

(4) 反应堆压力容器的顶盖已被打开;

(5) RRA 系统与一回路系统相连接;

(6) 至少还有一组燃料组件处于反应堆厂房内。

运行模式与运行标准工况的对应如表 2-18 所示。

表 2-18   运行模式与运行标准工况对应表

电站名	lvanpah	Gemasolar
EPC 提供商	Bright Source Energy	UTEC. T. Solar Tres
技术路线	塔式 DSG(占地 1 400 公顷)	塔式(占地 195 公顷)
地理位置	美国加利福尼亚州	西班牙塞维利亚
太阳直接光照强度(DNI)	2 717 kW·h/(m^2·a)	2 172 kW·h/(m^2·a)
设计装机	392 MW,年发电量 1 079 GW·h	19.9 MW(年发电量 110 GW·h)
定日镜	单个面积 15 m^2,共 175 000 个	120 m^2(定日镜 2 650 个)
总采光面积	2 600 000 m^2	304 750 m^2(占地 185 公顷)
集热塔高	137 m	140 m

（续表）

电站名	lvanpah	Gemasolar
吸热介质	水（249～566℃）	熔盐（290～565℃）
蒸汽参数	16.3 MPa/540℃/480℃	14 MPa/540℃/540℃
储热	无	15 h（熔盐、双罐）
售出电价	185 美元/兆瓦时（约 1.13 元/度）	27 欧分/度（约 1.9 元/度）
总投资	22 亿美元（美能源部贷款担保 16 亿美元）	2.3 亿欧元
投运日期	2014 年 2 月 13 日	2011 年 3 月
备注	世界最大的光热电站	首台储能连续运行光热电站

6）NREL（美国国家可再生能源实验室）10 MW 超临界机组项目

NREL 将通过两个阶段完成相关测试，即建立一个布雷顿循环，以熔融盐为传热介质的光热电站耦合。一个 10 MW 的光热电站总耗费预计达 1 600 万美元，美国能源部提供其中的 800 万美元作为支持[31]。

项目目标：

（1）使用传统制作 S - CO$_2$ 动力涡轮的设计，这是可扩展的系统设计；

（2）构建～10 MWe 的换热 S - CO$_2$ 试验回路；

（3）至 700℃温度的运行回路；

（4）在高压缩机入口温度（即干冷却条件）测试循环操作；

（5）用实验数据验证模型性能；

（6）模拟年度 SunShot 目标配置的操作系统；

（7）商业示范的先进技术。

项目任务：

（1）阶段设计，包括腐蚀与材料分析、详细测试计划、回路设计、建模与仿真、工业用电、现场准备等；

（2）制造和安装，包括腐蚀和材料分析（续）、安装、检验、商业 CSP 系统概念设计研究；

（3）操作与仿真，包括腐蚀和材料分析（续）、低温操作（550℃）、高温操作（＞650℃）、系统模型验证、响应和再压缩系统控制。

10 MW 超临界机组研发项目规划流程见图 2 - 42。

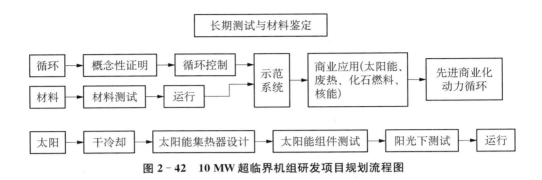

图 2‒42   10 MW 超临界机组研发项目规划流程图

实验室与商业性轴流式涡轮机系列部组件的配置区别见图 2‒43[32]。

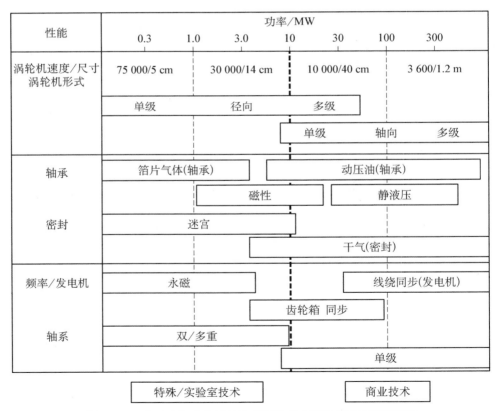

图 2‒43   实验室与商业性轴流式涡轮机系列部组件的配置区别

2.3.5 优缺点及其技术经济性

1) 塔式太阳能热发电系统的优缺点

(1) 聚光倍数高 聚光倍数高,容易达到较高的工作温度。阵列中的反射镜数目越多,其聚光比越大,接收器的集热温度也就愈高。

(2) 获得能量方法简捷 能量集中过程是靠反射光线一次完成的,获得能量方法简捷有效。

(3) 效率高 接收器散热面积相对较小,因而可得到较高的光热转换效率。塔式太阳能热发电的参数可与高温、高压火电站一致,这样不仅使太阳能电站有较高的热效率,而且也容易获得配套设备。

(4) 适合高温大规模发电 由于定日镜多达一千多个,塔的高度近百米,聚光倍数高达 1 000 以上,介质温度多高于 350℃,所以发电温度高,发电规模大。

(5) 规模越大,成本越低 不同于建设投资与装机容量成正比的光伏电站,太阳能塔式热发电站随着装机容量的扩大,可以有效地降低投资成本。

(6) 连续发电 因三元合成熔盐处在液态的时间长,用其加热水产生水蒸气的时间长,用来推动汽轮机带动发电机发电的时间长,阴雨天晚上也能发电。

(7) 环保节能 太阳能塔式热发电站的制造不需要用到多晶硅或者其他太阳能电池,因此其生产过程对环境相对于光伏发电站的污染大大减少、节能减排效果显著。

(8) 造价特别高 塔式热发电系统的缺点是每块镜面都要随太阳的运动而独立调节方位及朝向,所需要的跟踪定位装置多,精度要求也特别高。另外,电站需要大量定日镜将光线反射到数百米高度的接收塔上,因此塔式热发电系统的造价非常高。

2) 技术经济性

塔式发电技术的性能可以通过 LCA 方法,运用影响评价模型 AGP(assessment for green products)比对槽式发电技术,做出其性能的客观评价[33]。

假设条件:以 1 000 kW·h 作为全生命周期评价的功能单元,塔式与槽式两个发电系统的排气压力都为 0.06 bar。

技术经济指标见表 2 - 19,系统生命周期的主要耗材见表 2 - 20,综合性能评价见表 2 - 21。

表 2 - 19　两种太阳能热发电的技术经济指标

电站名称	SOIAH ONK	SEOS Ⅵ
电站形式	塔式	槽式
站址	美国加州	美国加州
额定功率/MW	10	30
年运行小时数/h	2 700	3 019
年净发电量/10^6 kW·h	27	906
聚光方式	平面反射镜	圆柱抛物面反射镜
镜数/面	1 818	960 000
发射镜总面积/m^2	72 540	188 000
汽轮机蒸汽入口参数/℃·bar^{-1}	510/104	371
总投资/亿美元	14	1.16
投资比/美元·kW^{-1}	14 000	3 870
使用寿命/a	30	30

表 2 - 20　两种太阳能热发电系统生命周期的主要耗材 t

发电方式	钢材/t	玻璃/t	混凝土/t	原煤/t	柴油/t
30 MW 槽式	15 220.8	1 804.6	34 926.3	54.36	4.1
10 MW 塔式	9 478 0	872.6	18 062.2	40.50	1.3

表 2 - 21　塔式、槽式太阳能热综合性能评价

功能单元 1 000 kW·h		槽式				塔式			
影响类型	项目	质量/kg	当量因子/(kg/kg)	影响潜值/kg	合计	质量/kg	当量因子/(kg/kg)	影响潜值/kg	合计
枯竭性资源消耗潜力（NRDP）	钢铁	5.60	1	5.60	5.60	11.70	1	11.70	11.7
	原煤	0.02	0.031	0.000 6		0.05	0.031	0.001 5	
	油	0.001 5	1.33	0.002		0.001 6	1.33	0.002 1	
全球变暖潜力（GWP）	CO_2	26.97	1	26.97	49.46	45.52	1	45.52	94.8
	CH_4	0.22	25	5.50		0.26	25	6.50	
	NO_X	0.05	320	16.00		0.13	320	41.60	
	N_2O	0.003	290	0.87		0.003 6	290	1.04	
	CO	0.06	2	0.12		0.07	2	0.14	

（续表）

功能单元 1 000 kW·h		槽 式				塔 式			
影响类型	项目	质量 /kg	当量因子 /(kg/kg)	影响潜值 /kg	合计	质量 /kg	当量因子 /(kg/kg)	影响潜值 /kg	合计
酸化潜力（AP）	SO_2	0.25	1	0.25	0.29	0.56	1	0.56	0.67
	NO_x	0.05	0.70	0.04		0.13	0.70	0.09	
	NH_3	0.000 7	1.88	0.001 3		0.006 1	1.88	0.01	
	H_2S	0.003 2	1.88	0.006		0.005 1	1.88	0.009 5	

在系统边界一样的情况下，同样发电量 1 000 kW·h，塔式太阳能热发电的枯竭性资源消耗潜力（NRDP）、全球变暖潜力（GWP）和酸化潜力（AP）都约为槽式太阳能热发电的 2 倍，但槽式太阳能热发电对环境的影响较小。

太阳能热发电所消耗的化石能源不到煤电的 5%。同时，太阳能热发电较煤电大幅度减少了烟尘、CO_2、SO_2 和 NO_x 排放。

在排气参数相同，塔式和槽式太阳能热发电的蒸汽参数分别为 510℃、104 bar 和 371℃、100 bar 的条件下，朗肯循环效率分别为 41.2% 和 38.8%，塔式热发电的入口气体参数较高，使得循环效率比槽式热发电提高了 2.4%。

由表 2-22 可知，光热发电对环境的影响很小，塔式发电的环境经济指标略低于槽式发电。

表 2-22　煤电和太阳能热发电的单位能耗与排放量（1 000 kW·h）

发电方式	能耗/(t·kg^{-1})	烟尘/kg	CO_2/kg	SO_2/kg	NO_x/kg
煤电	400	50	1 000	8	5
槽式发电	12	0.12	26.97	0.25	0.05
塔式发电	14	0.32	45.52	0.56	0.13

2.3.6　塔式太阳能热发电系统应用

1980 年，美国在加州建成太阳 I 号塔式太阳能热发电站，装机容量为 10 MW。经过一段时间试验运行后，在此基础上又建造了太阳能 II 号塔式热发电站，并于 1996 年 1 月投入试验运行。

2016 年，中国首座规模化储能光热电站——中控太阳能德令哈 10 MW 塔式熔盐储能光热电站成功投运（见图 2-44 和图 2-45），这也是继美国、西班牙之后全球第三座投运的具备规模化储能的塔式光热电站。该电站的太阳能集热场产生的蒸汽参数达到400℃、4 MPa,年发电量可达 270 万千瓦时,可满足 1 000 余户家庭一年的用电需求。

图 2 - 44   塔式光热电站全貌

图 2 - 45   太阳能吸热塔

2.4   菲涅尔式聚光发电技术

线性菲涅尔聚光系统源于槽式系统,主要由一次反射镜、二次反射镜和集热器三部分组成,采用一组可水平放置的条形平面镜来代替槽式系统里的抛物面型曲面镜来聚焦太阳光。线性菲涅尔式太阳能热电站应用情况见表 2 - 23。

表 2 - 23   线性菲涅尔式太阳能热电站应用情况[34]

地点	完成年月	名称	工质	规模/MW	参 数	备注
比利时列日	2001	Solarmundo实验示范工程	水	—	单个集热管单元长为 100 m、外径为 0.18 m,主镜场地为 2 500 m²,年均效率为 10%～12%,峰值功率约为 111 MW/km²	由 Solarmundo 公司所建
澳大利亚新南威尔士	2004	第一阶段	水	1	单个集热管单元长为 62 m,主镜场地为 1 350 m²,镜面 12 列、25 行,单个镜面 1.84 m×2.44 m;蒸汽参数:6.9 MPa、285℃	为 Liddell 燃煤站节煤项目,为 4×500 MW 汽轮机的给水加热器提供热量
	—	第二阶段		10	3 个集热管单元,长为 300 米/个,主镜场对应分 3 个单元,共占地 20 000 m²	
	—	第三阶段		100	20 个集热管单元,长为 300 米/个,主镜场对应分 20 个单元,共占地 135 000 m²	

（续表）

地点	完成年月	名称	工质	规模/MW	参　数	备注
西班牙阿尔梅里亚	2007	MAN Ferrostaal Power Industry 实验示范	水	0.8	单个集热管单元长为 100 m，主镜场地 2 100 m²，镜面 1 200 个反射镜，25 行，反射镜总镜面积 1 433 m²；蒸汽参数：11 MPa、450℃	MAN Ferrostaal Power Industry 建设
美国加利福尼亚	2008	Kimberlina 示范电站	水	5	3 个集热管单元长为 860 m，主镜场对应分 3 个单元，共占地 26 000 m²；单个镜面宽 2 m；蒸汽参数：7 MPa、354℃	AREVA Solar 建设
西班牙穆尔西亚	2009	PE1	水	1.4	2 个集热管单元长为 385 m，主镜场对应分 2 个单元，共占地 1 866 m²；16 列镜面/单元，宽 16 米/单元，单个镜面 0.75 m×5.4 m；镜面离地面≤1.2 m，集热管距离主反射镜面 7 m；电站最大光学效率 67%，年均光热转换效率 37%；蒸汽参数：5.5 MPa、270℃	NOVATEC 公司建，第一个商业化电站
	2012.3	PE2	水	30	主镜面占地 302 000 m²	目前世界上最大的菲涅尔太阳能电站

说明：表中的行/列指垂直/平行于加热管线方向的镜面数量。

1）原理

菲涅尔式聚光系统将槽式抛物反射镜线性分段离散化，其离散镜面布置处在同一水平面上，无需考虑抛物镜面形状；然后在集热管顶部安装二次反射镜并与集热管组成集热器，太阳能发电系统见图 2-46。

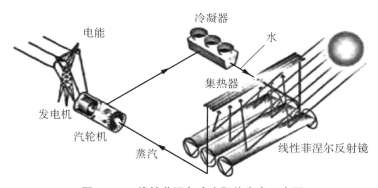

图 2-46　线性菲涅尔式太阳能发电示意图

2）特点

（1）聚光系统采用一系列可绕水平轴旋转的条形平面一次反射镜（主反射镜），经过集热管顶部的二次反射镜，构成二维复合抛物面，聚光于集热管。主镜采用工艺成熟的平直或微弯的条形镜面，二次反射镜为抛物槽式。

（2）集热器支撑结构紧凑，利用相邻主镜场之间可相互重叠消减相互遮挡的措施，降低风阻，减少支撑成本，提高土地利用率。

（3）工质加热采用直接蒸汽式加热系统，但存在两相流的问题。从系统稳定性和可靠性而言，循环加热模式最佳。

（4）集热器固定安装，不受主反射镜系统运动的影响，简化工质汽-水系统的密封和连接。

（5）主镜场中每一列镜面可通过单轴跟踪系统实时跟踪入射光线，但光路复杂，系统的几何聚光比波动较大，一般为 $10\sim80$；年平均效率为 $9\%\sim11\%$，峰值效率为 20%；蒸汽温度可达 $250\sim500℃$；每年 1 MWh 的电能所需土地约 $4\sim6~m^2$。

3）试验研究

2012 年 10 月三亚线聚光直接蒸汽式太阳能热电装置取得了示范效果；2015 年 4 月建成导热油和熔盐储热系统的太阳能热电装置，取得储热系统的实验数据[35]。三亚 400℃以上兆瓦级太阳能热电试验装置的主要技术经济指标见表 2-24。

表 2-24　主要技术经济指标

内容	集热场面积 /m²	设计热容量 /MWt	出口蒸汽 t/℃、 P/MPa	镜场光学效率 /%	光热效率 /%
数据	7 000	1.5	400/4	≥70	≥45
备注	优化设计点：反射镜框架 20 kg/m²、自动跟踪精度 0.1°的组合式驱动装置；镀膜排管等架构，真空高温集热管的复合抛物面二次聚光装置，聚光比约达 70；太阳能集热与联合循环发电装置；研制测试导热油及熔盐储热系统				

菲涅尔式系统内的单个平面镜分别跟踪并反射太阳光，反射的太阳光经过二次反射镜后聚焦到腔式吸热管来加热工质。系统一般采用水/水蒸气作为吸热介质，采用蒸汽直产方式。相对于槽式系统，平面反射镜制造难度低，因此大大降低了初始投资成本；但是菲涅尔式系统的发展相对较晚，技术成熟度较低，商业电站不多。2012 年 10 月，西班牙 Puerto Errado 2 菲涅尔光热电站正式并网发电，装机容量为 30 MW，目前运行状况良好。

西班牙 Puerto Errado 2 电站（见图 2-47）由德国 Novatec Solar 公司于 2010 年 4 月份开始建设，项目总占地面积为 65 万平方米，采用了 28 列菲涅尔集热阵列，单个集热阵列长 1 000 米,采光面积为 302 000 平方米,年发电利用数超过 3 000 小时。该项目配装了两个汽轮机,各驱动一个 15 MW 的发电机;采用空冷系统。由于采用水工质方案,其无需消耗辅助燃料如天然气等进行补燃和保温。

图 2-47　西班牙 Puerto Errado 2 电站

青海太阳能热发电技术试验基地是中广核集团太阳能热发电技术研发中心的主要组成部分。试验基地位于青海省德令哈市西出口太阳能发电基地内。中广核德令哈 50 兆瓦光热发电项目是青海省内首个光热发电项目,项目总投资 25 亿元[36,37]。一期工程规划占地 216 亩,总概算投资 6 209.4 万元,包括 0.16 万千瓦槽式和菲涅尔式导热油试验回路各一条、1 万千瓦时储热系统、0.4 万千瓦蒸汽发生系统以及相应的辅助设施。2012 年 6 月 15 日,浙江大明玻璃有限公司(简称大明玻璃)成为该项目太阳能光热发电用反射镜唯一国内供货商。产品检测数据显示,反射镜反射率高于 93.5%,具有有效的抗腐蚀、抗击打、耐气候变化能力,能够在恶劣的户外环境中使用 20 年以上。

2.5　碟式聚光发电技术

碟式聚光太阳能热电系统是世界上最早出现的太阳能动力系统。

2.5.1　发展现状

早在 19 世纪 70 年代,法国巴黎近郊建成的小型太阳能动力站,就是一个早期的点聚焦碟式太阳能动力系统。1982 年美国加州碟式斯特林太阳能热发电试验装置,工作温度达 1 000℃,光电转换效率为 29%,最大功率为 24.6 kW[38]。

抛物碟式聚光镜面的聚光比达 500~6 000,在其焦点处的热机或者吸收器吸收太阳能并最终转化为电能。系统的热机有斯特林热机,也有采用小型的燃气轮机和蒸汽轮机。其系统容量大多为 5～25 kW。系统的太阳能年平均光-热-电效率达到 24%,可用度达到 96%,峰值功率约为 24.9 kW。

近 20 年来,碟式太阳能热发电装置开发的最初目的是为了空间应用。根据已有的数据分析,碟式太阳能热发电装置和太阳能光伏发电装置相比,其单位发电功率的装置重量更小一些。这在空间应用上是一个十分重要的技术参数。现今,更主要的应用目的是解决边缘荒漠地区的供电问题,这在经济上可能更为合算。近年来,随着新型动力机械和其他相关技术的迅速发展,旋转抛物面反射镜配合新型动力发电机组构成了现代的碟式太阳能发电装置。

2.5.2 工作原理

碟式太阳能光热发电系统包括旋转抛物面反射镜、接收器和跟踪系统。双轴跟踪机构能使聚光器实时跟踪太阳。图 2-48 为碟式太阳能光热发电系统发电原理图,图 2-49 为碟式太阳能光热发电系统实物图。其工作原理是利用旋转抛物面反射镜,将入射阳光聚集在焦点上,太阳辐射能经过聚光器汇聚之后被集热管吸收,转化为热能并传递给接收器内的传热工质,使工质温度升高到 750～800℃(最高可超过 1 000℃),形成高温热源送入热机,其热量进到斯特林发动机的集热器,通过发动机内的惰性气体受热膨胀,推动活塞做功带动发电机发电,从而将热能转化为电能。其系统技术参数见表 2-25。

表 2-25 典型碟式斯特林循环系统 Boeing/SES DECC 及 SAIC/STM USJVP 的技术参数

项 目	Boeing/SES DECC	SAIC/STM USJVP
集热镜	82 面,共 87.7 m²	16 面,共 114 m²
反射率	0.91	>0.9
离度/m	11.6	15
斯特林热机	Kockums4-95	STM4-120
工作温度/℃	720	720
峰值功率/kW	24.9	23
峰值效率/%	29.4	23
年均效率/%	24	18

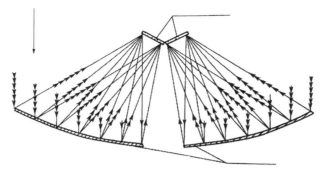

图 2 - 48　碟式太阳能光热发电系统原理图

与槽式发电系统不同,碟式发电技术的热电转化装置主要设备为斯特林机。斯特林机是一种活塞式外燃机,汽缸内有一个动力活塞和一个配齐活塞。连接配齐活塞上、下室有一个旁路,循环工质通过旁路交替传送到配气活塞的上室和下室。上室和热交换器进行热量传递,工质吸收上室的热量受热膨胀,推动动力活塞做功输出功率。下室通过中间介质回路把余热传递给回热器,工质通过旁路往复流动完成循环。斯特林热机热电转换效率最高可达 32%。由于太阳能辐射随天气变化,热电转换装置发出的电力不稳定,需要经过一系列处理之后才能输出 220 V 的工频电提供给用户。与槽式太阳能发电系统一样,碟式系统也需要有储能装置、蓄电池和补充能源[39]。

图 2 - 49　碟式太阳能光热发电系统实物图

2.5.3　特点及性能对比

盘状抛物面聚光集热器以高倍聚光性能区别于其他集热器。

1）特点

太阳能碟式发电系统也称为盘式系统,主要特征是采用盘状抛物面聚光集热器。由于盘状抛物面镜是一种点聚焦集热器,其聚光比可以高达数百到数千倍,因而可产生非常高的温度。

（1）碟式斯特林光热发电技术采用一种外燃发动机。它直接利用聚光产生的热量加热气缸内工作介质(氢气或氦气),经过冷却、压缩、吸热、膨胀为一个周期的循环来输出动力,驱动斯特林机发电。

（2）碟式聚光系统如同高倍率太阳灶,聚光比可高于 1 500 倍;跟踪光能的转化热效率可达到 70%,光电转换效率为 25%~30%。但碟式装置体积大,风载负荷大。

（3）装备制造涉及新材料、玻璃工艺和黏胶镀膜等多种工艺。尤其是聚光跟踪系统,背板的加工工艺直接影响聚光精度的计算和控制。

（4）易安装、适应性强,制造和维护成本较低,宜建分布式电站或离网型电站。

（5）缺水地区可选用空冷冷却系统,节省水资源($>$90%)。据经验,槽式电站每发电 1 MWh 耗水约 800 加仑(约 3 000 升)。碟式斯特林光热电站每发电 1 MWh 仅需耗水 4.4 加仑左右。

（6）模块化单机独立发电。

由于碟式发电容量小,相对成本高,大规模的工业化生产是关键。业内评定,大于 100 MW 的碟式电站将体现规模经济效益。

2）性能对比

槽式、塔式、碟式系统是世界上主要的太阳能热发电技术,有各自不同的特点(见表 2 - 26)。

表 2 - 26　槽式、塔式、碟式对比

项　目	槽式	塔式	碟式
聚光镜	抛物槽式	定日镜	抛物碟式
聚光比	10~100	300~1 500	500~6 000
容量/MW	30~320	10~200	5~25
温度/℃	200~400	500~2 000	800~1 000
容量系数/%	23~50	20~77	25
峰值效率/%	20	23	29.40
年均效率/%	11~16	7~20	12~25
成熟度	商业化运行	规模化示范	示范中
投资成本/(美元/瓦)	4.0~2.7	4.4~2.5	12.6~1.3

2.5.4 主要设备

碟式太阳能光热发电系统主要设备如下。

1）旋转抛物面反射镜

每个碟式太阳能光热发电系统都有一个旋转抛物面反射镜用来汇聚太阳光，圆形的反射镜像碟子一样，故称为碟式反射镜。由于反射镜面积小则几十平方米，大则数百平方米，因此很难造成整块的镜面，所以是由多块镜片拼接而成的旋转抛物面。一般几千瓦的小型机组用多块扇形镜面拼成圆形反射镜，也可以由多块圆形镜面组成。大型机组一般用许多方形镜片拼成近似圆形的反射镜，拼接用的镜片都是抛物面的一部分而不是平面，多块镜面固定在镜面框架上，构成整片的旋转抛物反射镜。

旋转抛物面反射镜的镜面结构和槽型抛物面反射镜的镜面结构完全一样，通常都是镀银玻璃背面镜。一个旋转抛物面反射镜用钢结构环作支撑体，整个镜面通过太阳高度角和方位角齿轮传动机构安装在混凝土或钢结构机架上。高度角齿轮传动减速比为 18 300∶1，方位角齿轮传动减速比为 23 850∶1，由此通过双轴跟踪装置控制即时跟踪太阳。碟式反射镜的聚光比可高达 500～6 000。焦点处可以产生很高的温度，一般都在 650℃以上。

2）接收器

在碟式太阳能光热发电系统中斯特林发动机的加热器通过接收器才能得到聚集的太阳光的热量。太阳能接收器位于斯特林发电机组的前端，为发电机组提供加热源。目前，斯特林机组的接收器用得较多的两种结构分别为直接加热式太阳能接收器和间接加热式太阳能接收器。

直接加热式太阳能接收器结构比较简单，加热器就是接收器，工质多为氦气或氢气，传热快，换热性能好。由于太阳光直接照射在加热器管簇上而直接加热内部的工质，故称之为直接加热式接收器。加热器管簇安装在接收器外壁内，在前方有透明度很高的石英玻璃保证太阳光无损地照射在管簇上。

间接加热式太阳能接收器多数是利用介质的相变来实现热量传递，主要有池沸腾接收器、热管式接收器以及混合式热管接收器。池沸腾接收器是较为新式的斯特林发电机用相变式太阳能加热器。

3）跟踪装置

碟式聚光器采用双轴跟踪装置，其基本工作方式和塔式电站中定日镜的跟踪方式完全相同。在碟式太阳能光热发电装置中，聚光器由跟踪装置控制镜架的高度角和方位角齿轮传动，使反射镜跟踪太阳。

每个碟式太阳能热发电系统的功率大约在数千瓦到数十千瓦之间，碟式太阳能热发电系统可单独存在,也可由多台组成碟式太阳能热发电场。由于是太阳光的热量直接加热了斯特林发动机的加热器(没有热能储存装置),所以碟式太阳能使用的斯特林发电机组结构非常紧凑。

碟式太阳能热发电系统可以单机标准化生产,具有使用寿命长、综合效率高、运行灵活性强等特点。由于发电成本不依赖于工程规模,适合边远地区离网分布式供电,但碟式太阳能热发电系统单机规模受到限制,造价比较高。

2.5.5 碟式太阳能热发电系统应用

碟式太阳能热发电系统是目前太阳能发电效率最高的太阳发电系统,效率最高可达到 29.4%。美国开发了 25 kW 的碟式发电系统。我国中科院电工所于 2006 年建立 1 kW 碟式斯特林太阳能热发电系统。在直接辐射强度大于 450 W/m² 的条件下,系统成功完成可以稳定连续地输出线电压 100 V 左右的三相交流电的测试,成为国内第一个可以连续发电的碟式斯特林太阳能热发电系统。

2010 年,全球首个碟式光热示范电站 Maricopa 电站在美国亚利桑那州的凤凰城附近投运。该项目由 Tessera Solar 开发,采用原斯特林能源系统公司 SES 的 SunCatcher 碟式发电设备,装机功率为 1.5 MW,单个系统发电功率为 25 kW,共采用了 60 个 SunCatcher 碟式斯特林发电机。该项目的所在地是气候炎热的沙漠气候,其采用空冷技术减少了对水资源的耗费,仅消耗少量水用于对聚光镜进行清洁等。

在上述沙漠戈壁地区开发光热电站,由于远离用电区,因此需要建设大规模的并网电站,通过高压输电线路将电输送至用电区。从传统观点来看,碟式光热发电更适合于偏远的离网型电力应用。而如今,碟式技术的开发商们越来越倾向于将其向大规模的光热发电应用领域推广,其原因在于他们期望通过大规模的电站开发降低单机成本。

对于碟式技术的成本过高问题,业内目前较为统一的认识是以大规模的工业化生产来拉动单机成本的下降;而要实现大规模的生产,则需要首先确定大规模的电站开发计划。有了这样的需求才能带动工业化的生产。如规划开发一个 1 GW 的碟式光热发电项目,按单机功率 25 kW 计算,将需要 4 万个碟式发电机,大量的产品需要通过工业化的采购和生产,这种方法可使成本下降显著。

2012 年,大连宏海新能源发展有限公司与瑞典 Cleanergy 公司合作完成华原集团 100 kW 碟式太阳能示范电厂,在内蒙古自治区鄂尔多斯市乌审旗乌兰陶勒盖镇安装、调试并运行(见图 2-50),成为国内第一套该技术的光热示范电厂[40]。该项目占地 5 000 m²,包含 10 台 10 kW 碟式太阳能斯特林光热发电系统,总容量为 100 kW,年发电量为 20~25 万千瓦时。

图 2 - 50 碟式斯特林太阳能热发电装置

2016 年,国内首座兆瓦级碟式太阳能发电示范电站落户铜川,在中航工业西安航空发动机(集团)有限公司投资建设的碟式太阳能实验基地建设现场,50 台碟架发电设备主体安装到位。项目建成后可完成年发电量 126 万度,同时为碟式太阳能热发电的行业标准的建立提供依据,促进碟式太阳能热发电的产业化。

2.6 互补式光热发电

运用不同能源的梯级提高耦合发电机组的总效率,是一种有效的互补的发电方式。

2.6.1 槽式太阳能辅助燃煤发电系统

太阳能-化石燃料互补发电系统的研究,已经成为清洁煤发电行业关注的热点。所谓互补发电系统(见图 2 - 51)是指太阳能集热系统与燃煤发电机组通过不同的耦合方式加以集成,利用太阳能加热送入锅炉的给水系统,从而减少机组发电煤耗。

研究者采用一定的评价准则和集成方式,对直接光照强度(DNI)设计值的选取进行分析,获取了一些有用的设计数据,包括不同并联回路数(loop)、不同纬度分布的集热场存在的不同最优列间距以及最佳取值范围的直射辐射强度设计值等。

基于集热场吸收的太阳辐射能的经验公式为

$$Q = I_{DNI} \cos \theta \alpha \beta R \eta_{field} \eta_{HCE} \gamma \qquad (2-2)$$

式中:α 为入射角修正系数;β 为末端损失;η_{field} 为集热场效率光学修正因子;η_{HCE} 为集热装置效率光学修正因子;γ 为集热器运行比例,全部运行时取 1。

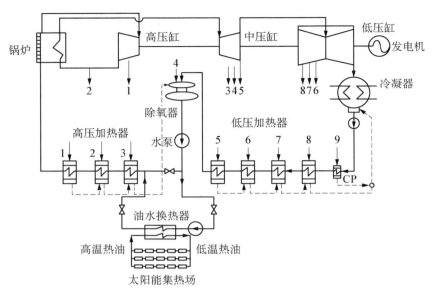

图 2 - 51　太阳能-燃煤互补发电系统集成示意图

2.6.2　太阳能-燃气联合循环发电

　　太阳能-燃气联合循环发电(ISCC)技术是一种槽式太阳能热与燃气联合循环组合发电的新技术,主要包括太阳能发电系统、天然气资源与常规燃机联合循环装备。ISCC 是一种燃气-蒸汽联合循环系统增加太阳能输入的互补发电系统(见图 2 - 52)。

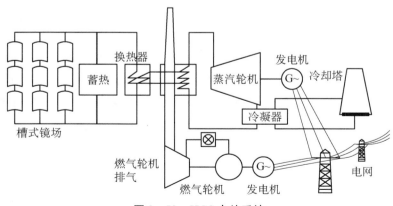

图 2 - 52　ISCC 电站系统

ISCC 利用太阳能加热进入燃烧室前的压缩空气,使太阳能热电高效转化。据欧洲 SOLGATE 项目的分析,当太阳能集热温度为 800℃时,系统的投资为 1 440 欧元/千瓦,太阳能份额为 16%,发电成本约为 0.057 欧元/度;当集热温度达到 1 000℃时,尽管发电成本会升高到约 0.086 欧元/度,但系统的太阳能份额可达 50%以上。

几套 ISCC 装置投运情况见表 2-27,华能三亚的 ISCC 系统见图 2-53。

表 2-27　几套 ISCC 装置投运情况

电站	容量规模与装备	投资费用	备注
埃及开罗 Kuraymat	天然气发电容量为 104 MW,太阳能发电容量为 22 MW; 槽式太阳能集热技术,其中包括 2 000 个太阳能集热单元,反射镜面积约 130 000 m²	1.5 亿欧元	2011 年初投运
阿尔及利亚 150 MW 项目	150 MW 燃气-蒸汽联合循环和太阳能槽式发电 25 MW;镜场 180 000 m²,由 216 段槽式反光镜系统组成,镜口宽 7 m、长 120 m,共 54 个单元,每个单元 4 段。集热器入口介质温度为 287℃,出口温度为 467℃	—	2011 年 7 月开始运行
摩洛哥 ISCC 项目	总装机 250 MW;燃机发电容量为 125 MW,蒸汽机发电容量为 110 MW(带光热电),太阳能额定负荷 20 MW,最大负荷 30 MW。介质为导热油,入口油温为 295℃,出口油温为 393℃	—	2010 年 7 月建设,2011 年 5 月投产;太阳能利用率为 32.6%
南京江宁	塔式光热发电装置 70 kW; 占地约 26 700 m²	500 万元人民币	河海大学、南京玻璃纤维研究设计院春辉公司、以色列魏兹曼科学研究院协作完成
华能三亚 ISCC 系统	菲涅尔式聚光集热技术,高参数过热蒸汽,并入南山电厂燃气-蒸汽联合循环;占地约 10 000 m²,反射镜面积约 6 600 m²,蒸汽压力 3.5 MPa,温度为 400~450℃,蒸汽流量为 1.5 t/h,光热转换效率为 50%~55%	—	2012 年 10 月 30 日投运

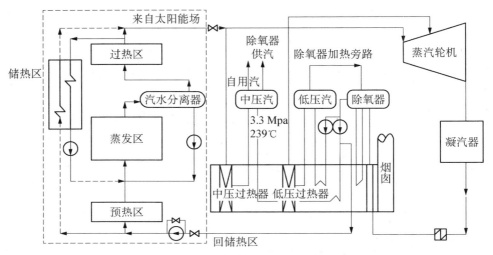

图 2 - 53　华能三亚 ISCC 系统

1) ISCC 发电技术优势

（1）ISCC 可提高能源利用效率。ISCC 全厂总热效率可达 70％～80％。目前投产的埃及 Kuraymat 项目的能效可达到 67％以上（没有计入太阳能及其投资）。ISCC 系统有太阳能时的标准等效折算工况下热效率的计算公式如下：

$$ISCC 热效率 = \frac{（燃机发电量 + 汽机发电量）\times 3\ 600\ kJ/kW \cdot h}{燃气耗量 \times 燃气单位低位热值 + 太阳能的热量} \times 100\%$$

$$(2-3)$$

ISCC 热效率将介于常规燃气-蒸汽联合循环发电热效率和常规槽式太阳能热发电热效率之间。当太阳能发电量占 ISCC 总发电量比例约为 20％时，ISCC 热效率一般约为 40.2％，峰值效率约为 45.7％[41]。

（2）ISCC 系统出力变化与电网的峰谷相吻合。

（3）ISCC 可提高天然气利用率。利用燃机余热节省了导热油及系统保温的燃气锅炉所需热源。

（4）ISCC 可稳定供电负荷。在夜间及太阳能不足的情况下，至少维持 50％～60％的供电负荷，减少外部气候条件变化对电网的冲击。

（5）ISCC 提高了系统的稳定性。ISCC 系统可在 30％～100％负荷之间运行，通过调整机组出力，减少了机组的频繁启停。

2) ISCC 发电项目的技术经济指标

目前 ISCC 项目的槽式太阳能岛技术和设备均主要依赖进口，项目的投资较高（见表 2 - 28）。

表 2-28　几种发电装置的投资与上网电价

项　　目	小型燃气-蒸汽联合循环	内蒙古某 50 MW 槽式太阳能热发电项目	100 MW 级 ISCC 项目
上网电价元/kW·h	0.7	1.15(标杆价)	1.5 (预计 2020 年为 1.1～1.2)
项目造价元/kW	5 500	32 000	折算 20 000
备注	—	总投资 16 亿元	投资收益 6% 的前提

2.6.3　太阳能冷热电联产技术

这是一种突破传统的单一供电、供热或供冷的方式,提高能源系统经济性(见图 2-54)。如埃及的一种小型离网的太阳能槽式热电联供系统,在保证 6 MW 发电功率时,同时提供 21.5 MW 的热功率,此时系统总能利用效率可达 85%。

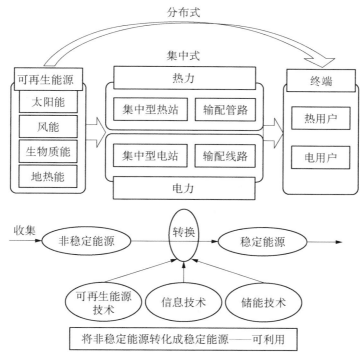

图 2-54　多源多目标的能量体系[1]

双轴跟踪形式的小型太阳能槽式直接产生蒸汽的微型热电联供系统（见图 2-55），分别在晴天和多云不同气象条件下进行了实验测试，集热器面积为 46.5 m² 的热电联供系统在 DNI 为 897 W/m² 时，可全天 8 h 运行连续产生 33 kg/h 的饱和蒸汽，同时提供 18.3 kW 的热功率及 1.4 kW 的电功率。

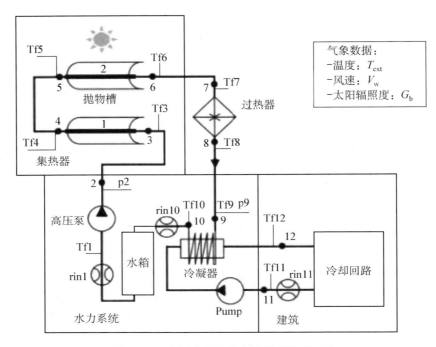

图 2-55 小型太阳能热电联供系统示意图

希腊的一个太阳能冷热电联供系统由 50 m² 太阳能槽式集热器、有机朗肯循环（organic rankine cycle，ORC）以及蒸汽压缩循环（vapor compression cycle，VCC）组成，可分别在夏天提供冷负荷、热负荷及电力负荷，在冬天提供热负荷和电力负荷，最终得出此系统在夏天时可产出 1.42 kW 的电力，53.5 kW 的热负荷以及 5 kW 的冷负荷，ORC 可用能效率约为 7%，可有效减少一次能源消耗 12%，投资回收期约为 7 年（图 2-56）。

风-光-热-电-储智慧能源系统（HSES，光热发电+储能+多能互补系统），在宿迁光电项目中实现了"塔式光热发电储能+智慧能源管理"。经过 2 年的建设，宿迁光热发电系统于 2016 年底成功发电，成为全球首个光热发电、光伏发电、储能调峰、热电冷联供、智慧能源管理一体化项目。

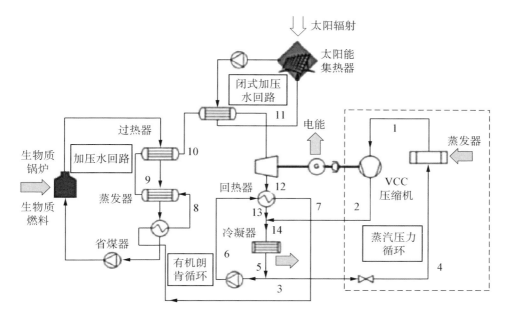

图 2-56　太阳能 PTC*＋ORC＋VCC 冷热电联供系统示意图

* PTC：parabolic trough collector，槽式抛物面集热器

2.6.4　太阳能中低温热发电系统

降低光热发电成本的途径主要依赖于电站安装地点选择、机组容量规模、聚光系统的太阳能吸收率、热能转换率包括储热技术、设备耗水量及其设备维护管理等。由于光热发电总的热效率与常规电站相比差得很多，于是热能采集后，提高热机效率成为降低光热发电成本的关键。

1）水工质

蒸汽直产系统（DSG），用水取代导热油作为集热工质，在集热管中直接转化为蒸汽（温度可达 400℃，压力可达 10 MPa），驱动汽轮机，降低了发电成本。在一台 5 MW 太阳能 DSG 热电站概念性设计中，净效率达 24.9%，规模化后的 DSG 电站发电成本约为 0.187 欧元/度。

但是 DSG 系统存在水平管内水分层流动，集热管温度不均匀，易导致管子过热和弯曲的问题。

2）低沸点工质朗肯循环技术

不少公司还研究太阳能热电站使用低沸点工质的朗肯循环系统，风能-太阳能联合发电以及太阳能-常规火电站等组合系统。

低倍聚焦集热与有机朗肯循环(organic Rankine cycle，ORC)相结合的太阳能中低温热发电系统见图 2-57。

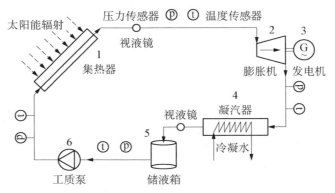

图 2-57 太阳能中低温热发电系统

（1）有机朗肯循环 ORC 对介质性能的要求　工质的环保性能,毒性与化学稳定性,经济性能,沸点及临界温度。

（2）材料　影响集热管热效率的重要因素之一是集热管的真空度,可以通过改变膜的制造工艺以减少气体的渗透,可以设计并制造可靠的密封环阻止空气的进入,以及在真空管中合理地布置吸气剂来实现能量的高效捕获。

（3）案例　利用 ORC 运行的电站有美国的 Saguaro 电站,集热面积为10 000 m²,装机容量为 1.0 MW,集热器进出口温度为 120℃、300℃,涡轮机效率为20.7%,以导热油为传热工质。实际太阳能光-热-电效率为 7.5%。系统的安装成本约为 5.5 美元/瓦,发电成本约为 0.195 美元/度(夏季峰值负荷时)。

此系统的优点：运行温度较低(从 390℃降低到 304℃),减少散热损失;可使用于缺水的沙漠地区。不足之处：循环效率低,气温较高时比蒸汽循环低 15%～25%;热机的成本较高,大约为 2.50 美元/W[42]。

（4）ORC 与 CPC 集热器组合方式　该系统与大规模、高聚焦比的太阳能高温热发电方式相比,无需含复杂跟踪装置的低倍聚焦复合抛物面集热器(compound parabolic concentrator，CPC)来获取热能,集热效率高且可有效利用漫射辐照。ORC 循环在中低温条件下可以获得较高的蒸汽压力,低温热功转换性能优于水蒸气朗肯循环。ORC 与 CPC 集热器相结合将是实现低成本、规模化太阳能热发电利用的有效途径之一[43]。

太阳能 ORC 热发电系统可输出热水及暖气;100～250℃的集热温度可实现热能驱动的制冷循环;中低温相变蓄热技术易于实现系统的稳定持续运行。这些特点有利于形成基于太阳能的冷热电综合供能系统。

2.7　光热电站建设

光热电站的建设规划应在周密调查基础上统筹兼顾诸多因素,包括厂址选择、光资源丰富度、工程占地面积、气象条件等,重点研究日照参数、接入系统的电压等级。光热发电技术方案包括聚光系统、太阳跟踪系统、热储存系统或辅助燃料系统。为叙述方便,本节主要论述光热电站的特殊问题,有关光热发电站的选址以及通用系统的设计要求参照其他章节的相关内容。

1) 设计条件

通过对光热示范电站的设计,国内取得了一定的实践经验[44]。

电站位置选择原则:严格执行国家规定的土地使用审批程序,优先利用荒地、劣地、非耕地,不得占用基本农田;避免大量拆迁,减少土石方工程量。

其他需要考虑的因素如下:

(1) 站址场地标高应满足与光热发电站防洪等级相应的防洪标准(见表 2-29);

(2) 太阳能光热发电站宜选择太阳光照时间长,$DNI \geqslant 1\,700\ \text{kW}\cdot\text{h}/\text{m}^2\cdot\text{a}$ $(6\,120\ \text{MJ}/\text{m}^2\cdot\text{a})$,且日变化小、海拔高、风速小的地区;

(3) 太阳能光热发电站宜选择在地势平坦开阔地区;

(4) 太阳能光热发电站应避开下列地区:①常受水汽、烟尘、沙尘及悬浮物严重污染的地区;②灾害易发区如:泥石流、滑坡、危岩滚石、岩溶发育地段和发震断裂地带等;③常年受大风危害的地区;④有爆破危险的范围内;⑤水库坝下易受洪水直接危害,或防洪工程量很大、尚难确保电站运行安全的地段;⑥采空区影响范围内;⑦有开采价值的露天矿藏或地下浅层矿区;⑧国家规定的风景区、森林、自然保护区和水土保持禁垦区;⑨与飞机起落、电信、电视、雷达导航以及重要军事设施等有相互影响的地段;⑩国家及省级人民政府确定的历史文物古迹保护区。

(5) 电站备用燃料(煤炭、石油和天然气)的来源和储存;

(6) 发电站出线走廊宽度应按规划容量一次考虑。

表 2-29　光热发电站防洪等级和防洪标准

防洪等级	规划容量 MW	防洪标准(重现期)
Ⅰ	>500	≥100 年一遇的高水(潮)位
Ⅱ	30~500	≥50 年一遇的高水(潮)位
Ⅲ	<30	≥30 年一遇的高水(潮)位

光热发电技术是将聚集太阳辐射能获得的热能转化为高温蒸汽（或空气），以驱动汽轮机（或燃气轮机或斯特林机）发电的技术。电厂建设的一般条件见表 2-30。

表 2-30　光热发电站选址一般性条件

选址因素	一般性条件		
DNI	国际：$DNI \geqslant 1\,800$ kW·h/(m^2·a)		
	国内实践经验：$DNI \geqslant 2\,000$ kW·h/(m^2·a)		
地形	坡度	槽式 $\leqslant 3\%$	塔式 $\leqslant 7\%$
	纬度	$15° \sim 42°$	
	地质	土壤承载力$\geqslant 2$ kg/cm^2	
	土地面积	$2 \sim 3$ ha/MW	
水资源	距离水源应$\leqslant 10$km		
气候条件	风速	年运行风速 $0 \sim 14$ m/s	最大容许风速 31 m/s
电网覆盖	距离电网连接点$\leqslant 15$km		
燃气供应	保障燃气可连续供应		
交通条件	靠近交通路网		

2）DNI 设计点选择

光场集热面积、塔顶吸热器功率、储热时间的选择是光热发电设计中最重要的技术指标，其中镜场投资约占项目初投资的 50%，优化设计对于节省初投资、降低单位电价十分明显。

塔式熔融盐太阳能热发电系统：熔融盐作为集热工质和储热工质，在冷罐和热罐之间循环流动进行储热或放热。系统将集热器的热熔盐泵入蒸汽热交换器，产出高温蒸汽发电。

模拟设计条件：塔式太阳能双罐储热发电系统；发电利用小时数 3 000 h。

地区全年有效直接光照强度（DNI）约 1 500kW·h/m^2。预先设定可以用春分日或夏至日正 12：00 的 DNI 作为设计点基点，通过数模寻找系统最佳的设计点。

受制造能力限制 SM 取用 1.6～2.4，若无蓄热系统则 SM 取 1.0。SM 是指吸热器输出的热量与汽轮机满负荷运行需要输入热量的比值，SM 决定吸热器额定输出功率。

计算结果[45]：单位电价随储热时间 SM 变化曲线见图 2-58。

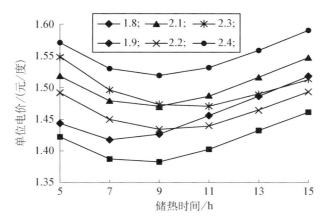

图 2−58　电价随储热时间 SM 变化曲线

由图 2−58 可见，SM 取 1.9，储热时间 9 h，为单位电价最低，对应集热面积为 656 496 m²，吸热器额定输出功率为 247 MW，对应镜场的 DNI 设计点为 700 W/m²。

3）实验电站镜场布置案例

图 2−59(a)中镜场含 110 面定日镜，东西方向最大长度为 272.3 m，南北方向最大宽度为 279 m，占地约 50 000 m²，以吸热塔中心为圆点呈基本扇形布置；核心发电区呈矩形布置格局，东西方向长 159.6 m，南北方向宽 121.4 m，占地 19 200 m²，电站总用地约 92 333 m²。图 2−59(b)为中控公司德令哈 50 MW 太阳能热发电项目平面图。

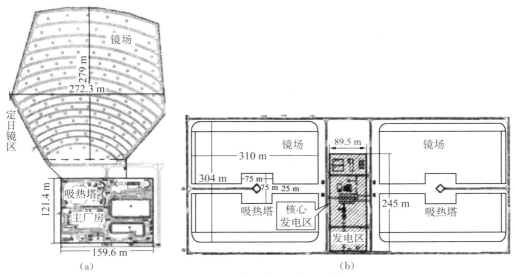

图 2−59　光热电站总平面布置图

(a)八达岭太阳能热发电实验电站；(b)中控公司德令哈 50 MW 太阳能热发电项目

2.8 光热发电关键技术、投资与成本分析及相关建议

光热发电技术的应用还存在许多问题,必须在发展过程中解决,才能将光热发电推广应用。

2.8.1 关键技术

我国太阳能热发电处于产业化发展阶段,产业链上的核心关键技术产品仍需要进一步试验验证和提升质量。具体包括:高强度曲面反射镜、聚光器、聚光场控制装置、聚光器用减速机、聚光器用控制器、抛物面槽式吸热管、塔式吸热器、与金属封接用玻璃管材、低热损流体传输管、吸气剂、线性菲涅尔吸热器、350℃以上高温传热流体、储热材料和系统、油盐换热器、熔融盐泵、蒸汽发生器、滑参数汽轮机、斯特林发电机、有机朗肯循环发电设备、高聚焦比太阳炉。此外,太阳能热发电场相关系统与服务技术也需要进一步完善,包括聚光器组装施工方法和规范,聚光器坐标定位配套技术,大容量储热系统设计施工方法和规范,太阳能热发电站设计、施工、运行和维护规范,电站全套控制系统,风力和太阳辐射短时预报系统,太阳能热发电站仿真机,聚光器精度测量分析仪,能流密度测量分析仪,金属玻璃封接在线应力检测系统,集热管性能和寿命评价方法及测试台,吸热材料及器件性能和寿命评价方法以及测试台,吸热器寿命评价方法,上网电量预报系统,高温导热油和熔融盐管内防冻及快速解冻规范,太阳能热发电站设计方法,热电联供太阳能热发电站规范等[34]。

2.8.2 投资与成本分析

1) DNI 与 Loop 对应的技术经济性

通过典型的 Euro Trough 150(ET150)集热器建立集热及评价模型。每个 Loop包含一定数量的槽式集热器(SCA)。以太阳能发电功率为 10 MW,选取不同的 DNI值,得到表 2-31 中对应的集热场面积(Loop 数)[46]。

表 2-31　DNI 与 Loop 对应的技术经济性能

DNI 设计值/(W·m⁻²)	拉萨			北京			银川		
	Loop 数	年光电转换效率/%	C_{LEC}/(元/度)	Loop 数	年光电转换效率/%	C_{LEC}/(元/度)	Loop 数	年光电转换效率/%	C_{LEC}/(元/度)
200	85	12.87	0.78	105	12.44	1.47	102	11.95	0.98
300	52	17.44	0.56	63	14.00	1.30	61	16.00	0.71

（续表）

DNI 设计值 /(W·m⁻²)	拉萨			北京			银川		
	Loop 数	年光电转换效率/%	C_{LEC}/(元/度)	Loop 数	年光电转换效率/%	C_{LEC}/(元/度)	Loop 数	年光电转换效率/%	C_{LEC}/(元/度)
400	38	18.17	0.52	15	13.70	1.33	14	16.88	0.67
500	29	18.08	0.54	35	13.50	1.36	34	16.54	0.69
700	20	17.68	0.56	24	13.31	1.39	24	16.20	0.71
900	16	17.50	0.57	19	13.26	1.41	18	16.00	0.73

说明：C_{LEC} 为太阳能发电成本。

由此可见，辐射条件越好的地区，年光电转换效率越高，LEC 越低；随着 DNI 设计值增大，对应 Loop 数逐渐减少，年光电转换效率呈先升后降而 LEC 呈先减后增的趋势。

Loop 数越大，集热系统的总投资越大，集热系统取代的抽汽量越多，且抽汽品位越高，即取代抽汽返回汽轮机做功的能力越强，所以太阳能年发电量越多，年光电转换效率越高。对于不同地区和不同辐射强度下的互补发电系统，设计直射辐射强度必定存在一个最佳值（见图 2 - 60），其值大致在该地区直射辐射时长分布比例的 55%～65%范围内。

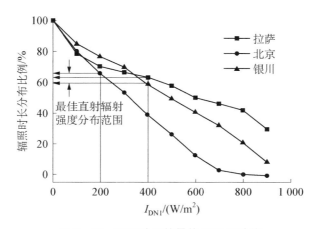

图 2 - 60　不同地区的最佳 DNI 设计值

2）光热电站投资成本

光热电站的初始投资成本在总成本中占比较大，寿命周期成本中初始投资约占 $\frac{4}{5}$，营运、维保、燃料及保险约占 $\frac{1}{5}$。目前，光热发电系统初始投资为 2.5～12 美元/

瓦,平准化电力成本(LCOE)为 $0.14\sim0.47$ 美元/度,是常规电源成本的 $2\sim5$ 倍。国外近年投运的典型光热电站投资对比见表 2-32。

我国光热发电成本水平远低于风电、光伏发电的同期发展阶段水平,且针对示范项目出台了 1.15 元/度的上网电价。预测到 2020 年,我国光热电站初始投资将降至 1.5 万元/千瓦以下,均化成本降至 0.75 元/千瓦以下。

表 2-32　近年投运的典型光热电站投资对比

电站	国家	类型	容量 /MW	储热时间/h	投运时间	总投资/亿美元	单位投资/(美元/瓦)
Bokpoort	南非	槽式	55	9.3	2016	5.65	10.3
KaXu Solar One	南非	塔式	100	2.5	2015	8.6	8.6
Crescent Dunes	美国	塔式	110	10	2015	8	7.3
Solana	美国	槽式	280	6	2013	20	7.1
Solnova 1	西班牙	槽式	50	0	2010	3.1	6.2
Shams 1	阿联酋	槽式	100	0	2013	6	6.0
Mojave Solar	美国	槽式	280	0	2014	16	5.7
Ivanpah 1/2/3	美国	塔式	392	0	2014	22	5.6
NOOR 1	摩洛哥	槽式	160	3	2015	8.41	5.3
Dhursar	印度	菲涅尔式	125	0	2014	3.38	2.7
Megha Solar	印度	槽式	50	0	2014	1.3	2.6

3) 不同类型光热发电技术经济性

各种类型的光热发电技术经济性比较如表 2-33 所示。

表 2-33　不同类型光热发电技术经济性比较

项　目	槽式	碟式	塔式
聚焦方式	线聚焦	点聚焦	点聚焦
跟踪方式	单轴跟踪	双轴跟踪	双轴跟踪
动力循环	朗肯循环	斯特林循环	朗肯/布雷顿循环
机组类型	蒸汽轮机	蒸汽轮机、燃气轮机	斯特林机
聚光比	10~100	1 000~3 000	300~1 500
运行温度/℃	310~393(导热油)、340(水)、550(熔盐)	250~700(氢或氦)	250~500(水)、565(熔盐)、800~1 200(空气)

（续表）

项　目	槽式	碟式	塔式
发电规模（MW）	30～300	30～400	0.005～0.5
年均太阳能热发电效率/％	15～16	26	15～17
峰值系统效率（％）	21	23	31
储能情况	可储热	可储热	无储热装置
投资成本	较低	较高	高
对太阳能资源要求	高	高	高
地形要求	坡度<3％	5％<坡度<7％	宽松
占地面积/（m² • (MW • h)$^{-1}$ • a^{-1})	6～8	8～12	8～12
技术成熟度	2 代技术成熟	2 代技术成熟	1 代技术开发中
商业化应用情况	全球装机占比约 84.7％	全球装机占比约 12.4％	全球仅一座投运
第 1 座商业化运行电站	SEGS I.，1984 年	Tooele Anny Depot plant（建设中）	水工质，PS10，2007 年；熔盐工质，Gemasolar，2011 年

研究表明[38]：跟踪与非跟踪太阳能时能量接受率相差 37.7％；而单、双轴跟踪系统与固定式系统相比分别可增加 25％与 41％的功率输出。

总体来看，槽式太阳能热发电系统在技术上最为成熟，其跟踪机构比较简单，易于实现，总体成本最低，且集热温度适中，较适用于中低温太阳能热发电系统。目前国外塔式、槽式、碟式系统都还面临着投资大、成本高的问题。尽管光热发电成本已经低于光伏发电成本，但却并没有像光伏发电市场那样出现快速增长。光热发电还有待于在聚光和储能技术上出现突破（见表 2 - 34）。预期超临界 CO_2 的应用可以帮助光热发电实现 10％左右的 LCOE 成本削减，这也是该项技术在提高发电效率和降低成本方面的巨大潜力。

表 2 - 34　几种常见光热系统聚光器的特点与应用难点

名称	特　点	备　注
槽式	圆柱抛物面反射镜线聚光加热管内工质，光热转换效率 70％左右；80 MW 的电站的光电转换效率达 12.9％，有热储能系统的可达 13.8％；典型的 30～150 MW 电站工质温度 400℃；抗风性能最差，国外多建在少风或无风地区	管线长，热损失大，且需保证热管连接节活络；跟踪系统与反射镜一起运动导致机械结构笨重；80 MW 的初投资 2 890 美元/千瓦，发电成本 17 美分/度；我国阳光充沛之地多有大风、沙暴

（续表）

名称	特　点	备　注
塔式	应用于有储能系统的 30～400 MW 电站；定日镜反射面（球面或平面）的设计和方位角、仰角跟踪带来诸多问题，即太阳运转导致定日镜聚焦光斑的大幅度变化、光强的波动及其不同的余弦效应使光热转换效率仅 60% 左右	定日镜采用不同曲率的球面，增加设计复杂性和制造成本；众多定日镜占地面积与功率等级成指数增加，且二维控制复杂；10 MW 电站需建 100 m 的中心塔杆，以减弱定日镜的余弦效应；塔式系统的初投资成本为 3.4～4.8 万元/千瓦
碟式	利用旋转抛物面的碟式反射镜将太阳光聚焦到需要的温度点，接收器也随之跟踪太阳运动，克服了塔式系统较大余弦效应的损失问题，光热转换效率提高到 85%；可作分布式能源系统；发电每兆瓦约需要 1.2～1.6 公顷的占地	造价高，系统初投资成本 4.7～6.4 万元/千瓦；热储能困难，虽然可用高温热熔盐储热技术，但危险性大且造价高；由于系统具有气动阻力低、发射质量小等优点，可适于 5～50 kW 功率的电源领域

NREL 表示，以 $S-CO_2$ 作为工质的光热发电系统，在高达 600℃ 到 700℃ 的温度范围内运行都可以有良好表现。系统的体积更小、重量更轻、热损更小。$S-CO_2$ 在 500℃ 以上、20 兆帕的大气压下可实现高效率的热能利用，大约可达 45%。

几种太阳热能发电系统技术经济比较见表 2-35。若按 50 MW 新型分立式太阳能电站为对象，电站投资成本为 2.5 万元/千瓦，分别为目前国外塔式、槽式、碟式太阳能热发电站投资成本的 52%、57% 和 39%[47]。

表 2-35　几种太阳热能发电系统技术经济比较

项　目	塔式	槽式	碟式	新型分立式
工作温度/℃	500～1 000	260～400	500～1 500	500～1 000
太阳聚光倍数	600～1 000	8～80	200～3 000	500～1 000
光热转换效率/%	60	70	85	80
投资成本（太阳能和其他燃料组成的混合系统发电）/（万元/千瓦）	3.4	2.2	4.7	2
投资成本（单独使用太阳能发电）	4.8	4.4	6.4	2.5

目前全球已经签署购电协议（PPA）的电站超过 3 700 MW，在建的超过 800 MW，已经商业化发电的超过 400 MW。总之，光热发电的规模化发展是价格降低的方向，聚光集热镜场以及系统的优化等是降成本、增效益的重要措施。

从目前槽式以及其他光热发电单价的趋势可见光热技术发展与降价的内在关

联。槽式：2012 年 5 美分/度；塔式：2018 年 4 美分/度；碟式：2025 年 6 美分/度。

从图 2-61 可见，通过对聚光、集热、储热技术和控制策略的研究，扩大机组容量，降低新材料价格，可以不断降低电站的建造成本；提高光-热-电的转化效率，尤其是应用 S-CO_2 的高效节能的技术优势，将会对发电成本的降价起到相当大的推力作用。

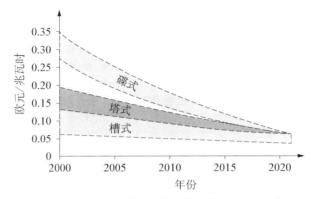

图 2-61　成本趋势图（美国能源署 IEA，2005）

据 IEA 预测，太阳能热发电的电价在 2030 年降低到 6 美分/度。美国能源部给出了太阳能聚光器技术的进步将使得聚光器成本降低到 50 美元/平方米，如图 2-62 所示。

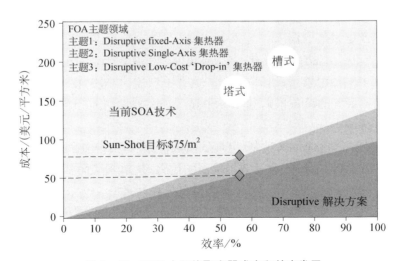

图 2-62　DOE 太阳能聚光器成本和效率发展

目前光热发电规模小,其中聚光镜热管、高温蓄热材料、跟踪机构等成本高,与光伏发电价格相比相差较多。

2016 年我国Ⅰ～Ⅲ类资源区的太阳能热发电电价均为 1.15 元/度,而太阳能光伏发电的上网电价,Ⅰ类、Ⅱ类、Ⅲ类资源区的光伏上网每度电价将由 2016 年的 0.8 元、0.88 元、0.98 元分别下调至 0.55 元、0.65 元、0.75 元。光伏的电价与太阳能热发电的电价相比降低幅度较快,这无疑对太阳能热发电的推广造成较大压力。

一些工程专家预测:现阶段光热发电项目的工程造价在 2.5～3 万元/千瓦的范围内,工程投标参考价见表 2-36。到 2020 年,专家预测工程造价将降低到 1.5 万元/千瓦以下,上网电价可降低到 0.75～0.80 元/度。

表 2-36 光热发电项目中标价(美分/度)

项目	规模/MW	形式	投资商	中标价(折合人民币)
智利 Tamarugal	450	塔式	Solar Reserve	6.3(0.44 元/度)
迪拜(Dema)	200	塔式	沙特(ACWA POWER)、上海电气、美国 BrightScource 联合体	9.45(0.64 元/度)

2.8.3 光热发电产业及其相关建议

1) 产业与市场机制

由于多种原因,光热电站的建设进展缓慢。太阳能热发电站的设计软件、设计方法是我国光热发电发展的弱项。至 2016 年 12 月 31 日,我国太阳能热发电可全系统运行的 200 kW 以上电功率项目有 4 个,在建的项目有 3 个。目前我国还未有完成过一个完整的太阳能热电发站设计并运行。这在中广核 50 MW 槽式项目、国华电力的 100 MW 塔式项目等的设备采购和招标中显现,对近期建造大量的太阳能热电商业化电站带来了挑战。

主要问题有:制造业产能过剩,出现低质低价竞争;有从业经验的工程技术人员短缺;国外技术品牌对我国企业及技术发展的压力;技术驱动面临研发和中试资金投入不足等;技术标准设计规范缺失,产品检验能力亟待建立。

示范项目迟建问题:前期管理繁多,办理周期长;关键技术问题多,对国外技术的经验需要验证;容量规模大的项目融资风险大;产业自律问题,即产业链的基本门槛条件及合理利润保障。

2) 光热发电发展中存在的问题及相关建议

制约太阳能热发电技术商业化发展的主要矛盾是成本问题。建立高效率、大容量、高聚光比的太阳能热发电系统是降低发电成本的主要研究方向[48]。光热发电发展中存在以下问题：

（1）技术与管理有待突破。国内光热发电系统的核心设备，如聚光集热装置及反射镜传动和跟踪系统等装置，仅有少数企业掌握相关技术及具有设备制造能力，各类技术的制造业还存在一定的薄弱环节，一些关键零部件没有完全实现产业化。

（2）投资大、开发周期长。成本取决于光照条件、技术路线、装机容量、储能方式等多种因素，且部分核心设备和关键零部件需要大量进口，推高了光热电站设备的采购成本。

（3）产业投资存在不确定性，会影响金融参与。以一个 50 MW 级典型储热型光热电站为例，其投资额约为 20 亿人民币，如果没有电价政策、税收等方面的承诺或保障，企业难获商业贷款和利润。

（4）缺乏大型光电系统建设经验。

（5）电网配套滞后。发电与用电的不平衡，造成供电的瓶颈。

（6）发电系统效率待提高，运行控制待完善。要求自动跟踪装置使槽式聚光器时刻对准太阳，以保证从源头上最大限度地吸收太阳能；控制传热液体回路的温度与压力，满足汽轮机的运行参数，实现系统高效发电。

（7）光热电站设计、施工、验收、检测等方面还需升级。相关建议如下[35]：

积极研发多种光热高效发电的技术路线。建议光热发电项目投资企业在进行技术路线选择时优先考虑塔式熔盐光热发电技术；随着技术发展，若槽式储热光热发电技术具有优势也可考虑；另外，还可研究光热（熔盐储热）与光伏、风能互补发电技术。

大规模、高参数、长时储热是今后光热发电技术的发展方向。建议光热发电投资企业加快大规模、高参数、长时储热电站的建设，包括光热与化石燃料互补的联合发电；尤其是对大规模化塔式电站镜场的布置、控制系统、吸热器、吸热塔进行一体化设计；加快 S-CO₂ 循环发电系统的研发；对于缺水的地区采用汽轮发电机组空冷技术；进一步推动太阳光热发电技术的商业化，建立完整的产业链体系。

我国光资源条件较好的西北地区，风沙大、扬尘问题突出，建议项目投资企业相关人员在项目前期的调研中，充分论证上述因素对系统光照强度衰减及镜面反射率降低的影响。

DNI 的准确性对项目设计选型尤为重要。目前，我国多数地区太阳 DNI 数据缺乏、卫星数据与实测值偏差大，不能准确反映规划厂址的光资源实际情况。因此，建议对规划建设项目进行 DNI 数据实测。

在现阶段，建议光热项目采用总承包方式，并按照功能区域划分、分项组织招标。

国内目前还没有光热系统设计、性能考核的国家、行业标准，建议光热发电项目投资企业组织专项研究，对系统的设计、设备选型、建设、性能考核提出企业标准，严格把关,保证性能,降低成本,控制造价。

汽轮发电机组的投资费用较低,但机组效率对项目的经济性影响较大。建议项目投资企业在招标和评标过程中要重视汽轮发电机组的效率及性能考核。

参考文献

［1］赵媛,赵慧.我国太阳能资源及其开发利用[J].经济地理,1998,1：56－61.

［2］赵军,高留花.太阳能热利用技术研究进展与对策[J].建设科技,2012,21：34－37.

［3］黄裕荣,侯元元,高子涵.国际太阳能光热发电产业发展现状及前景分析[J].科技和产业,2014,14(9)：54－56.

［4］杨永明.国际光热发电产业发展现状[N].中国电力报,2016－09－20(006).

［5］新华社.《中国的能源政策(2012)》白皮书[A/OL].[2012－10－24].http://www.gov.cn/jrzg/2012－10/24/content_2250377.htm.

［6］可再生能源发展"十一五"规划[J].上海建材,2008,3：1－13.

［7］太阳能发电发展"十二五"规划[J].太阳能,2012,18：6－13.

［8］申峥峥,吕华侨,于怡鑫.我国太阳能光热发电产业政策现状分析[J].科技情报开发与经济,2014,24(4)：143－145.

［9］太阳能发展"十三五"规划[J].太阳能,2016,12：5－14,24.

［10］银燕,宋军.亚洲首座24小时熔盐塔式光热发电站在甘肃投运[J/OL].[2016－12－28].http://gs.people.com.cn/n2/2016/1228/c183348－29527245.html.

［11］赵明智.槽式太阳能热发电站微观选址的方法研究[D].呼和浩特：内蒙古工业大学,2009.

［12］韩崇巍,季杰,何伟,等.槽式抛物面太阳能聚焦集热器的理论研究[J].太阳能学报,2009,30(9)：1182－1187.

［13］汪琦,张慧芬,俞红啸,等.熔盐槽式光电发热电站与熔盐蓄热储能系统的研究[J].上海化工,2017,42(7)：37－39.

［14］尹航,卢琛钰,汪毅,等.太阳能光热发电技术及国际标准化概述[J].电器工业,2014,7：58－60.

［15］袁炜东.国内外太阳能光热发电发展现状及前景[J].电力与能源,2015,36(4)：487－490.

［16］章国芳,朱天宇,王希晨.塔式太阳能热发电技术进展及在我国的应用前景[J].太阳能,2008,11：33－37.

［17］张耀明,王军,张文进,等.太阳能热发电系列文章(2)——塔式与槽式太阳能热发电[J].太阳能,2006,2：29－32.

［18］郝军,王晨华,王璟,等.二次反射塔式光热发电技术的发展前景分析[J].中国包装,2017,37(7)：62－65.

［19］王沛,刘德有,许昌,等.塔式太阳能热发电用空气吸热器研究综述[J].华电技术,2015,37（9）：68－71.

［20］王坤,何雅玲,邱羽,等.塔式太阳能熔盐腔体吸热器一体化光热耦合模拟研究[N].科学通报,2016,61(15)：1640－1649.

［21］张耀明,刘德有,张文进,等.太阳能热发电系列文章(16)70 kW 塔式太阳能热发电系统研究与开发(上)[J].太阳能,2007,10：19－23.

［22］张耀明,张文进,刘德有,孙利国,刘晓晖,王军.太阳能热发电系列文章(17)70 kW 塔式太阳能热发电系统研究与开发(下)[J].太阳能,2007,11：17－20.

［23］夏武祥,高京生.美国太阳能热发电的创新纲领借鉴[J].上海：亚洲垃圾（生物质）转能源技术与装备大会论文集,2015.

［24］中国机械工业联合会机经网.东芝完成超临界二氧化碳循环火力发电系统目标压力燃烧试验[EB/OL].[2013－08－07].http://www.mei.net.cn/dgdq/201308/510049.html.

［25］延洪剑,刘晖,李金华.超临界二氧化碳 PVT 性质计算研究[J].广州化工,2015,43(22)：33－35.

［26］薛卫东,朱正和,邹乐西,等.超临界 CO_2 热力学性质的理论计算[J].原子与分子物理学报,2004,21(2)：295－300.

［27］段承杰,王捷,杨小勇,等. CO_2 与 He 动力循环比较[J].核动力工程,2010,31(6)：64－69.

［28］吴开锋.再热回热布雷顿循环的热力学分析[J].装备制造技术,2013,3：10－12.

［29］段承杰,杨小勇,王捷.超临界二氧化碳布雷顿循环的参数优化[J].原子能科学技术,2011,45(12)：1489－1494.

［30］国家能源局.国家能源局关于组织太阳能热发电示范项目建设的通知：国能新能〔2015〕355 号[A/OL].[2015－09－23].http://zfxxgk.nea.gov.cn/auto87/201509/t20150930_1968.htm.

［31］CSPPLAZA 光热发电网.超临界二氧化碳技术有效提高光热发电系统效率[EB/OL].[2012－07－14].http://www.cspplaza.com/article-394－1.html.

［32］Supercritical Carbon Dioxide Brayton Cycle,Chapter 4：Technology Assessment [J/OL]. Quadrennial Technology Review 2015 [2018－07－28]. https://www.energy.gov/sites/prod/files/2016/06/f32/QTR2015－4R-Supercritical-Carbon-Dioxide-Brayton%20Cycle.pdf.

［33］王克红,赵黛青,林琳,等.槽式和塔式太阳能热发电的热效率及环境影响分析与评价[J].新能源及工艺,2007,1：25－29.

［34］杜凤丽,胡润青,朱敦志,等.太阳能热发电产业发展障碍分析[J].新能源进展,2013,3：208－217.

［35］孙希强,白杨.太阳能光热发电技术现状及其关键设备存在问题分析[J].中国科技信息,

2017,23：72-75.

[36] 中国电力企业联合会. 中广核青海太阳能热发电技术试验基地开工[EB/OL]. [2012-05-04]. http://www.cec.org.cn/hangyeguangjiao/lvsenengyuan/2012-05-04/83967.html.

[37] 党周,吕雪莉. 我国首家太阳能光热发电项目在柴达木盆地建成[EB/OL]. [2013-01-17]. http://www.gov.cn/jrzg/2013-01/17/content_2313902.htm.

[38] 顾煜炯,耿直,张晨,等. 聚光太阳能热发电系统关键技术研究综述[J]. 热力发电,2017,46(6)：6-13.

[39] 孙浩. 碟式太阳能光热发电系统探究[J]. 工程技术研究,2017,7：130-131.

[40] 国内首座碟式太阳能斯特林光热示范电厂落户鄂尔多斯[J]. 太阳能,2012,21：55-56.

[41] 闫鹏. 太阳能——燃气联合循环发电优势及经济性探讨[J]. 电力勘测设计,2012,3：52-55.

[42] 张传强,洪慧,金红光. 聚光式太阳能热发电技术发展状况[J]. 热力发电,2010,39(12)：5-9,13.

[43] 李晶,裴刚,季杰. 太阳能有机朗肯循环低温热发电关键因素分析[J]. 化工学报,2009,60(4)：826-832.

[44] 陈薇. 太阳能光热电站站址选择及总平面布置分析[J]. 能源与节能,2013,5：36-39.

[45] 高嵩. 塔式熔融盐太阳能热发电法向直射辐射设计点选择方法研究[J]. 华电技术,2017,39(4)：74-76.

[46] 付立,樊雪,侯宏娟,等. 槽式太阳能辅助燃煤发电系统热性能研究[J]. 动力工程学报,2016,36(8)：645-650.

[47] 王亦楠. 对我国发展太阳能热发电的一点看法[J]. 中国能源,2006,28(8)：5-10.

[48] 王晓锋,李睿. 关于我国光热发电发展的思考[J]. 华北电力技术,2016,6：67-70.

第3章　风力发电技术

风力发电是将风的动能转为电能的发电方式,风能是一种清洁无污染的可再生能源。

3.1　概述

风能资源取之不尽,用之不竭,对于缺水、缺燃料和交通不便的沿海岛屿、草原牧区、山区和高原地带,因地制宜地利用风力发电非常适合。面对能源短缺与保护环境的新形势,风能由于具有蕴藏量大、可再生、分布广、无污染的特性,成为全球普遍欢迎的能源,风力发电为目前最具规模化开发条件和商业化发展前景的可再生能源发电方式之一。随着陆地风能资源的大规模开发,土地资源也越来越紧张,人类对风能的利用逐步向海上推进。海上风能资源较陆地资源更为丰富,海上风电成为可再生能源发展的重要领域,是推动风电技术进步和产业升级的重要力量,是促进能源结构调整的重要措施。我国海上风能资源丰富,加快海上风电项目建设,对于促进沿海地区治理大气雾霾、调整能源结构和转变经济发展方式具有重要意义。

目前预测,全球风能资源的蕴藏总量可达到 2.74×10^9 MW,其中可利用的风能约 2×10^7 MW,这一数量几乎达到全世界可利用水能的 20 倍之多[1]。2020 年全球风力发电装机预计将达到 12.31 亿千瓦,年发电量达到 3 万亿千瓦时,风力发电量将占全球总发电量的 12%,相当于减排 15 亿吨二氧化碳。风力发电对于实现碳减排潜力巨大,大力发展风电意义重大。

3.1.1　国外风电发展

现代风力发电机起源于 19 世纪末期,丹麦人首先发明了第一台风力发电机。在1900—1960 年期间,丹麦研究制造出 $10 \sim 200$ kW 的各种类型的风力发电机,有些大型风力发电机和电力系统并网,其中以丹麦人盖瑟(Gedser)研制的 200 kW 风力机最为出色。设计者采用的异步发电机、定桨距风轮和叶片端部带有制动的翼片,随后成为丹麦风电机组的主流。

1) 欧洲一些国家风力发电的情况

随着风力发电技术的发展,欧洲一些国家风力发电的情况如表3-1所示。

表3-1 欧洲一些国家风力发电简况

国家	规 划	实施内容	备 注
英国	2020年可供全国17%的电能;2020—2030年间开发潜力超40 GW	政策支持,于2012年推出低碳能源法草案;修改电力市场机制	有紧邻北海和大西洋的风能以及海洋工程的优势
丹麦	2011年风电为3.95 GW,到2020年增至5.45 GW,占全国用电50%;2050年目标为使用100%可再生能源	政策支持、政府补贴及项目特许;连接德国、瑞典的新电网	1991年兴建世界上第一座离岸风电场
德国	2002年公布离岸风电发展策略及2001—2030年的发展目标	2000年通过再生能源法(EEG),制定离岸风电的固定电价收购制度;2009年修法提高金融交易税(FTT)费率	2010年建首座离岸风场;成立航行、渔业与自然生态的监控评估架构

另外,小型化风力机发展也取得大的跨越。风力机的小型化和民用化着眼于安装使用方便、成本低、效率高等特点,更适用于各种地域和气候环境。如垂直轴风力发电机具有启动风速较低(2 m/s)、噪声小、便于安装维修等优点。

2) 美国风力发电的情况

美国在1941年设计制造了1台250 kW风力发电机,风轮直径为53.3 m,安装在佛蒙特州,于同年10月作为常规电站并入电网,后因一个叶片在1945年3月脱落而停止运行。

自1973年石油危机以后,欧美国家利用计算机技术、空气动力学、结构力学和材料科学等领域的新技术研制现代风力发电机组,取得了巨大进展。1987年美国研制出单机容量为3.2 MW的水平轴风力发电机组,风轮直径约为100 m,塔高为80 m,安装在夏威夷的瓦胡岛。到20世纪90年代,单机容量为100~200 kW的机组已成为中型和大型风电场中的主导机型[2]。

当前,风力发电机组的技术正沿着增大单机容量、减轻每单位容量的自重、提高转换效率的方向发展(见图3-1)。2004年后,德国的瑞普尔(Repower)公司研制了

5 MW 的风力发电机,其风力机风轮直径达 125 m。它降低了风力装置对空间与邻避效应的压力,避开了受地面摩擦而减弱的气流。

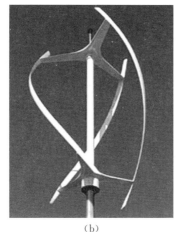
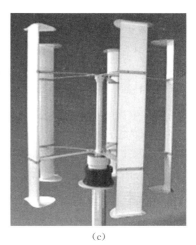

　　(a)　　　　　　　　　　　(b)　　　　　　　　　　　(c)

图 3 - 1　风力发电机组的几种风轮形式

(a)美国 GE 的海上风电;(b)英国 QR5v1.2 型风轮;(c)垂直轴风轮

　　2003—2012 年美国安装的风力涡轮机 68% 是分布式涡轮机,约 69 000 台,总装机容量为 812 MW。2012 年美国安装的风力机中约 $\frac{1}{3}$ 为分布式风力机,约 3 800 台,总装机容量为 175 MW。虽然 2012 年分布式风力机总装机量下降了近 50%,但这些新风力机的装机容量有可能增加 62%。这种转变主要是因为分布式风电所用的大型风力机越来越多。

　　3) 日本风力发电的情况

　　日本以太阳能、风能为代表的新能源产业迅速发展,福岛核电站事故后,日本进一步向新能源发展倾斜,规定"固定价格收购可再生能源的制度",提出通过新技术和制度变革推动向内外需并重发展模式转变,到 2020 年可再生能源在能源消费中所占比重将提高至 20%,2050 年之前实现消减温室气体排放量 60%～80% 的目标。在风力发电装备上,因为日本平浅海域很少,计划用锁链将漂浮海面的风力机固定到海底,到 2020 年将风电扩大到 40 万千瓦的规模[3]。

3.1.2　我国风力风电

　　中国是世界上风能资源最丰富的国家之一,10 m 高度层的风能资源总储量为32.26 亿千瓦,其中实际可开发利用的风能资源储量为 2.53 亿千瓦。东南沿海及其附近岛屿是风能资源丰富地区,有效风能密度大于或等于 200 W/m² 的等值线平行于海岸线;沿海岛屿有效风能密度在 300 W/m² 以上,全年中风速大于或等于 3 m/s 的时数约为 7 000~8 000 h,大于或等于 6 m/s 的时数为 4 000 h。新疆北部、内蒙古、甘肃北部也是中国风能资源丰富地区,有效风能密度为 200~300 W/m²,全年中风速大于或等于 3 m/s 的时数为 5 000 h 以上,全年中风速大于或等于 6 m/s 的时数为 3 000 h 以上。黑龙江、吉林东部、河北北部及辽东半岛的风能资源也较好,有效风能密度在 200 W/m² 以上,全年中风速大于和等于 3 m/s 的时数为 5 000 h,全年中风速大于和等于 6 m/s 的时数为 3 000 h。青藏高原北部有效风能密度为 150~200 W/m²,全年风速大于或等于 3 m/s 的时数为 4 000~5 000 h,全年风速大于或等于 6 m/s 的时数为 3 000 h;但青藏高原海拔高、空气密度小,所以有效风能密度也较低。云南、贵州、四川、甘肃、陕西南部、河南、湖南西部、福建、广东、广西的山区及新疆塔里木盆地和西藏的雅鲁藏布江,为风能资源贫乏地区,有效风能密度在 50 W/m² 以下,全年中风速大于和等于 3 m/s 的时数在 2 000 h 以下,全年中风速大于和等于 6 m/s 的时数在 150 h 以下,风能潜力很低。

我国陆地、海上 10 m 以上高度的风能可开发量为 7~12 亿千瓦,随着风机高度逐步提高至百米以上,我国海、陆距地 50 m 以上的高度,风速达 3 级以上风力资源的潜在可开发量约为 25 亿千瓦。

我国近海风能资源的初步数值模拟结果表明,台湾海峡风能资源最丰富,其次是广东东部、浙江近海和渤海湾中北部,相对来说近海风能资源较少的区域分布在北部湾、海南岛西北、南部和东南的近海海域。表 3-2 显示我国和美国不同海拔高度的风能情况。

表 3-2　中国和美国不同海拔高度的风能

国家	高度/m	平均风功率密度/(W/m²)	理论/实际储能/亿千瓦	备　　注
美国	50	—	80	1991 发布,3 000 m 海拔以上高地占全国 2%
	80	风速 6.5 m/s	105	2010 发布
中国	50	>300	73/20	3 000 m 以上地区占全国的 25.6%;开发难度比欧美大; 主要地区:东北、内蒙古、华北北部、甘肃酒泉和新疆北部、云贵高原、东南沿海;70 m 高空风能:内蒙古最大 15 亿千瓦,新疆和甘肃分别为 4 亿千瓦和 2.4 亿千瓦
	80	>300	91	
	70,100	>300	26/34	

目前我国风能发电量居全球之首,图 3 - 2 显示我国近 10 年来风电发展情况,2016 年中国风电新增装机容量 23.37 GW,比上一年同比下降 24%。

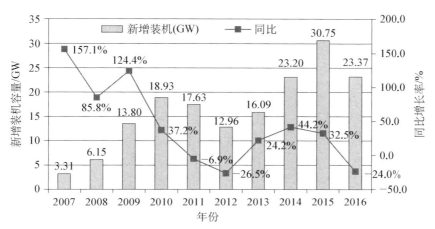

图 3 - 2　2007—2016 年中国风电新增装机容量

如图 3 - 3 所示,2016 年中国风电累计装机 168.73 GW,比上一年同比增长 16.1%。

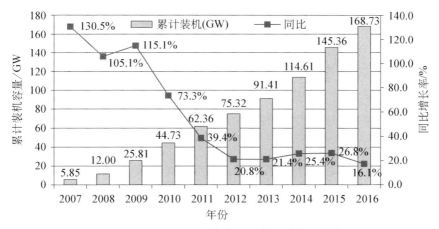

图 3 - 3　2007—2016 年中国风电累计装机容量

2007—2016 年,我国新增风电装机容量占比逐年上升,风电累计装机容量占比如图 3 - 4 所示。

如图 3 - 5 所示,在发电量方面,2016 年全国风电发电量为 2 410 亿千瓦时,占全部发电量的 4.1%,同比上升了 0.8 个百分点,份额进一步提升。

图 3-4　2007—2016 年中国风电装机容量增长趋势

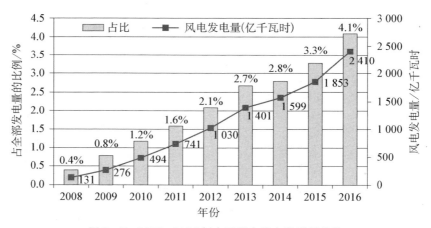

图 3-5　2007—2016 年中国风电发电量增长趋势

目前我国 2~3 MW 风电机组已具有良好的商业化市场，5 MW 以上的风电机组也已经开始投入运行。风电机组的风轮叶片的直径可以达 114~140 m，内陆的风机塔楼的高度已经超过了 100 m，最高的甚至可以达到 198 m[1]。

2016 年，我国新增装机的风电机组平均功率为 1 955 kW，与 2015 年的 1 768 kW 相比，增长约 10.6%；累计装机的风电机组平均功率为 1 608 kW，同比增长 2.9%。

根据 2016 年不同功率风力机所占比例，我国新增风电机组中，2 MW 风电机组装机占全国新增装机容量的 60.9%，与 2015 年相比，2 MW 机组所占市场份额上升 11 个百分点，1.5 MW 机组市场份额下降了 16 至 17.8 个百分点；1.5 MW 机组和 2.0 MW 机组合计市场份额达到 78.7%。2.1 MW 至 2.9 MW 机组市场份额达到

15.2%,3 MW 至 3.9 MW 机组(包括 3 MW 和 3.6 MW)市场份额达到 2.6%,4 MW 及以上机组(包括 4 MW、4.2 MW、5 MW)占比达到 1.9%。

根据 2016 年我国不同功率风力机占总装机容量的比例。2016 年,我国累计风电装机中,1.5 MW 的风电机组仍占主导地位,占总装机容量的 50.4%,同比下降约 5 个百分点;2 MW 的风电机组市场份额上升至 32.2%,同比上升约 5 个百分点。

"十三五"中风电达到 3 000 亿度。我国的经济转型推动能源结构的转型,尤其是风电发电进入新的发展期,要实现高补贴政策依赖模式向低补贴竞争力提高模式转变,促使再生能源可持续发展。政府补贴是可再生能源得到迅速推行的重要推手。在其生命周期的初期,政策导向至关重要;随着技术的发展到成熟,产出的成本下降,政策激励机制慢慢退出,补贴政策逐步取消而转入市场机制。

从减排 CO_2 总量的贡献来看,到 2050 年各行业将累计减排 7 500 亿吨,电力约占 40%,其中约 60% 为再生能源。风电和太阳能发电总贡献达 22%,相对其他低碳发电模式,风电和光电的贡献是明显的。

3.2 风力发电系统

在自然界,风能最为常见。但是要获取最大的风能,构建符合地域风力资源规律的、结构合理的发电系统是一项复杂的系统工程。

3.2.1 风力发电原理

风力发电的基本原理是风的动能通过风轮转换成机械能,再带动发电机发电转换成电能。主流的风力发电机组一般为水平轴式风力发电机,它由叶片、轮毂、增速齿轮箱、发电机、主轴、偏航装置、控制系统、塔架等部件所组成。风轮的作用是将风能转换为机械能,它由气动性能优异的叶片装在轮毂上所组成,低速转动的风轮由增速齿轮箱增速后,将动力传递给发电机。上述这些部件都布置在机舱里,整个机舱由塔架支起。为了有效地利用风能,偏航装置根据风向传感器测得的风向信号,由控制器控制偏航电机,驱动与塔架上大齿轮咬合的小齿轮转动,使机舱始终对向风。

3.2.2 系统构成

根据不同的分类方法,风力发电系统可划分为以下几种[4]:

(1) 按机组容量:小型为 0.1~1 kW,中型为 1~1 000 kW,大型为 1~10 MW,10 MW 以上为特大型。

(2) 按风力机的运行与控制:恒速恒频(constant speed and constant frequency,CSCF),变速恒频(variable speed and constant frequency,VSCF)。

（3）按风力机风轮轴的位置：垂直轴，水平轴。

叶片是风力机最为关键的承载部件。叶片、轮毂构成的风轮将捕获的风能转换成机械能。开展抗台风叶片、低风速叶片、仿生叶片和低噪声叶片等个性化设计，以及具有感知外部载荷环境和自身结构状态变化功能的智能风力机叶片设计技术等显得尤为重要。

叶片随着风力机的大型化而加长，翼型不断优化，如图 3-6 所示。在风力机叶片气动设计与分析理论方面，长期以来，各国研究者运用二维和三维空气动力学理论，如基于叶素-动量（blade element momentum，BEM）理论的模型，基于动态入流（generalized dynamic wake，GDW）理论的模型以及基于计算流体力学（computational fluid dynamics，CFD）理论的方法等。几种翼型设计方法的优缺点见表 3-3。

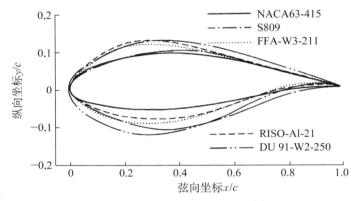

图 3-6　典型风力机叶片翼型[5]

表 3-3　几种翼型气动分析与设计理论的近似求解法特点

名称	叶素-动量法（BEM）	动态入流法（GDW）	计算流体力学法（CFD）
优点	以应用广、计算量小、速度快见长	包含了动态尾流效应、叶尖损失和偏斜流等	对象划分为若干个计算网格，对每个网格采用纳维-斯托克斯方程组（Navier-Stokes equation）离散化；CFD 计算与试验数据存在较好的一致性
缺点	以稳态计算为假设；需要对 BEM 理论中的要素不断进行修正，如叶尖损失、动量理论、翼型失速等	需要对 GDW 理论中的要素不断进行修正，如叶尖损失、动量理论、翼型失速等	产生巨量的非线性耦合方程组，数值求解耗时多；多用于计算校正；在低风速、大气弹偏移或者是大叶轮锥角等条件下，可能出现较大计算偏差甚至不稳定

说明：上述理论均为近似理论或经验修正模型，其正确性通常在一定条件下成立；通过不断的修正和完善，各种模型（方法）设计结果差异不断缩小。

目前大型风电叶片的结构多为蒙皮主梁形式,主要包括根部联结、蒙皮和夹芯、主梁、铺层等部分。风电叶片采用各向异性特征的纤维层合板,沿纤维方向强度高。主梁以单向复合材料层作为主要承载结构,并利用腹板支撑主梁。蒙皮多由增强的复合材料层制成,提供气动外形并承担大部分剪切载荷。铺层设计含两个层次,即总体铺层设计和局部细节铺层设计,这是复合材料结构设计中的重要内容,前者需满足总体静、动强度以及气动弹性要求;后者需满足局部强度、刚度等要求。

结构动力特性是叶片结构设计考虑的重要问题,应避免叶片运行频率与固有频率接近时出现的共振,尤其是变速运行中的自激振动。为了获得最小叶片质量同时满足叶片静态强度、疲劳耐久性和刚度要求,结构有限元分析和生命周期评估分析应同步进行。对于大型风力机叶片长度不断增加,柔性越来越大,产生弯曲的同时还伴随着发生扭转的现象,需要向柔性智能化方向发展,配置不同类型传感器嵌入风力机叶片内部(见图 3 - 7),掌控结构性能的变化。

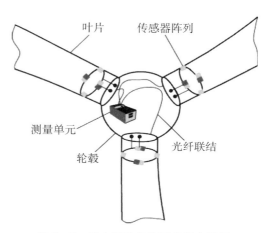

图 3 - 7 风力机叶片监测光纤布置图

叶片控制可以通过沿风力机轮毂中心的旋转控制和绕自身轴线的变桨距控制两个途径来实现。在额定风速以下,风力机可调整风轮转速保持最佳叶尖速比获得最大功率系数,从而实现最大风能跟踪控制;超速时,可通过调整叶片桨距角限制能量捕获。

鉴于风力机承受的极限载荷和疲劳载荷是影响机组及其部件可靠性和寿命的主要因素之一,在传统以功率控制为主的基础上,还可以融入载荷控制技术来实现风力机功率、载荷缩减多目标控制。叶片个性化、智能化已逐步成为风电叶片控制技术发展的主要方向。

根据基本结构以及运行原理,发电机可分为直流电机、感应异步电机和同步电机三大类,有笼型异步电机、绕线式异步电机(普通绕线式、双速异步发电机、滑差可调异步发电机、交流励磁双馈异步发电机和无刷双馈异步发电机)、永磁同步发电机、混合励磁永磁同步发电机、开关磁阻发电机、高压发电机、储能式发电机等。风力发电中常见发电机结构及性能比较如表 3 - 4 所示。

表 3-4 风力发电中常见发电机结构及性能比较

项目	笼型电机	双馈异步电机	无刷双馈异步机	双速双绕组异步机
转子类型	笼型	绕线式	绕线式	绕线式
变换器位置	定子侧	转子侧	转子侧	定子侧
变换器容量	为电机全部容量	为电机部分容量	为电机部分容量	为电机全部容量
有无齿轮箱	一般有	有	有	有
调速范围	窄	较宽	较宽	较宽
有无电刷滑环	有	有	无	有
能量流向	单向	双向	双向	双向
成本	高	较低	较低	较低
效率	较低	较高	较高	较高
优点	结构简单、坚固耐用、运行可靠、易于维护,适宜恶劣的工作环境	机械承受应力小、噪声小,变换器容量小,功率因素可调,控制灵活	转速和功率因素可调,结构简单,成本低,稳定性好	稳定性好,电气损耗低,适应风速变化范围大

3.2.3 塔体

塔体是风电塔的主要支撑结构。风力机叶片的动力特性直接影响塔架结构整体的动力反应特性。大容量风力机的叶片质量和纵扫面积之大,对风力发电塔体风振响应的影响不可忽视。

风电装备的大型化,特别是海上风力发电场,塔体材料的选用受到投资、运输安装和防腐等条件的制约,钢制塔筒不再是最佳选择。有学者[6]认为锥式钢筋混凝土塔筒和下混上钢组合塔筒以及复合材料塔筒是未来大型风电机组塔体的发展方向。

就风电塔体的设计和维护而言,海上的塔体比陆上塔体难度更大。除了风电载荷与塔体振动的耦合问题外,海上的严苛环境(海流、高温、高湿、高盐雾和长日照等因素)引发塔体的不稳定和风电系统设备管线的腐蚀更值得关注。根据 ISO 12944-2 腐蚀环境分类规定,塔筒外壁处于 C5-M 腐蚀环境,即非常高的海洋腐蚀环境。塔筒内外表面典型涂装方案如表 3-5 所示。

表 3 − 5　塔筒内外表面典型涂装方案

项　目	底漆	中间漆	面漆
塔筒内表面	环氧富锌	环氧厚浆	聚氨酯
C4 高腐蚀环境		涂料	
塔筒外表面	环氧富锌	环氧厚浆	聚氨酯面漆/硅氧烷/
C5 − M 海洋大气环境	无机富锌	涂料	氟碳/天门冬氨酸

目前国际上风电场钢结构的防腐蚀设计和施工主要参考三个标准[7]：

（1）ISO 12944 色漆和清漆——防护漆体系对钢结构的腐蚀防护。

（2）ISO 20340 色漆和清漆——用于近海建筑及相关结构的保护性涂料系统的性能要求。

（3）NORSOK M501——表面处理和防护涂层。

ISO 12944 是目前国际上应用最广泛的钢结构防腐蚀涂装规范，ISO 20340 和 NORSOK M501 对海上风电防腐蚀涂料体系的性能测试和施工技术等做出了规范。

3.2.4　传动结构

机械传动装置是将风能转为电力的关键，它必须符合装备安全、性能可调、维护方便、管理灵活的基本要求。

1）典型的 NGW 型传动结构

风力机大多采用 NGW（N—内啮合，G—内外啮合共用行星齿轮，W—外啮合）型行星传动和两级平行轴传动方式，其结构如图 3 − 8 所示。

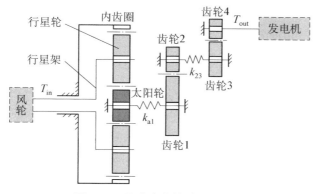

图 3 − 8　风电齿轮传动系统简图

2）齿轮传动系统可靠性

风力发电机齿轮传动系统是能量传递的枢纽,应用中导致风电齿轮传动系统失效率高、可靠性低的主要原因在于:随机风载以及内部齿轮综合啮合误差、时变啮合刚度、轴承时变刚度等激励的共同作用,也就是因为齿轮和轴承相互耦合并承受复杂的随时间变化的随机载荷[8]。

3.3　风力发电技术分类

风力发电的方式主要以其布置形式区分,有的适宜于陆地、山地或者海洋、湖泊;有的以接受风能的不同结构形式分类。

3.3.1　水平轴风力发电机组

1）陆上风力发电机组

陆地风能资源受地形、运输等条件的限制,对风力机大小和容量提出了要求,如表 3-6 所示为某公司 3 种不同型号的陆地风力机主要技术参数。

表 3-6　3 种型号风力机主要技术参数

项　目	WTG1-850	WTG1-1250	WTG1-1500
直径/m	52	64	70
扫风面积/m²	2 124	3 214	3 850
叶轮转速/(r/min)	14.6～30.8	13.2～24.5	10.6～19.0
叶轮朝向	上风向	上风向	上风向
叶片数	3	3	3
控制方式	变桨距	变桨距	变桨距
切入风速/(m/s)	4	3.5	3.5
切出风速/(m/s)	25	25	25
额定风速/(m/s)	16	14	13
极限风速/(m/s)	59.5	59.5	56.3
设计寿命/y	20	20	20
类型	双馈异步	双速异步	双馈异步
额定功率/kW	850	1 250	1 500
额定电压/V	690	690	690

（续表）

项　目	WTG1-850	WTG1-1 250	WTG1-1 500
频率/Hz	50	50	50
额定转速/(r/min)	1 620	1 000～1 500	1 000～1 800
功率因素	0.98	0.99	0.9～0.95
防护等级	IP54	IP56	IP54
绝缘等级	H	H	H
软并网装置/类型	IGBT 逆变	可控硅软起动	IGBT 逆变
防雷措施	电气防雷/叶尖防雷	电气防雷/叶尖防雷	电气防雷/叶尖防雷
接地电阻/Ω	≤4	≤4	≤4
机舱总重量/t	23	46.8	56
叶轮重量/t	10	31.1	32
塔架类型	锥形钢筒	锥形钢筒	锥形钢筒
塔架高度/m	65	65	65
塔架重量/t	57	84	100.4
风电机组总重量/t	90	161.9	188.4

2）海上风力发电机组

海上风电与陆上风电相比,有许多不同的资源时空特性。例如,海上风切变指数比陆地风切变指数小,沿高度方向变化较小,海上测风塔 70 m 高度的数据不能有效反映其分布规律;海上风具有较小的湍流强度等。建设海上风电时首先应评估资源的几大要素:气温/水温对近海风速的影响;潮位变化对风速垂直分布的影响;海上风速的范围;海上风廓线的分布规律。

现有海上风电所安装的风电机组基本上是由陆上风电机组改装而来,早期的海上风电场使用的是中小型的风电机组,单机容量为 220～600 kW;近期的大型海上风电示范工程主要采用多兆瓦级风电机组,兆瓦级风电机组在尺寸、功率和风的捕获能力等方面都有很大的增加。全球在建项目的风电机组主要是单机容量 4 MW 以上的机型,单机容量最高的是英国 Burbo Bank 海上风电场和 Walney Island 海上风电场项目,都使用 Vestas V164 风电机组,单机容量为 8 MW,风轮直径为 164 m。中国在建项目单机容量最高的是申能投资建设的临港海上风电一期示范项目,采用华锐的 SL128,单机容量为 6 MW,风轮直径为 128 m。

沿海风场风况和环境条件与陆地风场存在差别,海上风电机组具有一些特殊性:

（1）海上风电系统适合选用大容量风电机组。海上风速通常比沿岸陆地高，风速比较稳定，不受地形影响，风湍流强度和风切变都比较小，并且具有稳定的主导风向。在相同容量下，海上风电机组的塔架高度比陆地机组低。

（2）海上风电系统对风电机组安全可靠性要求高。海上风电场遭遇极端气象条件的可能性大，强台风、台风和巨浪等极端天气条件都会对机组造成严重破坏。海上风电场与海浪、潮汐具有较强的耦合作用，使得风电机组运行在海浪干扰下的随机风场中，载荷条件比较复杂。海上风电机组长期处在含盐、湿热、有雾的腐蚀环境中，加之海上风电机组在安装、运行、操作和维护等方面都比陆地风场困难。因此，海上风电机组结构，尤其是叶片材料的耐久性问题极为重要。

（3）基础形式与陆地风电机组有巨大差别。由于不同海域的水下环境复杂，基础建造等需要综合考虑海床地质结构、离岸距离、风浪等级、海流情况等多方面的影响，因此海上风电机组复杂，用于基础建设的费用也占较大比例。

海上风电在风资源评估、机组安装、运行维护、设备监控、电力输送的许多方面都与陆地风电存在差异，技术难度大、建设成本高。我国海风发电发展大体经过了三个阶段，首先是引进技术，从国外引进先进的海风发电的器械和人才；然后是自己尝试开展海风的发电项目，采用特许权招标方式探索发展；最后是成立专门的海风监管机构，并开展更为普遍的大规模海风发电项目，培育相关的企业和技术人才，形成规范化、产业化运营。经过近些年的积极探索和实践，我国海上风电正处于向大规模开发的转变阶段。2008 年至 2015 年，我国海上风电累计装机容量由 1.5 MW 增至 1 014.68 MW。2016 年，中国海上风电新增装机 154 台，容量达到 59 万千瓦，同比增长 64%。

受到全球气候变暖等因素的影响，海上风电行业的发展速度逐渐加快，海上单个风力机发展趋势如表 3 - 7 所示。根据相关数据统计，全世界已经有超过 50 个国家、地区着手发展海上风电，其装机容量从最初的 890 兆瓦提升至 14 384 兆瓦（截至 2016 年），虽然海上风电行业的装机总量逐渐提升，但其市场仍集中在经济较发达国家，特别是欧洲各海域。欧洲是当前全球最大的海上风电行业市场，2000 年欧洲发达国家海上风电新装机容量年增加量仅 17 兆瓦，但是截至 2016 年，已经增加到 1 558 兆瓦，累计装机容量也增加至 12 631 兆瓦，主要的国家有丹麦、德国、英国等。英国是全球海上风电第一大国，虽然受到政策的影响，海上风电市场会有一定的萎缩，但其地位短期内依旧较难动摇。2012 年以来，德国成为世界上重要的风电工程市场，其政府组织也明确提出必须在国内开展能源转型工作，将核电淘汰"出局"，加大力度发展海上风电行业。在未来，欧洲国家会致力于完善海上风电行业发展标准，促使其保持稳定的速度发展，截至 2024 年，欧洲国家海上风电装机总量预计达 37 890 兆瓦，英国在 2022 年计划投产全世界最大的海上风电场——Project Round 3。同时，芬兰、意大利、葡萄牙等国家也会加入到海上风电行业发展的行列中。

表3-7 海上单个风力机发展趋势

年份	1990	1995	2000	2005	2010	2017
功率/kW	250	600	1 500	5 000	7 000	10 000
风轮直径/m	30	46	70	115	171	190

随着风力发电技术的发展,风力机的尺寸也在增大。风轮直径影响扫风面积,也就决定了捕风能力。近几年,为满足低风速地区和海上风电的开发需求,叶片的长度不断增长。中国在 2014 和 2015 年安装和投运的机组中,风轮直径在 93 m 及以上的 1.5 MW 机组占绝大多数,而 2008 年以前,风电系统是以 70 m 以下风轮直径的 1.5 MW 型机组为主。近三年,风轮直径为 100~121 m 的 2 MW 机组陆续问世,并相继成为主流机型。2008 年之前,风轮直径没有超过 100 m 的,但从 2009 年以后,美国大叶片占据市场的主导地位,到 2012 年,47% 的新增装机的风轮直径超过 100 m,到 2014 年,80% 的新增装机的风轮直径是 110 m 或者更长。

目前,全球最长的风轮直径是 190 m,是美国能源技术公司设计的 SeaTitan10 MW 的风电机组(样机正在制造中),其次是三星功率为 7 MW 的 S7.0-171,风轮直径是 171 m。未来风电机组将继续向大功率、大叶片的方向发展。根据欧盟资助项目 UPWIND 的研究表明,开发 20 MW 的风力发电机,叶片长度 120 m 是可行的。

2010 年,我国东海大桥 10 万千瓦海上风电场的建设开启了我国海上风电事业的新篇章。上海东海大桥风电场如图 3-9 所示,该项目位于东海大桥东侧的上海市海域,距离岸线 8~13 km,平均水深 10 m;总装机容量 102 MW,全部采用华锐风电自主研发的 34 台 3 MW 海上风电机组。东海大桥 10 万千瓦海上风电项目是全球欧洲之外第一个海上风电并网项目,也是中国第一个国家海上风电示范项目。预计未来年发电量可达 2.6 亿度,所发电能通过海底电缆输送回陆地,可供上海 20 多万户居民使用一年,相当于每年节约燃煤 10 万吨,每年减排二氧化碳 20 万吨。

图3-9 上海东海大桥风电场

近年来,沿海岸线较近的浅水区域固定式海上风电平台取得了很大的发展。三种典型的海上浮动式风力机如图 3-10 所示。

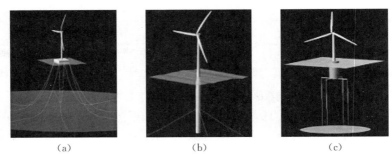

图 3-10 三种典型的海上浮动式风力机

(a) ITI Energy Barge; (b) Hywind-Spar Buoy; (c) MIT/NREL TLP

一些沿海国家如挪威等对海上浮式风电进行了系统的研究和实验,海上风电场向深海区域延伸是今后海上风电发展的必然趋势和研究热点。如何控制常规的大尺度水平轴风力机对浮式基础设计的影响、减少风机相互干扰,将涉及投资成本以及浮式风电的发展。海上风电浮式基础结构主要有荷兰的三浮体结构(tri-floater)(见图 3-11)、美国的张力腿结构(NREL TLP)和日本的 Spar 结构[9]。

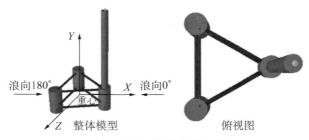

图 3-11 三浮体结构示图

3.3.2 垂直轴风力发电机组

垂直轴风力发电机组风轮的旋转轴垂直于地面或者气流的方向。垂直轴风力机可分为 2 个主要类型。一类是利用空气动力的阻力做功,称为阻力型垂直轴风力机。目前,阻力型垂直轴风力机的种类主要有萨渥纽斯型、涡轮型、风杯型、平板型和马达拉斯型等。萨渥纽斯型和涡轮型是阻力型垂直轴风力机的典型代表,如图 3-12(a)所示。另一类是利用翼型的升力做功,称为升力型垂直轴风力发电机,最典型的是达里厄(Darrieus)型风力机,如图 3-12(b)所示。根据这些典型的风力机的工作原理和形状又可以派生出许多形状不同、功能各异的垂直轴风力机。

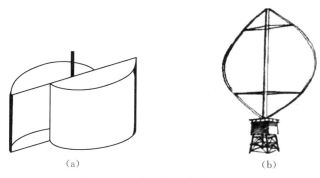

图 3-12 典型的垂直轴风力机

（a）萨渥纽斯型；（b）达里厄型

垂直轴风力发电机组发电机的齿轮箱在底部,结构稳定,采用钢索等,这样的好处是系统维护便利和制造成本大大减少;垂直轴风力机的风轮能接受来自各个方向上的风能,不需要像水平轴风力机那样采用对风系统,系统复杂性降低,并且减少了对风损失;垂直轴风力机的尖速比要比水平轴的小,气动噪声也就小,疲劳载荷小。因此,垂直轴风力机的优点主要体现在整个系统的结构稳定可靠、制造成本相对较低、风能利用率较高和环保效果好等方面,适宜在人口集聚和城市公共设施等对噪声控制要求比较高的地方采用。

垂直轴风力机存在着一些缺点:曲线翼垂直轴风力机的叶片制造困难,无法变桨距,不利于低速启动,大风时需限制功率;直叶片垂直轴风力机的额定转速受离心力和惯性的限制而不宜过高,对低速气流的规律不明,较大实度会增加风轮自重,增加结构设计难度,而风轮的支撑臂引发风阻,扰乱叶片周围的气流,降低叶片的气动性能。

3.3.3 多种类型风力发电机

风电发展中涌现出许多大型风力发电机形式[10]。

1) 高压风力发电机

Windformer 是 ABB 公司开发的一种新型风力发电系统(见图 3-13)。2000年,Nasudden Ⅲ 风场安装了 1 套直连电网风力发电系统并于年底投运。系统可在 5～28 m/s 风速下工作,风速为 13～18 m/s 时系统输出额定功率;风速由 18 m/s 升至 27 m/s 时,系统输出功率由 3 000 kW 降至 500 kW。在年平均风速 8.1 m/s 下,系统年发电达 11 GW·h。风力机有 3 片玻璃钢叶片的风轮,外径 90 m,叶片角度可随风速改变;风轮轮毂距地面 70 m[11]。

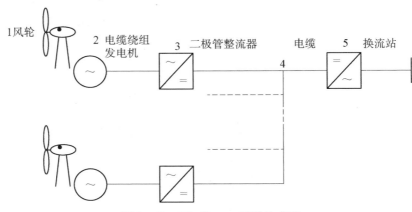

图 3-13 Windformer 系统构成图

高压风力电机特点:高压发电机输出电压高(20 kV 以上),采用交联聚乙烯圆形电缆(XLPE)整根绕成,中间无接头,电流小、电流密度低,损耗小;单机容量大(一般为 3～5 MW),风场机组数较少;系统结构简单,可节省投资;噪声低;运行可靠性较高;系统采用二极管整流器,比采用 IGBT 变流器可降低 4% 损耗;省去齿轮变速器和升压变压器直接上网,系统总损耗降低 7%～8%;系统运行维护费可降低一半左右。

2) 液压风力发电机

用静液压传动取代了齿轮箱刚性传动,降低了齿轮箱传动故障率;解决了永磁发电机体积大、用铜量高、成本高的问题;液压传动实现传动比实时可调,系统灵活性较高,可实现柔性控制,抑制风速波动对电能质量的影响;以准同期方式接入电网,具有电励磁同步发电机的优点,可据电网需求调整功率因数,有较强的低电压穿越能力。

3) 超导风力发电机

用高温超导体代替普通电机的铜线圈作为励磁绕组,具有高载流能力(相同截面铜导线的 100～200 倍),有效工作磁场可达几特斯拉,可在很宽的转速范围内有较高的效率。美国超导公司(AMSC)开发了第二代高温超导材料的风力发电机[12]。目前国内已经完成了 100 kW 等级高温超导电动机样机的研制。

4) 海上用风力发电机

要求抗霉菌、盐雾、高温潮湿的腐蚀,有良好的绝缘性能,满足通风散热及温升水平;机组以及叶片和塔架等具有能抵御海上振动及载荷变化的能力。

5) 无刷双馈风力发电机

兼具直驱永磁和双馈风力发电机两者的优点,易实现有功功率及无功功率的灵活控制,对电网进行无功功率补偿,有待深入研究。

6) 变速变桨距风力发电机

变桨距风力发电机组是指整个叶片绕叶片中心轴旋转,使叶片攻角在一定范围(一般 $0°\sim90°$)内变化,以便调节输出功率不超过设计容许值[13]。

3.4 风电品质控制与技术评估

考核风力发电站的建设,其一是风电的安全等级、风电品质、效能利用;其二是电站的使用寿命和智能控制的水平;其三是电站对周边的环境影响。

3.4.1 风电品质的稳定性

风电最大的缺点就是随风载的瞬息万变而剧烈波动,恶化电力的品质。如何控制风电场的电力平稳输出,减少风电功率波动,提高其并网稳定性和可调度性,满足负荷平衡,增强电力系统安全性,除风电系统有限调节的很窄范围外,配置容量足够的储能系统是解决问题的有效途径。

1) 储能模型

储能系统的荷电状态(state of charge,SOC)用方程式表示:

$$
\begin{cases}
C_{SOC}(t) = (1-\rho)C_{SOC}(t-1) + \dfrac{\omega_c P_c(t)\eta_c - \omega_d P_d(t)\dfrac{\Delta t}{\eta_d}}{E_{cap}} \\
C_{SOCmin} \leqslant C_{SOC}(t) \leqslant C_{SOCmax},\ 0 \leqslant \omega_c + \omega_d \leqslant 1,\quad \omega_c + \omega_d \in \{0,\ 1\}
\end{cases}
$$

$$(3-1)$$

式(3-1)中,$C_{SOC}(t)$ 为储能介质 t 时间段末的剩余荷电状态,无量纲;$P_c(t)$、$P_d(t)$ 分别为储能介质 t 时间段充放电功率(MW);ρ 为储能介质的自放电率(%/min);Δt 为计算窗口时长(min);η_c 和 η_d 分别为整个储能系统的充放电效率(%);E_{cap} 为储能系统容量(MWh);ω_c 与 ω_d 为充放电控制标志,充电或放电:$\omega_c + \omega_d = 1$;浮充:$\omega_c + \omega_d = 0$。

2) 评价指标

用于平滑风电场功率波动的储能系统(或协同电站),其剩余电量在平滑功率过程中实时变化与功率波动程度、储能自放电、设备转换效率以及控制策略密切相关。控制 SOC 的范围,通常用充放电平衡度和储能出力强度等指标评价储能系统工况。充放电平衡度是表征储能系统平滑功率波动的能力,储能出力强度是表征储能系统具有放出或吸收电能的能力。

3.4.2 风光互补发电系统

1981 年,丹麦的 N. E. Busch 和 K. llenbach 提出了太阳能和风能混合利用的技术问题[14]。风光互补,就是利用气候变化,即冬季风速较大光照弱,夏季风速较低光照强的特点,将风力发电机、太阳能光伏电池及蓄电池组合成一套复合型供电系统,弥补了两者在资源上的不稳定性,提高供电可靠性。风光互补发电系统结构如图3-14所示。2004年12月,华能南澳54 MW/100 kW$_p$风光互补发电场成功并入当地10 kV电网,成为我国第一个正式投入商业化运行的风光互补发电系统。

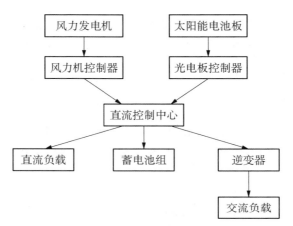

图3-14 风光互补发电系统结构

3.4.3 风电-抽水蓄能联合发电系统

基于成本效益分析,考虑风电场强烈的随机性和波动性,建立风力-抽水蓄能组合发电系统。对于该系统,建立计及旋转备用优化配置的风电-抽水蓄能联合运行优化调度模型,根据风电功率预测误差服从非正态分布的特点,运用电量不足期望(expected energy not served, EENS)计算法处理不同概率分布的负荷和风电功率预测误差。

基于仿真算例验证,该模型在确定风蓄联合运行方式时能优化调度,兼顾各系统运行经济性,改善系统运行成本;采用混合整数线性规划(mixed integer linear programming, MILP)方法对线性化后的优化模型进行求解,提高了求解的效率和鲁棒性。

3.4.4 风电全生命周期评价

随着风电进入规模化发展阶段,风电的环境效益问题日益引起人们的关注。尽管风电属于可再生清洁能源,本身并不排放污染物和温室气体,但风电设备从原材料开采到设备的报废处理整个过程中需要消耗一定的能量,在评价其对环境的影响时,必须考虑偿还这部分能量所产生的大气污染物的排放。因此,在分析与评价风电的环境效益时,需要从风电全生命周期的视角,综合考虑各个环节的能量消耗和气体排放。

生命周期评价(life cycle assessment,LCA)是定量评价产品或生产过程在整个生命周期内对环境所产生影响的一种工具。生命周期评价通过对能量和物质的利用以及由此造成的废物排放进行辨识和量化,评估能量和物质利用以及废物排放对环境的影响,寻求改善环境影响的机会。

以市场占用率最高的 2 MW 双馈式风力发电机为研究对象,采用全生命周期评价(LCA)方法,核算其全生命周期过程的碳足迹和总能量需求,分析风力发电机不同生命周期阶段的环境影响,从而判别其减碳潜力[15]。

1) 碳足迹与总能量

碳足迹与总能量,这两个指标可以有效分析产品生命周期的温室气体排放和能耗水平。

产品碳足迹(carbon footprint of products)主要指产品系统在整个生命周期产生的直接和间接的温室气体排放之和,主要以 CO_2 - eq 为单位;总能量需求(cumulative energy demand)表征产品能耗水平,主要指产品在整个生命周期中包括产品原材料采掘、制造、使用以及最终处置阶段所消耗的总的能源之和。

据国外大量风电 LCA 的研究,风电的温室气体排放范围在 1.7~81 g/kW·h,风力发电总能量需求为 0.05~3.65 MJ/kW·h。该数值大小与风机的使用寿命及当地的风速气象条件有关;也有些研究忽视了风力发电机的运行和废弃处理处置阶段的环境影响。

2) 环境影响评价方法

碳足迹的评估方法主要采用 IPCC 2007 评估方法中的 GWP(global warming potential)100a 评价指标;总能量需求的评估则采用 CED(cumulative energy demand)方法。

3) 评价结果

风力发电机在生产、运输、运行和废弃处理处置阶段的碳足迹(以 CO_2 - eq 计,下同)分别为 1 701 t、61 t、255 t 和 −325 t;生命周期各阶段的总能量需求分别为 10 413 GJ、701 GJ、1 561.95 GJ 和 −1 081 GJ。

生产需求的碳足迹和总能量分别约占全生命周期的 101% 和 90%;废弃处置阶段的贡献约为 −19% 和 −9%。每 1 kW·h 风力发电的碳足迹和总能量需求分别为 20.7 g 和 0.14 MJ,风力发电机的能量回收期为 0.79 年。敏感性分析表明,风力发电机的质量和废弃处置阶段的金属回收率都是风力发电机总能量需求、碳足迹的影响因素。

参考文献

［1］曾德志.国内外风电产业现状及其发展前景[J].中国科技纵横,2015,24：99.

［2］赵炜,李涛.国外风力发电机的现状及前景展望[J].电力需求侧管理,2009,11(2)：77 - 80.

［3］杨占伟.日本新能源产业发展现状及存在的课题[J].边疆经济与文化,2011,12：14 - 18.

［4］李军军,吴政球,谭勋琼,等.风力发电及其技术发展综述[J].电力建设,2011,32(8)：64 -72.

［5］胡燕平,戴巨川,刘德顺.大型风力机叶片研究现状与发展趋势[J].机械工程学报,2013,49(20)：140 - 151.

［6］严科飞,万家军,任伟华,等.大型风电机组塔架材料的现状和发展[J].风能,2013,3：102 -105.

［7］时士峰,徐群杰,云虹,等.海上风电塔架腐蚀与防护现状[J].腐蚀与防护,2010,31(11)：875 - 877.

［8］徐芳,周志刚.随机风作用下风力发电机齿轮传动系统动载荷计算及统计分析[J].中国机械工程,2016,27(3)：290 - 295.

［9］黄维平,刘建军,赵战华.海上风电基础结构研究现状及发展趋势[J].海洋工程,2009,27(2)：130 - 134.

［10］王维庆,何山.大型风力发电机的发展新动向[J],新疆大学学报(自然科学版),2014.8,31(3).

［11］戴庆忠.超高压电机的突破性进展——从 Powerformer 到 Dryformer、Motorformer 和 Windformer［J］.东方电机,2002,4：374 - 386.

［12］张光蓉,刘玉成.第二代高温超导风力发电机[J].东方电机,2012,2：70 - 76.

［13］秦大同,周海波,杨军,等.变速变桨距风力发电机最佳运行点的获取方法[J].太阳能学报,2013,34(11)：1999 - 2006.

［14］孙楠,邢德山.风光互补发电系统的发展与应用[J],山西电力,2010.8(4).

［15］杨东,刘晶茹,杨建新,等.基于生命周期评价的风力发电机碳足迹分析[J].环境科学学报,2015,35(3)：927 - 934.

第4章　生物质能利用技术

生物质能来源于生物质。生物质是有机物中除矿物质燃料外的所有来源于动植物而能够再生的物质。动物食用植物，而绿色植物通过光合作用将太阳能转变为生物质的化学能。因此，生物质能都是来源于太阳能，是太阳能的有机贮存。能源资源开发利用给科技、经济、环境和人类文明的发展均带来了巨大的潜力。除了已列为主要商品能——煤、石油、天然气和电等以外，可以认为生物质能是人类利用历史最长、覆盖面最广的太阳能转换物质。化石能源资源开发利用带来的环境影响和能源资源匮乏会对社会经济发展带来潜在危机，这是当今世界面临的严峻问题之一。相对于化石能源资源越用越少的前景，可再生能源资源的开发利用却有着挖掘不尽的巨大潜力。在多次世界性石油危机中人们已重新认识和发展了生物质能的利用价值。

4.1　概述

生物能是人类生存的主要来源，又是人类活动所利用的对象，更是人类研究生物能的本源和它们之间转换规律之所在。

4.1.1　生物质能源

生物质能源是自然界唯一可再生的碳源。各种有机体直接或间接地来源于植物光合作用，是绿色植物通过叶绿素将太阳能转化为化学能而蕴藏的一种能量形式。生物质一直都是人类赖以生存的能源之一，目前仅次于煤炭、石油、天然气，是全球第四大能源。它具有数量巨大、环境友好、CO_2 零排放等优点。

2006 年 1 月 1 日我国实施的第一部《可再生能源促进法》大大地推动了生物质在内的可再生能源的开发利用，包括城市生活垃圾、农作物秸秆以及养殖业等产生的生物固液废弃物。

1）城市生活垃圾

伴随着城镇化建设进程的加快，城市生活垃圾日产量剧增，加重了各城市对其处理及处置的负担,而混杂垃圾的焚烧处理对环境影响极大。无害化、减量化和资源化地消纳城市固体废弃物已成为市政建设的重要内容。

城市生活垃圾是生物资源的重要来源,必须物尽其用。市场需求促使了城市垃圾转换资源技术的不断发展,从原始的焚烧处理方法逐渐推升至焚烧技术的优化和更新,吹响了城市垃圾清洁、高效资源化的进军号角,并将垃圾发电、垃圾转变资源纳入到低碳循环经济体系中。

2）农作物秸秆

我国农作物秸秆资源调查统计如表 4-1 所示,丰富的秸秆资源为秸秆资源化提供了充裕的物质基础。秸秆可分为两大类别:①灰色秸秆,量较大,发热值高,灰秸秆包括棉花秸秆、树枝、木材下脚料等密度较大的木本类植物;②黄色秸秆,量大但热值较低,黄色秸秆指玉米、小麦等草本类植物。

秸秆资源总体呈"两高两低"的分布特点,即人均资源量"北高南低",单位播种面积资源量"东高西低"。玉米秸秆量最高,主要分布在华北和东北地区;其次为稻秸,主要在长江中下游、西南、华南和东北区;再次为麦秸,主要分布在华北地区。除了还田、饲料、造纸及薪柴外,总体秸秆利用率比较低。若能将秸秆资源完全能源化利用,相当于节约 8 800 万吨标煤,可占当年再生能源开发利用总量的 53%[1]。

表 4-1　农作物秸秆能源化利用资源调查表

主要秸秆	稻谷	小麦	玉米	棉花	油菜
理论资源*/亿吨	1.25	0.76	1.82	0.37	0.13
产量占比/%	28.9	17.6	42.0	8.5	3.0
可收集量**/万吨	9 700	5 800	17 300	3 300	1 100

说明:理论资源指风干、含水量为 15% 的秸秆产量;总理论资源为 4.33 亿吨;总可收集量为 3.72 亿吨(理论量的 86%)。

3）林木生物质

林木生物质能源以其巨大的资源潜力和多样利用形式的优势,成为现代生物质能源开发的重要内容,它的分类见表 4-2[1]。

基于 2013 年林业基础数据并通过自下而上的计算方法,对我国现有林木生物质资源量进行估算,除去工业用木和传统薪材外,可得剩余总量为 9.24 亿吨;其中,可作为能源利用的生物质总量约为 2.64 亿吨,占全部剩余物总量的 28.57%。而目前能源林的生物质资源量仅占全部林木生物质能源资源量的 3.79%,因此,林木生物质有着很大的发展空间。

表 4 - 2 林木生物质资源一览

生物质能源资源	类型	可获得剩余物总量/亿吨	可作为能源利用生物量/亿吨
林地生长剩余物	灌木林平茬剩余物	1.85	1.03
	经济林抚育修枝剩余物	1.48	0.30
	"四旁"疏林抚育修枝剩余物	0.47	0.16
	城市绿化抚育修枝剩余物	0.40	0.20
	小计	4.20	1.69
林业生产剩余物	苗木修枝、定杆及截杆剩余物	0.02	0.01
	森林抚育与间伐剩余物	0.06	0.01
	林木采伐、造材剩余物	3.22	0.49
	林产品生产加工剩余物	0.74	0.04
	废旧木制品	0.60	0.30
	小计	4.64	0.85
能源林采伐	薪炭林	0.40	0.10
总计		9.24	2.64

4.1.2 生物质能利用技术

多样化的生物资源有着多样化的利用技术。

1) 秸秆资源化

秸秆资源的综合利用可具体概括为"五化",包括能源化(或燃料化)、肥料化、饲料化、原料化及基料化。目前秸秆资源综合利用率已达 65%,到 2020 年,秸秆综合利用率将达到 85%以上[2]。根据 2010 年中华人民共和国农业部的《全国农作物秸秆资源调查与评价报告》,我国秸秆可收集资源量为 6.87 亿吨,其中以玉米、稻草和麦秆为主,三者所占比重分别为 32%、25%和 18%。据调查,目前仍有 31%的秸秆资源被废弃或露天焚烧(见图 4 - 1)。

秸秆能源化技术如图 4 - 2 所示,当前主要的秸秆能源化利用技术有 7 种,按不同的转化形态可以分为固化技术(固化成型、炭化)、液化技术(燃料乙醇、生物柴油)、气化技术(热解气化、沼气)以及直燃发电。

我国对生物质热裂解制取生物油的研究始于 20 世纪 90 年代中期;至今在生物质热裂解制取液态燃料的工艺上也取得一定进步,但受制于多种原因,其与生物质发电发展相比显得缓慢。

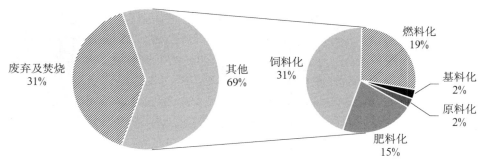

图 4-1 各种用途占可收集资源量的比例

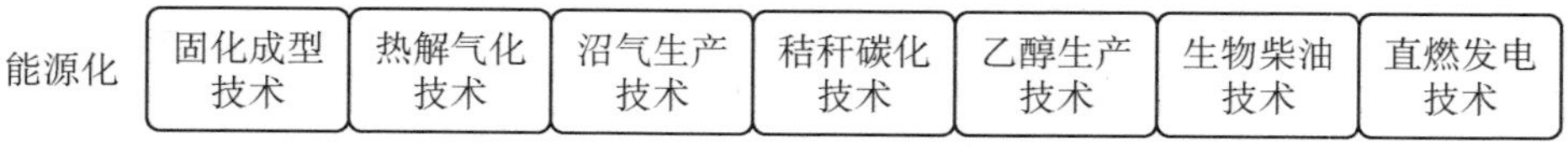

能源化 | 固化成型技术 | 热解气化技术 | 沼气生产技术 | 秸秆碳化技术 | 乙醇生产技术 | 生物柴油技术 | 直燃发电技术

图 4-2 秸秆能源化技术

在生物质能利用方面,我国早期使用以蔗渣和稻壳为主的燃烧设备以及沼气发电;随后利用以秸秆为主的生物质,采用秸秆直接燃烧发电;同时也发展生物质秸秆常温压缩固化成型技术以及因地制宜及时成型技术。近年,在低碳发电的呼唤下,燃煤-生物质(成型燃料或可燃气)耦合发电成为市场关注的热点,相关科研人员建立示范装置,为国内有条件的发电锅炉技术改造提供经验。

2)秸秆资源利用潜力

研究者运用《中国农业年鉴》和《中国农业统计资料》的数据测算 2012 年全国各地区作物秸秆资源化利用潜力(见图 4-3),并基于秸秆资源密度,分析各地区之间秸

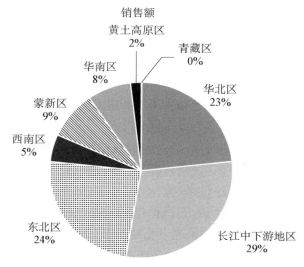

图 4-3 全国 8 大区域作物秸秆可资源化利用潜力占全国的比重

秆资源化利用潜力的差异,探讨了作物秸秆资源化利用市场的发展潜力[3]。

研究表明,2012 年我国作物秸秆资源总量为 8.486×10^8 t,可收集利用的秸秆资源量达 6.406×10^8 t。

农作物秸秆低位热值见表 4-3[4]。

表 4-3　农作物秸秆的低位发热量(MJ/t)

农作物秸秆	稻草	稻壳	麦秸	玉米秸	花生秧	花生壳	油菜秆	薯蔓	蔗渣
低位发热量	13 970	12 560	15 363	15 539	15 490	19 200	14 567	14 230	9 738

3) 生物质能利用规模

生物质种类繁多,并且具有不同的属性特征,因此对于生物质来说,利用技术也具有多样性。生物质的利用技术均是将其转换为固态、液态和气态燃料加以高效利用,主要的利用技术分为以下几类:

(1) 直接燃烧技术,包括户用炉灶燃烧技术、锅炉燃烧技术、生物质与煤的混合燃烧技术以及与之相关的压缩成型和烘焙技术。炉灶燃烧技术主要应用于农村,现在的炉灶大多采用节柴灶,克服了过去的炉灶浪费燃料、污染环境的缺点;锅炉燃烧技术、与煤的混合燃烧技术适应于相对集中、大规模利用的生物质资源,提高了生物质的利用率[2]。

就目前生物质直燃发电方式而言,燃用两种秸秆有着相同的收、储、运等燃料供应系统环节,以及破碎、打包的制备和传送过程直至炉膛内燃烧。两者的差异在于物料消耗量;在燃料制备系统能耗方面,黄秸秆的能耗比灰色秸秆能耗更大。

国外秸秆直燃发电技术以丹麦 BWE 公司为代表。2006 年我国引进丹麦 BWE 公司的秸秆发电技术,并建立了我国第一座生物质发电厂——山东单县生物质发电厂。截至 2016 年底,全国已投产生物质发电项目共计 665 个,并网装机容量为 1 224.8 万千瓦,年发电量为 634.1 亿千瓦时,年上网电量为 542.8 亿千瓦时。

(2) 生物转化技术,包括小型户用沼气池、大中型厌氧消化。主要是采用木质纤维素原料进行生物转化,步骤可以分为原料预处理,木质纤维素的酶解,发酵,产品的分离和提纯[3]。

(3) 热化学转化技术,包括生物质气化、液化、快速热解液化技术。生物质的气化是指将生物质原料进行简单的处理加工后使之破碎、压制成型,然后往其中通入 O_2 或者其他气体氧化物,使之转化为可燃性气体。我国秸秆热解气化技术始于 20 世纪 80 年代。自 1994 年山东桓台建成我国第一个秸秆气化炉集中供气试点后,各地陆续推广应用了秸秆气化技术,如南京林业大学的生物质气化多联产转化技术取得了"一技多产"和"零排放""零污染"效果[4]。

生物质液化是通过热化学或生物化学方法将生物质部分或全部转化为液体燃料。生物化学法主要是指采用水解、发酵等手段将生物质转化为燃料乙醇等;热化学法主要包括快速热解液化和加压催化液化等。直接液化是对原料在低温、高压的条件下进行热化学处理,加入硫酸、碱金属或者其他的催化剂,使其在水或者其他适宜的溶液中断裂成小分子[4]。生物质热裂解液化是指生物质在无氧或欠氧状态下热分解,以得到不同液体的生物油的热化学过程。也就是说,当达到聚合分子链的活化能条件时,原料结构变化趋向于低层次小分子的断裂,将低级的生物质能聚集成高品质的能源产品或化工原料。我国液化技术的研究和应用取得一定成果。到 2020 年,生物液体燃料年利用量达 600 万吨。

随着能源短缺和生态环保的严要求,在政策的指导下我国生物质发电并网装机容量有所扩大。《生物质能发展“十三五”规划》中明确提出,到 2020 年基本实现生物质能商业化和规模化利用,生物质发电总装机容量将达到 15 GW,年发电量将达到 90 000 GW·h,年利用生物质节约 5.8×10^7 吨标煤。2016 年我国各类生物质能利用规模如表 4-4 所示。

表 4-4　2016 年我国各类生物质能利用规模

利用方式	利用规模	年产量/能量	折标煤/t·a^{-1}
生物质发电	12 200 MW	63 400 GW·h	2.26×10^7
户用沼气	4 500 万户	2.1×10^{10} m^3	1.46×10^7
大型沼气工程	12 万处	—	—
生物质成型燃料	0.8×10^6 t	2.4×10^6 t	4.0×10^6
生物燃料乙醇	—	1.0×10^6 t	2.1×10^6
生物柴油			1.5×10^6
总计			4.5×10^7

4.1.3　生物质成型燃料

生物质能源具有良好的稳定性和储能性,具有能源替代、环保减排和促进农村经济三重功能。生物质能的研究与开发已经成为全球热门课题之一,受到了世界各国政府与科研人员的广泛关注。

由于生物质形状各异,堆积密度小、较松散,给运输和贮存以及使用带来了较大困难,采用生物质成型燃料技术是个好办法。

4.1.3.1　成型燃料简述

1) 国外生物质成型利用情况

早在 20 世纪 30 年代,日本、西欧等国家就开始研究成型技术。20 世纪 70 年代以来,随着全球性石油危机的冲击和环保意识的提高,世界各国越来越认识到开发和高效转换生物质能的重要性,纷纷投入资金和技术力量,研究和开发生物质成型技术及设备。美国在 20 世纪末已在 25 个州兴建了日产量 250～300 吨的树皮成型燃料加工厂。近 10 年生物质成型技术发展迅速,生物质成型燃料产业已经进入规模化、现代化、集约化和市场化。

截至 2015 年,全球生物质成型燃料产量约 3 000 万吨,欧洲是世界上最大的生物质成型燃料消费地区,年均消费约 1 600 万吨。北欧国家生物质成型燃料消费比重较大,其中瑞典生物质成型燃料供热约占供热能源消费总量的 70%。

2) 国内生物质成型利用情况

我国生物质压缩成型技术始于 20 世纪 80 年代。1990 年以来,机械螺杆式、柱塞式成型技术得到发展。进入 2000 年以后,生物质固体成型技术得到明显的进展,成型设备的生产和应用已初具规模。截至 2015 年,生物质能利用量约为 3 500 万吨标煤,其中商品化的生物质能利用量约为 1 800 万吨标煤。生物质成型燃料年利用量约为 800 万吨,主要用于城镇供暖和工业供热等领域。

目前我国生物质发电和液体燃料产业已形成一定规模,生物质成型燃料、生物天然气等产业已起步,呈现出良好发展势头,与此同时提高了人们对生物质资源的认识,将其从污染物的名录中剔除。

2017 年 3 月 27 日正式发布、实施新的《高污染燃料目录》,同时废除 2001 年发布的《关于划分高污染燃料的规定》。Ⅰ、Ⅱ 类管控的高污染燃料不包括生物质固体成型燃料,"非专用锅炉或未配置高效除尘设施的专用锅炉燃用的生物质成型燃料"才属于高污染燃料。

4.1.3.2　秸秆成型燃料

生物质成型燃料是在一定温度和压力作用下,将各类分散的、不规则的农林生物质经过收集、干燥、粉碎等预处理后,在特殊的生物质成型装备(木屑颗粒机、秸秆颗粒机)中挤压成规则的、密度较大的棒状、块状或颗粒状的成型燃料,供给工业锅炉或生物质发电用。

1) 特性

密度高,形状和性质均匀。生物质原料经挤压成型后,密度可达 $0.8～1.4 \ t/m^3$,含水率在 20% 以下。

燃烧性能好,热效率高。生物质成型燃料热值可达 14 000 kJ/kg 以上,能源密度相当于中质褐煤。

环保性好。成型燃料挥发物含量高（70％以上），灰分低（一般＜5％），燃烧过程几乎没有烟尘、SO_2等有害物质排放。

2）技术指标

国内成型燃料技术主要指标见表4-5。

表 4-5　国内成型燃料技术主要指标

项别	直径/mm	密度/(g/cm³)	单位耗能/(kW·h/t)	成型燃料含水率/％
成型块状燃料	30～100	0.8～1.3	30～60	＜30
成型颗粒燃料	8～12	0.9～1.4	70	＜30

生物质成型燃料技术可根据不同的工艺分为螺旋挤压、活塞冲压、模压、辊压等类型；根据不同动力形式又分为机械驱动和液压驱动等类型。我国主要采用螺旋挤压式压缩成型技术。生物质固体成型燃料装备的生产和应用已初具规模，逐步进入商业化阶段。

4.1.3.3　存在问题

工业锅炉数量之多（保有量 60 多万台，其中燃煤锅炉占 80％以上）、覆盖地域之广，年耗煤近 5 亿吨标煤。据 2012 年统计，燃煤工业锅炉排放的烟尘、二氧化硫、氮氧化物分别占全国排放总量的 32％、26％和 15％左右，是造成雾霾天气的主要原因之一。

问题大致归纳如下：

（1）生物质锅炉热效率不高（60％～65％），成型系统和喂入部件易磨损，损件寿命不超过 500 h；空气污染严重，人们对生物质能清洁利用的环保认识尚未形成共识。

（2）专业化、市场化程度低，受制于我国农业生产方式，对分布式商业化开发利用经验不足。

（3）标准体系不健全，缺乏设备、产品、工程技术标准和规范，缺乏对产品和质量的技术监督；块状成型机产品加工质量不高，密度较低，表面裂纹太多，运输、储运、加料过程中机械粉碎率远远超过行业标准；棒状燃料机构比较复杂，生产率较低，能耗较高。

（4）生物质能开发利用的产业链不完善，包括原料收集、加工转化、能源产品消费、伴生品处理等诸多环节，缺乏对生物可燃气和成型燃料的终端补贴政策支持。

4.1.3.4　发展前景

根据生物质资源投资估算和环境社会影响分析（见表 4-6），2016 年 10 月国家能源局在《生物质能发展"十三五"规划》中提出,到 2020 年生物质成型燃料年利用量达到 3 000 万吨。

表 4 - 6　投资估算和环境社会影响分析

项目	生物质能产业投资估算	生物质能环境效益	生物质能产业社会效益
预期到 2020 年	新增投资约 1 960 亿元,其中生物质发电约 400 亿元;生物天然气约 1 200 亿元;成型燃料约 180 亿元;生物液体燃料约 180 亿元	可替代化石能源总量为 5 800 万吨,年减排二氧化碳约 1.5 亿吨,减少粉尘排放约 5 200 万吨,减少二氧化硫排放约 140 万吨,减少氮氧化物排放约 44 万吨	年销售收入约 1 200 亿元,提供就业岗位 400 万个,农民收入增加 200 亿元
备注	经济和社会效益明显。"十三五"规划要求:到 2020 年,生物质发电达 1 500 万千瓦(直燃发电 700 万千瓦,城镇生活垃圾焚烧发电达 750 万千瓦,沼气发电达 50 万千瓦,可替代化石能源达 2 660 万吨/年);生物天然气达 80 亿立方米(相当于化石能 960 万吨/年);成型燃料达 3 000 万吨(相当于化石能为 1 500 万吨/年);生物液体燃料达 600 万吨(乙醇 400 万吨、生物柴油 200 万吨,相当于化石能为 680 万吨/年)		

4.1.3.5　典型案例

长春一汽富维供热站投用新建的 10.5 MW 和 7 MW 两台成型燃料锅炉,代替燃煤锅炉供暖,显著提高了供热能效,降低了大气污染物排放浓度和排放总量。该供热站使用宏日新能源公司自行研发的成型燃料专用锅炉(见图 4 - 4),安装了布袋除尘器,不用脱硫、脱硝设备。

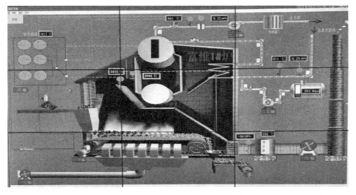

图 4 - 4　宏日新能源锅炉供热热源系统联网中控室大屏幕

1）在线烟气分析装置的数据

SO_2、NO_x 和颗粒物的折算排放浓度分别为 54.6 mg/m³、171 mg/m³ 和 11.8 mg/m³，远优于重点地区燃煤锅炉 200 mg/m³、200 mg/m³ 和 30 mg/m³ 的特别排放限值，而与重点地区天然气锅炉 50 mg/m³、150 mg/m³ 和 20 mg/m³ 的排放限值接近。

2）经济性

生物质成型燃料锅炉供热的成本只有天然气锅炉的 60%～70%。燃料成本占成型燃料锅炉供热总成本的 75% 以上，是最大的影响因素。净利润率为 8%～22.5%。

3）示范结论

成型燃料锅炉供热是农林固体剩余物能源化利用最有效的途径。以单台锅炉容量 10 t/h(7 MW) 和 20 t/h(14 MW) 为主的成型燃料专用锅炉的产品系列比较齐全，其设计制造质量水平较高，大气污染物的排放接近天然气锅炉的排放限值，能满足现阶段国内成型燃料锅炉供热市场的需求。

4.1.4 分子能源学的发展前景

生物质是最原始也是最基础的生命体。它具有高等生物 DNA 的特质，以特有的信息传递、不断适应环境变迁的进化而繁衍生息。分子生物学是生物质能研究的基础。生物质能的研究内容属于分子能源学的范畴，各种生物质结构的键能在特定条件下伴随着分子团的聚合或断裂而吸收或释放能量。为研究生物质能的轨迹，开创生物质能产业化，我国不仅需要热能机械专业人才，更需要化工、生物学及其他学科专业的合作[5]。借鉴分子生物学遗传基因的科学方法，相关人才不仅需要从自然科学本身的规律出发去探索生物质能的奥秘，而且还需要从人文和社会的角度去研究这一生物能源产业化的需求过程，创造促进创新的条件和环境。学科交叉是创新思想的源泉，也是知识不断积累、认识不断深化的过程[6]。严格地说，想象力是科学研究中的实在因素[7]。应用计算技术、应用数学和信息科学方法可以代替物理学方法成为推动分子生物学发展的新方法[8]。借助现代先进的测试仪器，相关人才有希望破解生物质键能的密码，推动分子能源学的革命性发展。

4.2 生物质及其废弃物的资源化

农作物的废料资源化是整治生态环境中的重要一环。

生物质能转换技术主要有物理、化学和生物三大类，它使生物质能转化为洁净的高品位气体、液体燃料或固体成型燃料(见图 4-5)。

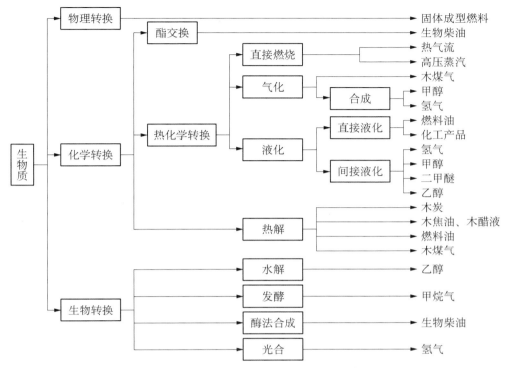

图 4-5　生物质能源转换技术及产品[9]

在生物质利用的早期,主要是将其化学转化去制造燃料乙醇、沼气等,那时候生物质的热裂解技术还不成熟。生物质作为可再生的碳资源,是唯一可以转化成可替代常规液态石油燃料和其他化学品的,而生物质能源开发利用的各种技术中,热化学转换的优点更多,是最为主要的途径,因此生物质热解技术越来越受到研究者的关注[10]。

4.2.1　影响生物质热裂解液化的因素及催化热解准则

影响因素主要有生物质结构、反应环境气氛、加热速率、热解反应温度、气相滞留时间和热解气体的淬冷等。

常规热裂解工艺制备的生物油品质较低,限制了它的应用范围。为达到工业化应用的要求,生物质的热解过程需要满足以下 6 条准则[11]:

(1) 促进低聚物的二次裂解以形成挥发性产物,降低生物油的平均相对分子质量和黏度,提高生物油的热安定性;

(2) 降低醛类产物的含量,提高生物油的化学安定性;

(3) 降低酸类产物的含量,降低生物油的酸性和腐蚀性;

(4) 尽可能地脱氧,促进烃类产物或其他低氧含量产物的形成,提高生物油的热值；

（5）尽量以 CO 或 CO_2 的形式脱除氧元素，如以 H_2O 的形式脱除，必须保证水分和催化热解后的有机液体产物能自行分离；

（6）催化剂必须具有较长的使用寿命。

4.2.2 研究方法

研究方法包括热重分析、欠氧、无氧或氮气的热裂解、预处理催化法。

1) 生物质热裂解动力学研究方法

生物质热裂解技术是一门实验性很强的学问，人们需要借助现代科学、计算机和先进仪器来洞察生物质的微观世界。目前有热重法、紫外光谱法、红外光谱法、核磁共振波谱法、质谱分析法等高分子分析法，为探索生物质分子能源结构提供有力的研究工具[12]。

热解动力学分析是一种研究方法。一般使用热重天平测得失重速率曲线，再分析其热解机理。常用的有热重法（TG）和差示扫描量热法（DSC）。热重法又分为静态法（即等温法）和动态法（即非等温法）。

热重分析仪（thermal gravimetric analyzer，TGA）是一种在程序控温下检测测量物质温度（或时间）与质量变化关系的仪器。

测量原理有变位法和零位法。依据天平梁倾斜度与质量变化的关系，通过差动变压器自动记录检知倾斜度，或者通过差动变压器法、光学法测定天平梁的倾斜度，调整安装在天平系统和磁场中线圈的电流，利用受力与电流的比例关系自动记录质量变化的曲线。

热重法分为动态（升温）和静态（恒温）两种，观察测试物质形态与温度条件的变化，所试验得到的曲线称为热重曲线（TG 曲线）。TGA 实验有助于研究晶体性质的变化，如熔化、蒸发、升华和吸附等物质的物理现象；也有助于研究物质的脱水、解离、氧化、还原等物质的化学现象。

差示扫描量热法（differential scanning calorimetry，DSC）是一种热分析法。在程序控制温度下，测量输入到试样和参比物的功率差（如以热的形式）与温度的关系。差示扫描量热仪记录到的曲线称为 DSC 曲线，它以样品吸热或放热的速率，即热流率 dH/dt（单位 mJ/s），测定多种热力学和动力学参数。它适用于无机物、有机化合物及药物分析。

差热重量分析法（differential thermal gravity，DTG）是 TG 的一次微分曲线。DTG 的曲线表示质量随时间的变化率（dm/dt）与温度（或时间）的函数关系：$dm/dt = f(T)$ 或 $f(t)$。DTG 曲线的峰顶为 $dm/dt = 0$，对应于 TG 曲线的拐点，即失重速率的最大值；DTG 曲线上的峰数对应于 TG 曲线上的台阶数，即失重的次数；DTG

曲线的峰面积正比于失重量,可用于计算失重量。如果失重温度很接近,在 TG 曲线上的台阶不容易区分,做 DTG 曲线就可以看到明显的温度。

傅里叶变换红外光谱仪(Fourier transform infrared spectrometer,FTIR)是基于干涉红外光进行傅里叶变换的原理开发而成(见图 4 - 6 和图 4 - 7)。

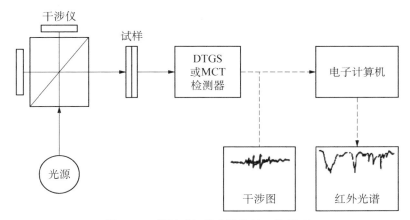

图 4 - 6　傅里叶红外光谱仪的工作原理

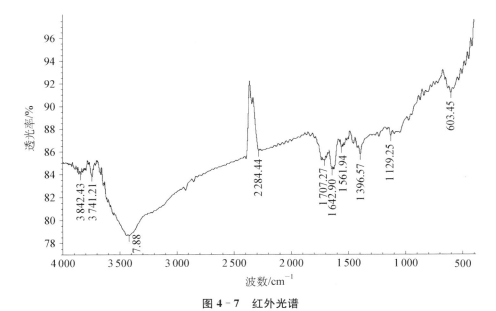

图 4 - 7　红外光谱

FTIR 的特点:扫描速度快,并同时测定所有频率的信息;具有高分辨率;灵敏度高,不用狭缝和单色器;精度高,一般换算为波数,单位为 cm^{-1}。

红外光谱波长范围为 0.75～1 000 μm,习惯上分为近红外光(0.75～2.5 μm,

13 158~4 000 cm^{-1})、中红外光(2.5~25 μm，4 000~400 cm^{-1})、远红外光(25~1 000 μm，400~10 cm^{-1})3 个光区，分别对应分子化学键振动的倍频和组合频、化学键振动基频、骨架振动和转动频率。

2) 各因素对热裂解的影响

各种热裂解工艺中采用的不同反应器，参数不同所得产物也不同[9]。

(1) 反应温度 温度低于 400℃生物质热裂解反应进行得很慢。在 450~600℃的温度范围内，裂解产物主要是碳和不可凝气体；生物油的产量先随温度的升高而增加，达到最大值后又随温度的继续升高而减少，气体的产量随温度升高而增加；当温度高于 650℃时，气体成为主要产物。如甘蔗渣在 520℃时得到 44％的高产油率。大部分闪速热裂解试验也符合这一规律，其最佳反应温度宜选在 450~550℃的范围内。低于这一温度范围时，碳的产量增加而生物油产量减少；超过此温度则生物油的二次裂化或重整加剧而使得生物油的产量减少，不可凝气体产量增加(见图 4-8)。

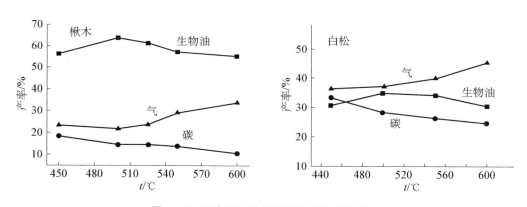

图 4-8　反应温度对热裂解产物产率的影响

(2) 原料粒径 从传热和传质角度考察，粒径的改变将会影响颗粒的升温速率乃至挥发分析出的速率。但小颗粒原料对生物油生产的影响不如反应温度明显。研究认为，粒径小于 1 mm 的生物质颗粒，其热裂解过程主要受内在动力速率控制，可忽略颗粒内部热质传递的影响。粒径大于 1 mm、生物质颗粒内外加热速率差大时容易导致颗粒中心生成碳。

(3) 给料速率 给料机速率增加，在一定范围内有利于提高挥发分的生成量，气相流量增加，减少气体在高温区域的停留时间，有效抑制二次裂化反应；但是由于受设备系统的限制而给料速率过高，反而会降低反应温度，不利于产油量。

(4) 原料种类 从原料的分析可见，其组成成分的理化特性不同会构成相应热裂解路径上的差异。一般来讲，硬木类原料的产油率高于软木类原料的产油率。

3）技术要点

生物质热裂解液化是在中温（500～650℃）、高加热速率（$10^4 \sim 10^5$℃/s）和极短气体停留时间（<2 s）的条件下，将生物质直接热解，产物经快速冷却可使中间液态产物分子在进一步断裂生成气体之前冷凝，从而得到高产量的生物油。技术的关键在于要有很高的加热速率和热传递速率、严格控制的中温区间以及热裂解挥发分的快速冷却。

快速热裂解的传热过程发生在极短的原料停留时间内。强烈的热效应将导致原料极迅速地去多聚化，不再出现一些中间产物，直接产生热裂解产物；而产物的迅速淬冷使化学反应在所得初始产物进一步降解之前终止，从而最大限度地增加了液态生物油的产量。

4）生物质热解动力学研究

生物质主要由纤维素、半纤维素及木质素组成。纤维素的热裂解路径很大程度上体现了生物质的整体热裂解规律，因此生物质热解动力学的研究基本都基于纤维素的热解[13]。

1975年，Broido等在低温条件下加热纤维素，发现有一部分纤维素转化为脱水纤维素。1976年，Broido对纤维素进行热重分析，采用多步模型（见图4-9）模拟纤维素的热解。

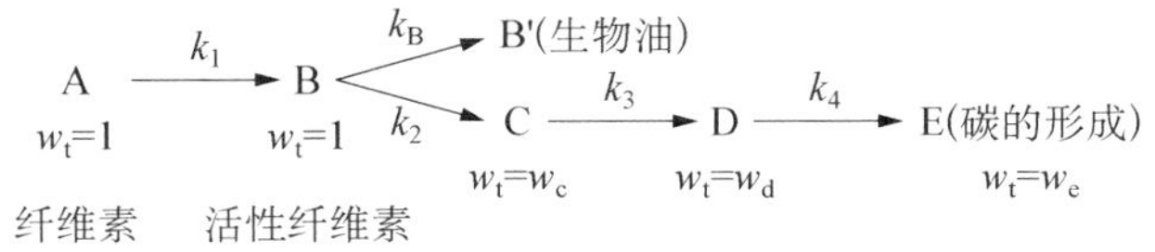

A $\xrightarrow{k_1}$ B $\xrightarrow{k_B}$ B'(生物油)

B $\xrightarrow{k_2}$ C $\xrightarrow{k_3}$ D $\xrightarrow{k_4}$ E(碳的形成)

$w_t=1$　$w_t=1$　$w_t=w_c$　$w_t=w_d$　$w_t=w_e$

纤维素　　活性纤维素

图4-9　纤维素热解的多步模型

C、D、E 为固体中间产物

该模型后来略去 C、D、E 过渡过程，简化为单一反应。一些研究者克服了样本颗粒大、受传热限制造成的参数偏差等因素，将模型的首次裂解修改为：低温碳化反应与纤维素聚合度快速降低之间的竞争反应（见图4-10）。

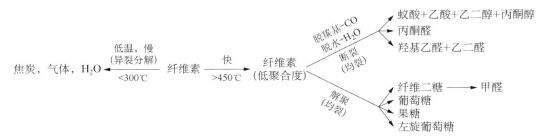

图4-10　低温碳化反应与纤维素聚合度的竞争反应模型

有些研究者认为,热解可以看成是一个两阶段反应,当颗粒粒径和热解温度增加时,不能忽略传热和二次热解的影响,其热解速率由其主要组成的总速率来表示。

生物质热裂解过程是一种相当复杂的化学、物理现象。由于假设模型的简化处理,总存在活性纤维素热裂解、急速降温收集到一种介于纤维素和生物油之间的中间化合物等问题上的分歧,需要借助先进的 TG‑FTIR、TG‑MS 联用测试工具,建立一种更接近实际的通用模型。

半纤维素模型有化合物的木聚糖热稳定性差、热裂解焦炭产量高的特点;纤维素是植物细胞壁的主要成分。它由吡喃葡萄糖苷通过 β‑1、4‑糖苷联结成线性大分子;木质素是由三种苯丙烷单体通过初始酶化、去氢和自由基共聚后形成不同种类的立体复杂聚合体[14]。生物质中的纤维素(占比 40%～50%)、半纤维素和木质素三种主要组分在热天平上的热失重对比显示,半纤维素在 217～390℃ 发生明显分解;纤维素热裂解起始温度最高,且主要失重发生在较窄温度区域,固体残留物仅为 6.5%;木质素表现出较宽的失重温度区域,最终固体残留物高达 42%。

在红外辐射机理试验时,三组分热裂解的油产量随温度呈先升后降的变化(见图 4‑11)。纤维素生物油产量在峰值上最高,但纤维素生物油热稳定性差,高温时挥发分的二次分解最明显;木聚糖和木质素生物油产量较低,表现出较好的热稳定性。

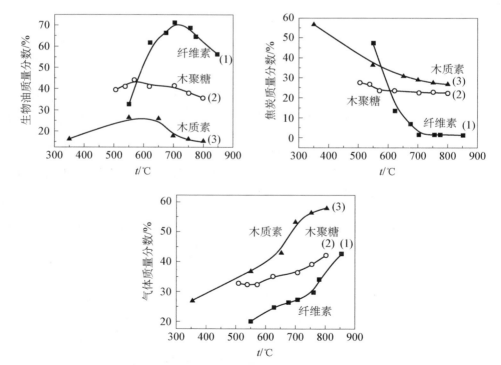

图 4‑11 生物质三组分产出生物油、焦炭及气体随反应温度的变化

同样,焦炭产量的变化规律与含油量相似。最终纤维素热裂解的焦炭产量为 1.5%,而木聚糖和木质素分别为 22% 和 26%。三组分热裂解的产气量随温度升高而增长,但气体组分分布因其结构差异而不同。物料样本分析见表 4-7。

表 4-7 试验物料样本分析

样　本	工业分析,W_{ad}/%					元素分析,W_{ad}/%				
	M	A	V	FC	Q /(MJ/kg)	C	H	N	S	O
纤维素	6.60	0.00	91.40	—	15.80	42.20	6.00	0.09	0.00	45.01
木聚糖	6.51	5.04	76.42	12.03	15.5	40.80	6.38	0.26	0.00	41.01
木质素	6.50	1.46	89.34	2.70	21.2	52.74	3.97	0.70	0.08	34.55

说明:W_{ad} 表示分析的样品为空气干燥基;M—水分;A—灰分;V—挥发分;FC—固定碳;Q—热值。

5) 快速热裂解研究案例

研究者[15]对海藻类生物质(条浒苔)的快速热裂解过程进行研究,发现当反应温度在 500℃ 左右存在最大产油率,而停留时间(载气流量)对海藻生物油产率影响不大。按照一般规律,温度升高,热解生成碳中挥发分的比例下降,而固定碳的比例则增加。海藻类生物油的检测结果,含碳氢量较高,含氧量较低。

(1) 生物质样本:条浒苔,质量约为 20 克/工况;预处理:在空气中干燥(100℃下 4 h)、粉碎(粒径<0.25 mm 的藻粉);反应温度:400~600℃(可调控);载流气体:氮气(流量可调,0~200 L/h);冷却液:第一级锥形冷凝瓶(冰水混合物)可将热解气降到 100℃,第二级采用螺旋结构增加接触面积,用干冰和丙酮混合液作为冷凝介质,设定冷凝介质温度为 −30℃ 左右,使热解气温度能达到 −5℃,第三级为辅助冷凝级,增加螺旋圈数,介质温度相对低一点,约为 −40℃。

(2) 试验装置如图 4-12 所示。

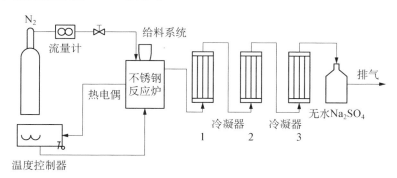

图 4-12 海藻生物质快速热裂解装置示意图

1—冰水混合物;2,3—干冰与丙酮混合物

（3）试验效果达到定性地分析停留时间对产油率的影响,停留时间减少,生物油产率略有提高,从 37.2% 变化到 41.5%（见图 4-13）。在同样载气流量 50 L/h 条件下,改变反应温度,得到海藻生物质热解产物随温度的分布趋势类似的结论,随着热解温度的升高,气体产率逐渐增加,而焦炭产率却逐渐降低;当温度为 500℃ 时,产油率达极大值,约为 41%（见图 4-14）。海藻类生物油密度为 1 050～1 150 kg/m³,含氧量只有 25% 左右。

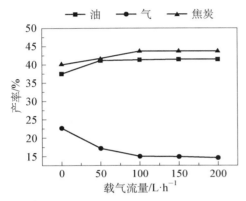

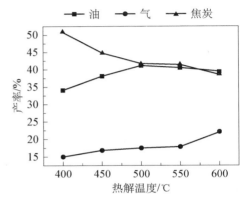

图 4-13 条浒苔热解产物随载气流量的变化规律　　图 4-14 条浒苔热解产物随温度的变化规律

（4）结果分析。反应温度因素影响:当反应温度较低时,焦炭产量增大,生物油产量减小;温度过高时,气体产量增加而生物油产量减小,其主要是因为气相生物油的二次裂解或重整加剧使得生物油产量有所降低。其变化规律与陆相木质类生物质热裂解相似（见表 4-8）。流量影响:热解温度一定时,随着载气速度的提高,裂解产物在高温区停留时间减小,气体产量减小,生物油产量增大。增大载气流量可以减少气态产物停留时间,从而达到生物油产量最大化的目的。停留时间影响:停留时间（载气流量）对海藻生物油产率影响不大。

表 4-8　陆相生物质热裂解产油率及最佳温度

样品	产率/%	最佳温度/℃
榛子壳	23.1	500
油菜籽	73.0	550～600
榆木木屑	46.3	500
水曲柳	40.2	550
杉木	53.9	500

（续表）

样品	产率/%	最佳温度/℃
花梨木	55.7	500
秸秆	33.7	500

4.2.3　技术评估

1）生命周期评价（LCA）

LCA 是一种对某事件（或产品）从起始到终点的全程综合性评估其工业生产过程的能耗和环境污染排放的手段，借此对生物质能工业化利用的全部价值做出科学的客观评估。

生物质快速热裂解技术是一种工业化制取液体燃料的技术，适用于能量密度低、分布分散的秸秆、林木废弃物及稻壳等生物质，使其转化为能量密度较高、便于储存运输的生物油，还可分离精制成具有商业价值的化工产品。

但限于目前的技术水平，在原材料的产出、收集、转换产品的使用、回收等各环节中，难以掌控各种物质和能量的交换，难以控制能源转化过程中各环节对环境的可持续性和清洁性的影响。为此，以热裂解制取生物油系统为对象，研究整个系统在全生命周期中的能耗、高附加值产品品种以及有无环境污染，其意义十分重大。

2）转化效率、经济性

生物质资源化的效率与原料品种、反应器、热裂解参数以及催化预处理等因素关联。具体问题具体分析，详见本书相关章节内容。

3）定量评价

不少研究者[16-17]通过对生物质热裂解制取生物油生命周期中各环节能耗、资源消耗、环境污染的比较，对其环境效益做出定量评价。图 4 - 15 为流化床快速热裂解

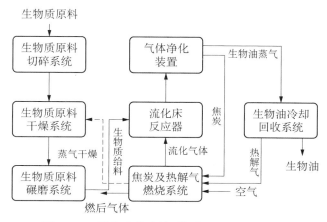

图 4 - 15　流化床快速热裂解制取生物油流程图

203

制取生物油流程图。

研究者采用荷兰莱顿大学环境科学学院的评价方法 CML2001 作为环境评价的指标,包括全球变暖潜值(global warming potential,GWP)、酸化(acidification,AC)、臭氧层损耗、淡水生态毒性、土壤生态毒性、富营养化等 7 类环境影响指标;部分数据来自 LCA 分析软件 Gabi 的全球数据库。

(1) 反应器运行条件　流化床维持在常压、温度 450～500℃,生物质颗粒粒径为 3 mm 以下,干燥颗粒含水量 7%,部分烟气循环。

(2) 实验结果　生物油的净能量值(net energy value,NEV)高达 0.68 MJ/MJ,高于生物质发酵生产生物乙醇(0.42 MJ/MJ),但存在生物油热值低、含水量高、腐蚀性高等问题。

研究者在流化床反应器上对热裂解系统做了 LCA 的能耗分析(见图 4-16)。

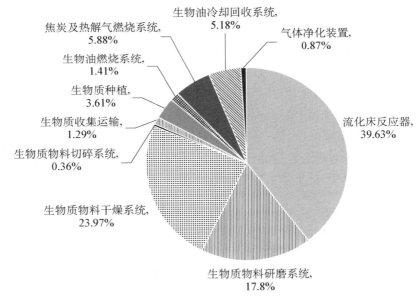

图 4-16　流化床反应器快速热裂解系统 LCA 能耗分布

由图 4-16 可见,流化床使用的小颗粒物料的能耗高,仅干燥和碾磨的能耗就高达 41.77%。

(3) 环境影响潜值分析　经计算,生物质热裂解系统对应于 1 MJ 热值生物油在整个生命周期内的 GWP 为 0.056 5 CO_2-equiv. kg/MJ,低于常规汽、柴油,充分体现生物质的碳循环特性。中科院研究者认为,抑制焦油的生成和分解焦油是生物质气化热解中的关键技术之一。

4）主要产品特性

生物质经过资源化处理转化为可燃气、生物油、炭粉等高附加值的资源物质。其主要理化性质列于表 4-9。

表 4-9　农林废弃物类生物质热解产物的产率和热值

热解产物	生物油	可燃气	炭粉	合计
农业废弃物（原料含水率≤10%、热值≈15 MJ/kg）				
高位热值	15～16 MJ/kg	12～13 MJ/m³	18～20 MJ/kg	—
质量产率/%	45～55	18～23	25～35	100
能量产率/%	50～55	15～20	35～40	>100
林业废弃物（原料含水率≤10%、热值≈17 MJ/kg）				
高位热值	17～18 MJ/kg	13～14 MJ/m³	24～25 MJ/kg	—
质量产率/%	60～70	15～20	15～20	100
能量产率/%	63～67	12～16	25～30	>100

说明：能量产率大于 100% 是由于热解反应为吸热反应。

生物油是一种具有微观多相性的有色液体，其多相性是由原料种类、热解反应条件、冷凝过程以及保存条件和保存时间所决定，其颜色与原料种类、化学成分以及所含有微细炭粉颗粒的多少有关而呈暗红褐色到棕褐色。生物油的主要理化性质列于表 4-10。

表 4-10　生物油的理化性质

理化性质	水分/%（质量分数）	热值/(MJ·kg⁻¹)	密度/(kg·m⁻³)	黏度/(10⁻⁶ m²·s⁻¹)	闪点/℃	pH 值	主要元素含量/%（质量分数）				
							C	H	O	N	S
数值范围	20～30	15～18	1 100～1 300	15～900	70～100	2.0～4.0	40～45	8～10	45～55	0.4～0.8	0.1～0.5

说明：密度和黏度的检测温度为 40℃。

4.3　生物质热裂解技术研究

生物质热裂解技术是世界上生物质能研究的前沿技术之一，可视为 21 世纪的绿色燃料。进一步改进生物质能转换工艺可使液体燃料的品质接近于常规动力燃料品质或者有用的化工产品。据一些研究人员的乐观判断，如果掌握合适的转换工艺、反应条件包括预处理、催化技术,可获得原生物质 80%～85% 的能量,生物油产率的质量分数也可达到 70% 以上。

4.3.1 酸洗预处理

生物质的预处理是其资源化处理过程中的重要步骤。

生物质具有亲水性强、氧含量高、能量密度低等特点。为获得液体产量的最大化和提高产物中糖类的质量分数,研究者采用盐酸(3%、5%、7%)、磷酸(7%)和硫酸(7%)对纤维素进行酸洗预处理,观察不同酸处理前后的纤维素的微观结构和聚合度变化(见图 4-17 和图 4-18)。

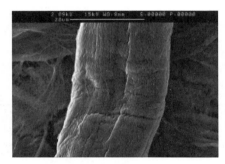 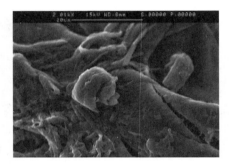

图 4-17　未经预处理的纤维素扫描电镜图　　图 4-18　盐酸预处理后的纤维素扫描电镜图

生物油是一种复杂的有机成分混合物,主要含有多种带有含氧官能团的有机酸类、苯酚类、醛类、酮类、酯类和大分子糖类化合物。

实验表明,硫酸对生物油的生成比盐酸、磷酸具有更强的抑制作用,突显出酸对纤维素交联和脱水反应的催化效果。在气相色谱/质谱 GC-MS 色质联机分析中可见,酸洗预处理只改变化合物之间的相对质量分数而没有改变其组分的种类[18]。

磷酸浸泡后的纤维素热裂解产物中含有更多的脱水糖成分,在生物质碳化过程中使用磷酸和硫酸催化剂可以抑制左旋葡聚糖的形成,有利于焦炭的生成。

目前联合生产的新工艺中,直接在酸性条件下催化水解半纤维素生成呋喃化合物,剩下的纤维素和木质素通过快速热裂解制取化工原料,得到 47.5%～63.0% 的左旋葡聚糖产量。研究者认为,纤维素大分子聚合物在转糖基作用下,糖苷键发生异裂导致尾部基团解聚,从而形成左旋葡聚糖以及其同分异构体。左旋葡聚糖对温度非常敏感,其包含的半缩醛官能团和四个羟基在常压和高温下并不稳定,容易发生二次反应生成相应的醛、酮等简单有机化合物。

经实验研究,酸的催化脱水作用表现在,纯纤维素裂解油中 2,3-脱水-d-甘露糖的质量分数仅为 0.33%,而硫酸和磷酸预处理后其质量分数分别增加到 10.90% 和 4.55%。

我国关于金属离子对生物质热裂解特性的影响规律研究较为深入,而关于酸洗预处理对生物质热裂解影响的实验研究相对较少[19]。盐酸浸泡后的稻壳金属离子含量明显降低,稻壳热裂解焦油产量升高,由原始物料时的 41.74% 增加到盐酸(7%)洗涤后的 52.88%;而气体和焦炭产量相应降低,并随着盐酸浓度的增加,对应的趋势更加明显,其气体产物主要为 CO 和 CO_2(见图 4-19 和图 4-20)。

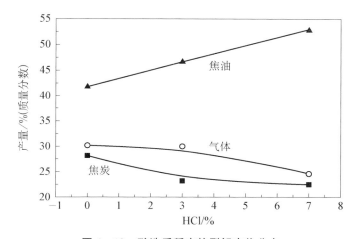

图 4-19 酸洗后稻壳热裂解产物分布

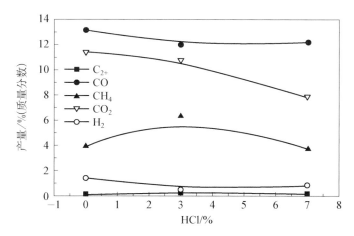

图 4-20 酸洗后稻壳热裂解气体产物分布

实验发现[20],从反应前后金属盐电镜图上以及生物油和焦炭中金属离子质量分数的检测分析可以推断,钾盐在抑制生物油生成的同时,促进了焦炭和气体的生成。

证实钾盐的催化作用主要发生在固相中,以离子形式选择性催化了不同类别的反应,加速了分子断键过程中的裂变和歧化反应,抑制左旋葡聚糖生成,促进了糖类以外产物的形成,提高了生物油中乙醇醛、乙醛以及小分子的醇类、酮醛类化合物的数量。

不同种类酸洗涤对生物质热裂解的影响明显。不同酸处理后,在一定程度都降低稻壳中金属离子的含量,从而促进了生物油的生成,同时抑制了焦炭和不可凝气体的产生;盐酸对于剔除高含量钾离子的效果最好。

4.3.2 玉米秸秆热裂解技术研究

各种生物质有着不同的分子结构。研究其特性是实现资源化的关键。

1) 闪速加热的挥发物特性

(1) 山东理工大学研究者[21]在等离子体加热层流炉上,测定玉米秸秆热裂解特性。

实验条件如下。生物质:玉米秸秆粉(粒径0.117~0.173 mm);反应器:层流炉(雷诺数 $Re<2\,000$)+冷激器+旋风分离器;加热方式:等离子体加热(功率约为50 kW);工作气体:氩气;工作参数:加料量为0.8 g/min,反应温度为800~950 K,热解停留时间为0.108~0.224 s,气体流量为1.5~2.5 m³/h;反应器示意图如图4-21所示。

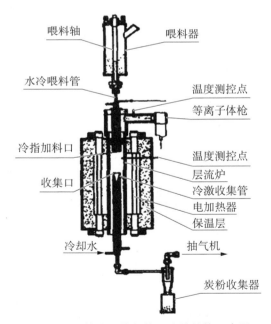

图4-21 等离子体加热层流炉结构示意图

研究认为,热重仪加热速率可达到100℃/min,属于慢速加热。所测定的生物质挥发特性可适用于一般热解干馏气化和水煤气气化。但是,生物质热解液化过程非常复杂,国外通常采用 1 000℃/s 以上的加热速率,也称为闪速加热,使大分子团裂解为分子量小的分子结构,在急冷却下获得大量的液体产物——生物油,甚至精细化工原料。

实验结果如下。

引入 Arrhenius 形式的一级挥发反应模型分析,实验数据表明,闪速加热热解与慢速热解存在明显不同。生物质在闪速加热条件下的热挥发化学动力学参数与加热速率无关,热挥发规律可以用统一的公式描述:

$$\frac{dW}{dt} = 1\ 039 \cdot (80 - W) \cdot \exp\left(\frac{-4\ 078}{T}\right) \qquad (4-1)$$

式中,数字 80 指最终挥发百分比为 80%;W 为挥发分挥发的百分比;t 为加热时间(s);T 为环境加热温度(K)。

(2) 华南农业大学研究者[22]采用 STA449 同步热分析仪(包括热重 TG、微分热重 DTG 和差示扫描 DSC)对玉米秸秆(60 目标准筛)进行测试。

实验条件如下。试样量:5.3～5.8 mg;升温速率:5、10、15、20、30 K/min;初始温度为 303 K,终止温度为 1 273 K;反应气氛:高纯氮气(流量 30 mL/min);动力学计算方法:Flynn-Wall-Ozawa(FWO)法、Friedman-Reich-Levi(FRL)法和 Kissinger 法。

玉米秸秆热解过程可分为失水预热解、热解和碳化 3 个阶段,随着升温速率增加,反应的特征温度和最大失重速率增加,差示扫描(DSC)曲线整体向下倾斜。实验结果见表 4-11。

表 4-11　玉米秸秆热解各阶段失重量、吸热量和最终残留率

升温速率 /K·min⁻¹	各阶段失重量/%			残留率/%	各阶段吸热量/J·g⁻¹		
	失水预热解阶段	主热解阶段	碳化阶段		失水预热解阶段	主热解阶段	碳化阶段
5	4.03	57.08	24.53	14.43	139.7	−125.5	3 230
10	4.22	56.01	18.42	21.35	164.7	−350.4	893.1
15	3.78	56.71	11.53	27.95	169.8	−257.3	370.2
20	4.52	57.45	11.84	26.18	151	−84.88	192.7
30	2.63	57.24	10.96	29.18	133	−114.8	86.9

说明:负号表示放热。

玉米秸秆在失去自由水分的同时其内部发生结构重组,即解聚和玻璃化转变。升温速率增加,失水率也增加,但升温过快时,会出现失水过程滞后现象(见表 4-12)。

表 4-12　玉米秸秆主热解阶段特征参数

升温速率/K·min⁻¹	T_e/K	T_f/K	T_p/K	最大失重速率/%·min⁻¹
5	534	608.6	578.6	3.30
10	543.8	618.5	587.1	6.55
15	552.2	626.7	597.0	10.35
20	557.9	631.2	602.2	13.69
30	560.9	636.6	607.8	21.14

说明：T_e—外推起始温度；T_f—结束温度；T_p—最大失重速率对应温度。

由图 4-22 中可见,玉米秸秆热解的热分析曲线上 423 K 到 673 K 为主热解阶段,673 K 后为碳化阶段,DSC 曲线随升温速率增加向下移动。在 498 K 之前,样品失重缓慢,DSC 曲线也没有出现明显的峰,此阶段主要为木质素和半纤维素的热解;

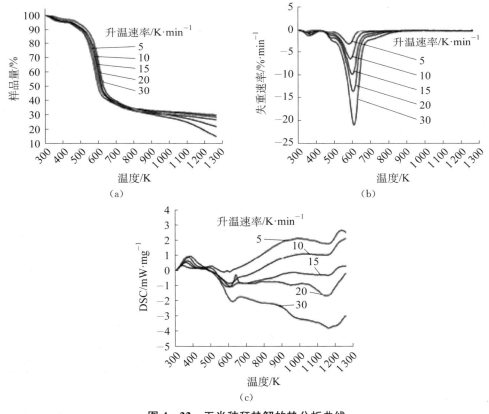

图 4-22　玉米秸秆热解的热分析曲线

(a)热重(TG)曲线；(b)微分热重(DTG)曲线；(c)差示扫描(DSC)曲线

在 498 K 之后,失重速率显著增加,此阶段主要为纤维素的热解,DSC 曲线上出现了剧烈的放热峰。随着升温速率增加,主热解阶段的特征温度升高,最大失重速率显著增加,但对主热解阶段的失重量并无大的影响。

研究者选用 FWO 法、FRL 法计算了反应活化能,当转化率 α 在 0.1～0.95 的范围内,线性拟合回归系数 R 值均较高。玉米秸秆的反应活化能约为 161.71 kJ/mol。实验得到的主要结果如下。

玉米秸秆热解过程分为失水预热解、主热解和碳化 3 个阶段。升温速率对主热解阶段的特征温度和最大失重速率影响较大,而对该阶段失重量影响不大。碳化阶段样品失重速率受升温速率影响不大,但 DSC 曲线随着升温速率增加向下倾斜。

玉米秸秆主热解阶段活化能为(161 ± 23) kJ/mol,由于玉米秸秆成分复杂,其热解包含着多种组分的热分解反应,导致了活化能值有一定波动。

研究者用 Malek 法确定玉米秸秆热解满足 Johnson-Mehl-Arvami(JMA)方程,其热解机理为随机成核随后生长,并确定了 n 和 lg A 的范围。研究者利用 Matlab 软件对实验数据进行拟合,验证了机理的正确性,并确定了玉米秸秆热解反应的动力学参数。

2) 玉米秸秆液化工艺条件优化

(1) 玉米秸秆预处理　75℃烘箱内把玉米秸秆烘干至含水率为 5.2%～5.5%;粉碎颗粒:40 目标准筛;试验试剂:Na_2CO_3、四氢呋喃及环己烷等分析纯;反应器:电加热方式加热反应釜,转速 1 200 r/min;工作参数:5.0 g 玉米秸秆,用催化剂 Na_2CO_3 溶液浸泡 35 min;采用压力为 10 MPa 的氮气;升温速率:10℃/min;达到一定温度后恒温 20 min。

(2) 玉米秸秆的优化工艺条件　研究者[23]对玉米秸秆液化工艺进行优化实验。温度 380℃,恒温停留时间 20 min;催化剂浓度为 0.4 mol/L;在最优条件下生物油产率可稳定在 56% 左右。数据表明:温度是生物油产率的主要影响因素,恒温停留时间对产油率影响不大。

分析方法:收集冷却到常温的反应釜内介质,用四氢呋喃清洗反应器及管线,最后进行固液分离,用旋转蒸发仪去除液体产物中的四氢呋喃和水分,使之浓缩。采用环己烷萃取浓缩后的液体产物,获得液化生物油。

研究认为,低温下的生物油产率随反应温度的升高而提高,在 380℃、停留时间 20 min 时可达到最高产油率 56.4%;若温度继续增加、停留时间不变,产油率下降,这表明裂解反应的液体产物发生二次裂解,生成二次焦油、焦炭和小分子的气体,导致产油率降低。

适当的恒温停留时间(20 min)有利于一次产品产率达到最高值;但随着恒温停留时间的增加,挥发停留时间延长,使得重分子焦油组分有更多的时间发生二次裂解和缩合、环化等利于焦炭和气体生成的反应,导致产油率降低,而焦炭和气体产率增加。

碱性催化剂对生物质热化学液化具有重要作用。生物质在水介质中反应时,始终存在液化反应和气化反应之间的平衡。当 Na_2CO_3 溶液浓度低(<0.4 mol/L)时产油率增加;当其浓度 >0.4 mol/L 时产油率迅速下降。这缘于 CO_2 被吸收的速率加快,气液平衡破坏,生物油开始大量二次裂解生成气体物质,出现生物油产率先升后降的变化趋势。

4.3.3 木炭类煤

木炭类物质是生物质碳化中最年轻的品种。它有着区别于生物质的特性。

1) 原煤酸洗改性对热失重的影响

研究者[24]在对鄂尔多斯煤样裂解时发现,在 450～480℃ 阶段煤样达到失重速率峰值;当升温速率提高,失重量也随之增加。在快速热裂解阶段,失重速率随之增加,裂解后得到的残渣减少,而达到最大失重速率所需的温度越高。用不同种类的酸处理煤样会使热裂解过程有差异。用 HCl 和 HNO_3 处理后的煤样的热裂解过程几乎一样,但用 HF 处理煤样后的热裂解情况与用 HCl 和 HNO_3 不同(见图 4-23)。

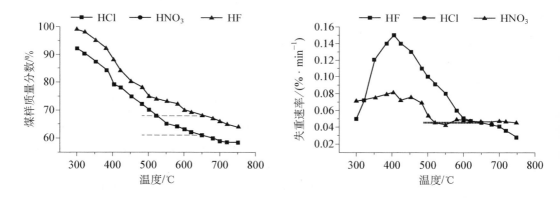

图 4-23 用不同种类酸酸洗后的煤热裂解 TG-DTG 曲线

2) 低价煤的高温高压水热改性

煤样:宝日希勒褐煤、伊敏褐煤、准东褐煤。试样量:8～10 毫克/次。实验仪器:CDS-5000 快速裂解仪与 GC-9560 气相色谱仪联用。煤的红外分析采用美国尼高力仪器公司生产的 NEXUS670 型傅里叶变换红外光谱仪,并且利用 KBr 压片法(广泛用于红外定性分析和结构分析)进行分析,KBr 与煤样的比例为 200:1。实验条件:对 3 种低阶煤进行了高温高压水热改性,然后在升温速率为 5 000℃/s、终温为

1 000℃并恒温 5 s 的条件下进行快速热解。

实验结果[25]：水热处理可以有效降低煤的内在水分、挥发分和氧含量，增加固定碳含量，提高热值，使褐煤煤阶逐渐升高；随着反应终温的升高，各煤种热解气的 H_2、CO 以及 CO_2 产量降低，而 CH_4 产量升高。热解气组分以 CO 和 CO_2 为主，组分 H_2 和 CH_4 的体积分数较低；热解气各组分体积分数的变化均随反应终温升高呈现出较好的规律性，CO 和 CH_4 含量升高，H_2 和 CO_2 含量下降，其中 CO 含量上升趋势不明显，CH_4 含量得到了较大幅度的提高。热解气热值随着反应终温的升高而增大，其中宝日希勒和伊敏褐煤的热解气热值接近，准东褐煤的热解气热值最低。

3）污水污泥微波辅助快速热裂解

研究者[26]利用微波技术（LG WP700 - MS - 2079TW），采用循环式活性污泥法，在椰壳活性炭（80 目）和反应气氛条件下对含水率 76.8% 的污泥进行加热（脱水，800℃、2 h），观察热解产物产量和特性的影响。试验表明，足够的微波辐照强度和吸波物质活性炭的添加是实现污泥快速热裂解的前提条件。当活性炭添加量大于 7.5%，生物油在 150～250℃ 的升温阶段生成，合成气在 150～400℃ 区间产生。其产物（生物油和合成气）随温度快速上升而增加；同时，CO_2 下降，H_2、CO 增加。

4.3.4　反应器

依据生物质的特性配置相适应的反应器，是生物质资源化成功的保证。

1）分类

反应器是生物质热解技术的核心，反应器的类型及其加热方式的选择在很大程度上决定了产物的最终分布。目前国内外达到工业示范规模的生物质热解反应器主要有流化床、循环流化床（CFB）、旋转锥、下行床和移动床等。

20 世纪 80 年代初，加拿大滑铁卢大学就开始研究流化床，流化床反应器是利用反应器底部的沸腾床物料燃烧加热砂子，加热的砂子随着高温气体进入反应器与生物质混合并传递热量给生物质，生物质获得热量后发生热裂解反应。流化床反应器设备小巧，具有较高的传热速率和均匀的床层温度，气相停留时间短，生物油产量较高，生物焦产率较低。循环流化床反应器同流化床反应器一样，具有高的传热速率和短暂的停留时间，不同的是加热的砂子循环流动，循环流化床反应器是生物质快速热解反应器的另一种方式。

加拿大 Ensyn 工程协会在 Renfrew 和 Ontario 的工厂，建有生物质处理量为 160 t/d 的循环流化床热裂解装置。加拿大 Dynamotive 公司、英国 Wellman 公司、加拿大 Pyrovac 公司和美国霍尼韦尔公司等[27]在国际上较早开发了生物质热解技术及装备，先后在美国和加拿大建立了多套商业化装置，并将该技术转让给了意大利电力公司和澳大利亚的 Renewable Oil 公司。我国在生物质流化床热解技术领域的开发已有近20年的历史,早在20世纪90年代,浙江大学采用流化床工艺,自主研发了生物质流化床热解装置。华东理工大学开发了循环流化床快速热裂解装置。国内企业界与科技界联合也进行了生物质流化床热解装置的建设,安徽易能生物能源有限公司引进中国科学技术大学的生物质流化床热解技术,建成了自热式生物质热裂解示范装置。广州迪森集团公司建成了千吨级生物质热解工业示范装置[28]。

旋转锥反应器采用离心力来移动生物质,生物质颗粒与过量的惰性热载体同时进入旋转锥反应器的底部。当生物质颗粒和热载体构成的混合物沿着炽热的锥壁螺旋向上传送时,生物质与热载体充分混合并快速热解,而生成的焦炭和砂子送入燃烧器中燃烧,从而使载体砂子得到一定预热。该反应器的优点是升温速率高、固相滞留期短,整个反应过程不需要载气体,从而减少了随后的生物油收集系统的体积和成本。反应器结构紧凑而且有很强的固体传输能力,但整套装置能耗较高[29]。沈阳农业大学通过国家科委"八五"重点攻关项目"生物质热裂解液化技术"的研究,从荷兰Twente大学引进了生产能力为50 kg/h的旋转锥式热解反应器,但暂未进行商业化推广。

下行床热解反应器是以我国为主开发的新型反应器,采用高温热载体与生物质颗粒在下行床上段并流混合,在重力作用下自上向下流动,高温热载体将热量传递给生物质颗粒发生热裂解反应生成焦炭和挥发分油气。山东理工大学开发了基于高温陶瓷球热载体的下行床装置,已建成300 t/d的中试系统。东北林业大学开发了万吨级规模的斜板槽下行床热解装置。山东格润奥能源有限公司建成了处理量为200 000 t/a的生物质自混合下行式循环流化床热解装备,成为国内规模最大的生物质热解装置。

移动床热解反应器是在机械螺旋的推动下,使生物质与高温管壁接触发生热裂解,生成的挥发分油气被抽离反应器,生成的焦炭在机械螺旋的推动下进入收集系统。中国科学技术大学近年来开展了移动床热解工艺与装置的研究,建成了0.5 t/h的热解装置,华中科技大学与企业合作建成了下行式移动床热解装置,已进行工业化生产。

目前,我国建成的生物质热解装置已达数十套,生物质热解的能源转化效率可达60%以上。但由于大部分热解装置都以生物油为目标产品而采用快速热解工艺,生物油的推广应用还存在一定的困难,从而使得目前已建成的装置均未实现长期连续稳定运转。由于生物焦良好的品质及工业应用需求,以生物焦为主要产品的移动床热解装置运行良好,具有较好的市场前景。

生物质快速热裂解制取生物油为生物质高效利用提供了一条重要途径。各国研究者对各种形式的反应器进行了诸多研究。反应器是生物质热裂解液化技术的核心。不同的反应器类型决定了不同的工艺类型和工艺参数(见表4-13和表4-14)[27]。

表 4 – 13　工艺类型和工艺参数

工艺类型	升温速率	热解温度/℃	停留时间
慢速热解	极低	<400	长时间
常规热解	较低(10~100℃/min)	约500	0.5~5.0 s
快速热解	超高(10^4~10^5℃/s)	500~600	<2 s

表 4 – 14　各种反应器类型的特征与性能

反应器形式	工作原理	特性	备注
旋转锥式	借助外锥体旋转,将来自顶部的物料混合搅拌、热裂解	优势:升温速率高、固相滞留期短,结构紧凑,很强的固体传输能力;整个反应过程不需要载气体,得油率高,简化生物燃油系统; 不足:设备复杂,扩大规模难,要求颗粒小,系统能耗高	1989年由荷兰 BTG 研发,2000年研制出处理量为 200 kg/h 的设备
流化床式	除反应温度参数外,设备类同常规燃煤循环流化床系统	优势:设备紧凑、气相停留时间短、防止热解蒸汽二次裂解,得油率高(75%),规模扩大容易; 不足:要求颗粒小,惰性气体量大	国内多家大学院所开展研究,生物质处理达 150 kg/h。木粉产油率达 60% 以上,秸秆高达 50% 以上
循环流化床	基于流化床技术,物料连续循环,热解产物分离、冷凝	装置规模小,气相停留时间较短,防止裂解气二次裂解,能够获得较高产率的生物油,但系统复杂	不断排出不凝废气,系统操作复杂
斜板槽式	将生物质颗粒与热载体按比例混合,螺旋进入固定床;在重力作用下沿槽体自由流动,发生快速热裂解	优势:处理能力达 300 kg/h,液体转化率达 60%;并联槽体扩容、工作可靠; 缺点:物体与热载体混合不充分	由东北林业大学研发,进入中试阶段
烧蚀反应器	颗粒由螺旋器送入反应器,沿高速气流切线方向接触内壁(500~600℃),热解气由旋风分离器分离进入后续冷凝装置,未完全裂解的物料颗粒与新物料混合后再进入反应器	优势:能够热解相对于其他的反应器来说较大颗粒的生物质,得油率高,惰性气体需要量小; 不足:设备复杂,规模小,难以扩大	由美国太阳能研究所研发

（续表）

反应器形式	工作原理	特性	备注
真空移动床	反应器负压 1 kPa,反应原料从顶部加入,床顶层温度为 200℃,底层温度为 400℃,热解蒸汽停留时间短,减少二次裂解	优势:允许颗粒大,惰性气体需量低,规模为 200～3 500 kg/h; 不足:设备复杂,尺寸大,需要大功率真空泵,价格高,能耗大,得油率较低(65%);规模放大困难	Pyrocycling 工艺由 de Sherbrooke 大学研究,在 Laval 大学开展。当木屑加入量为 30 kg/h 时,液体产率为 65%
V 形下降管式	移动床式反应器,借助重力将热载体和秸秆混合物缓慢移动并进行热裂解反应	反应段温度稳定,但物料混合均匀性不够,载热体循环系统热损较大	山东理工大学研究报告
移动床反应釜	采用常压低温(<500℃)热裂解技术和机械"蠕动"方式,传送并消化生活垃圾,使气液固分离	将垃圾无污染地转换为资源,能耗小,对设备要求较低,比较容易实现垃圾的循环经济	由上海弘和环保科技有限公司自行研发。处理量为 100 t/d 的示范装置运行稳定[28]

2) 旋转锥式反应器

东北林业大学研究者[29]以旋转锥式结构探究热解液化生产生物质油的过程及相关工艺参数。

试验台(见图 4-24 和图 4-25):转锥式生物质闪速热解反应器;原料:玉米秸秆,粒径为 0.1～0.2 mm;热载体:石英砂,粒径为 1 mm;设计参数:无氧或少氧气氛(启动时通氮气 3 min)、反应温度在 550℃以上、转锥旋转速度为 1 000 r/min;热容量:10 kg/h。

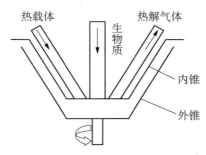

图 4-24　反应器转锥示意图

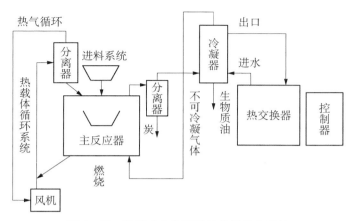

图 4‑25　转锥式生物质闪速热解液化系统

热裂解产品：生物油为棕黑色液体，有强烈的刺激性气味。水分约占质量的 22％，黏度介于轻质油与重燃油之间。热值为 $20\sim25$ MJ/kg，pH 值较低。

3）V 形下降管式热裂解反应器

山东理工大学研究者[30]利用 V 形下降管式热裂解反应器(见图 4‑26)研究玉米秸秆的液化技术。在试验条件下完成了连续 150 min 内 V 形下降管内的温度变化数据以及喷淋器内冷凝温度的采集(见图 4‑27、图 4‑28)，得到各参数下的收油率、油的理化性能、碳粒径分布和气体组分。

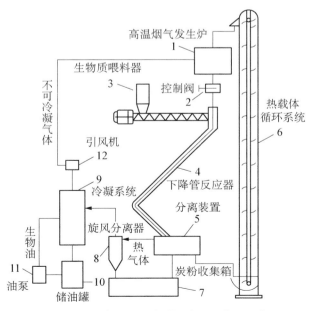

图 4‑26　下降管生物质热裂解液化反应器工艺原理

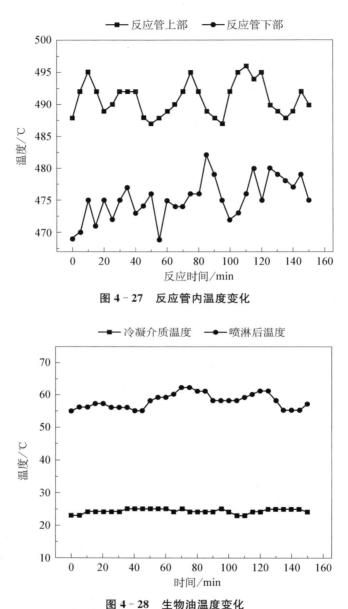

图 4‑27　反应管内温度变化

图 4‑28　生物油温度变化

试验条件如下。

玉米秸秆：热值为 15 836 J/g；工业分析：固定碳 75.81%、灰分 13.69%；元素分析：碳、氢、氧、氮含量分别为 40.16%、6.55%、40.09%、0.81%，挥发分含量为 10.50%；前处理：105℃干燥、连续 24 h；破碎筛分粒径小于 1 mm；热载体：陶瓷球 2~3 mm（为同比气体比热容的 1 000 倍）；热载体、秸秆比例为 20∶1；反应温度：

475/525/575℃;喂料量:15 kg/h。

试验结果如下。

(1) 3种工况 油的收率分别为48.05%、50.32%、51.97%。当热载体温度为525℃时,生物油收集率最高。

(2) 生物油理化特性 参照GB/T 1884—92石油和液体石油产品密度测定法,生物油理化性能:密度在1 100~1 200 kg/m³之间,高于柴油等化石燃料的密度,黏度测量为46 MPa·s(525℃)、33 MPa·s左右(40℃);用雷磁pHS-25型酸度计直接测定生物油的pH值,常温下,pH值介于3.3~4.1;生物油呈酸性的原因与其中含有10%左右的有机羧酸和其他酸性化合物有关;闪点测量值为65~74℃,比柴油高,故生物油在储运和使用中更具安全性;生物油凝点在-14℃左右,倾点一般比凝点高2~4℃。

(3) 炭粉 微米级炭粉,粒径分布较为集中,平均直径D_{av}为18.5 μm。

(4) 不可冷凝气体 热解气经喷淋液直接冷凝、列管间接冷凝和静电捕集器的收集后,由罗茨风机引出。采用GASBOARD-3100红外燃气分析仪,在线分析3种工况的不可冷凝成分。不可冷凝气体的相关成分含量变化不大,其中CO、CH_4、H_2等可燃气体含量均在50%以上,O_2含量很低,仅为千分之一数量级。可燃气体含量较高,热值接近1 MJ/m³,部分可燃气供试验台自用。

由图4-28可见,反应管温度较为稳定,上下波动在5%左右。冷凝介质温度在25℃左右,喷淋后生物油的温度在55℃左右。

4) 环形流化床热裂解反应器

环形流化床热裂解反应器结构紧凑,热效率较高,具有良好的应用前景(见图4-29)。北京林业大学研究者[28]通过解析法构建环形反应器稳态传热的计算模型,求解得到反应器各参数随流化气速变化的关系;用数值法得出相应流化气速下反应器的热量损失与壁面温度。两者对比结果吻合度较高。当流化气速为0.02~0.24 m/s时,随着流化气速的升高,总传热系数上升(见图4-30),燃烧室外壁面温度降低,保温层表面温度升高,单位长度上的热损失呈上升趋势。较之常规流化床,环形流化床的热损较小。

总体上看,流化气速的变化对反应器热量损失影响较小,环形流化床反应器的工作比较稳定;流化气速增加,反应区传热系数增加,燃烧室与反应区的传热系数大于反应区与外界

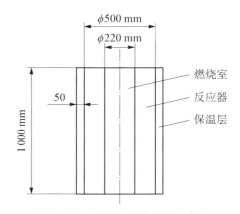

图4-29 环型流化床结构示意图

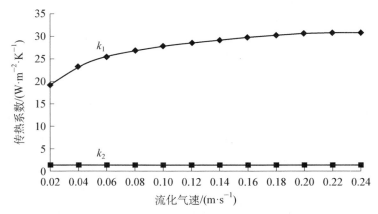

图 4-30　流化气流速与传热系数特性曲线

空气的传热系数；环形流化床反应器热量损失不高于 900 W/m，比传统同等规模的反应器热能利用率高。

5）常压低温移动床反应釜热裂解反应器

在国内外大量生物质热解研究的基础上，该装备对于不分选、低热值的城市垃圾采用常压低温的热解处理工艺。从垃圾消纳时间约 3 h 的全过程来看，垃圾干燥、分区段加热升温，原料在反应釜内移动的速度很低，其热解时间较长，可以忽略垃圾的传热、较大外形尺寸等因素对热解的不利影响，有利于调整温度区间，也有利于调整垃圾的总体酸碱度，使热解工况在设定的区间正常运行。

城市生活垃圾转资源化系统特点[31]：

（1）模块化，结构紧凑，占地面积小，规模容易扩大。目前有一个 100 t/d 的示范性生产装置，可连续自动生产，至今已消纳千余吨未分选垃圾。

（2）零污染：不产生有毒有害物质，也就是零排放。

（3）零能耗：系统能源来自自产合成气。

（4）多联产：有利于建构资源产业链，实现低碳循环经济。

每吨生活垃圾可转化出裂化油约 10～30 kg、生物碳 100～150 kg、可燃气 100～120 m³。其中油的热值约 10 000 kcal/kg，炭的热值约 2 000～3 000 kcal/kg。

和谐环境，兼备民生，有利于就地消纳城市固体废弃物，节省社会资源，提升土地资源品质。

4.4　煤与生物质能源耦合发电

煤与生物质能源耦合发电是一种成熟的燃烧技术。我国为达到 2030 年非化石能源发电量占比不低于 50% 的目标,发展"煤＋生物质"耦合发电将成为一种选项[32]。

为了实现我国能源的转型和控制碳排放,我国在"十三五"期间力推"煤＋生物质(农林残余物)"耦合发电,积极开展试验示范,探索利用高效清洁燃煤电厂的管理和技术优势,掺烧消纳秸秆和农林废弃物、污泥、垃圾等燃料的有效途径。

4.4.1 生物质发电

生物质能发电有着自己的规律可循,借助各种转化方式实现最佳的资源化方案。

1) 发电方式

生物质发电包括生物质气化、直燃、混燃等方式(见图 4-31),每种发电方式都有其自身的运行特点及要求,必须合理地评估生物质发电的可行性,稳步推进生物质发电技术的推广和应用。国内外燃煤耦合生物质发电实绩如表 4-15 所示。

(1) 气化发电。生物质经过气化和净化装置转化成洁净的可燃气,经过内燃机或燃气轮机内燃烧做功发电,其发电效率在 30% 左右。

(2) 生物质直燃发电。生物质燃料在小容量锅炉中直接燃烧,产生的蒸汽驱动汽轮发电机发电。其发电效率仅 20% 左右。

(3) 生物质直接混燃发电。生物质粉碎预处理后与煤一起送入高参数大容量锅炉炉膛燃烧,释放出能量,可保持较高的发电效率(38%),但容易干扰炉内燃烧工况甚至影响正常运行。

(4) 生物质间接混合燃烧发电。生物质气化后生成的合成气输送至锅炉,与煤混合燃烧进行发电,对锅炉燃烧影响最小,适用于大型火电机组,保持较高发电效率。

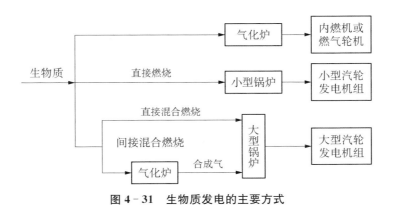

图 4-31 生物质发电的主要方式

表 4-15 国内外燃煤耦合生物质发电

国家	机组锅炉	改造情况	实绩
丹麦哥本哈根 DONG Energy	2×430 MW 超临界锅炉,多种燃料/生物质混烧	采用多种生物质混烧方式,燃烧多种燃料/生物质,包括专门燃烧秸秆的生物质往复炉排锅炉;超临界煤粉炉中烧废木材成型颗粒	超临界锅炉每年燃烧 170 000 t秸秆;消耗废木材 160 000 t,煤 500 000 t
英国 Ferrybridge C 电厂	2004—2006 年 $4\times$ 500 MW 煤粉炉先后改造生物质与煤的混烧方式	前墙配 48 台低 NO_x 煤粉燃烧器;2 炉采用煤与生物质合用磨机和燃烧器,另外 2 炉改单独磨机和专烧燃烧器	在不影响磨机性能下,前者生物质混烧比不超过 3%;后者可达 20%
芬兰 Lahti 电厂	200 MW CFB 锅炉生物质气化炉混烧/煤粉	1998 年采用 CFB 气化炉"可燃气+煤"混烧;生物质能占 15%;木质生物质 15%,废木材 32%,再生燃料 40%,旧轮胎等 10%,泥煤 3%	年取代燃煤量 60 000 t,CO_2 减排 10%(10 万吨),NO_x 减少 30 mg/m^3,降低 5%;SO_2 减少 60~75 mg/m^3,降低 10%;粉尘减少 15 mg/m^3,降低 30%
芬兰 Alholmens Kraft 电厂	热功率为 550 MW,702 t/h CFB 锅炉,16.5 MPa/545℃	生物质可以任意比例混烧(0~100%);煤 10%,泥煤 45%,森林废弃物 10%,工业木材废弃物 35%	煤与生物质混烧电厂至今已经成功运行 8 年
韩国南方电力	4×550 MW 超超临界 CFB 锅炉机组	燃料热值为 3 887 kcal/kg 的印度尼西亚低阶煤,设计混烧生物质的比例为 10%	该电厂于 2016 年投运
中国国电长源荆门热电厂	660 MW 机组以秸秆为耦合发电,间接混合燃烧	CFB 气化炉气化,产生的生物质煤气喷入煤粉炉中混烧,生物质处理量为 8 t/h,产气约 8 000 m^3/h,热值为 3 500 kcal/kg	2013 年 10 月正式投运,可燃气发电 10.8 MW。截至 2015 年 11 月综合利用秸秆 104 685 t,实现盈利

2)几种混烧方式的选择

在大容量燃煤火电厂实现混烧生物质的几种技术途径(见图 4-32)。

(1)直接混合燃烧,生物质与煤合用磨煤机;

(2)直接混合燃烧,两者分别使用不同磨机,共用煤燃烧器;

(3)直接混合燃烧,两者分别使用不同磨机,采用专用燃烧器;

(4)间接混合燃烧,生物质先进行气化,可燃气进入锅炉燃烧;

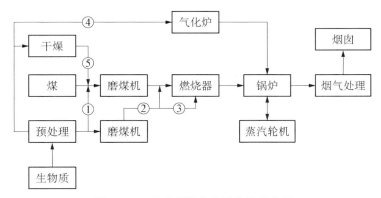

图 4 - 32　几种混烧生物质的技术途径

（5）直接混合燃烧，干燥的生物质与煤合用磨机。

3）性能比较[33]

研究者[32]以发电容量 15 MW 为基点，计算各自对应的年燃料消耗量、年燃料收购费用、运输费用和燃料成本。由表 4 - 16 可见，在相同条件下，发电效率对燃料成本影响较大，直燃的燃料成本约为其他方式的 2 倍。

表 4 - 16　生物质发电(15 MW)燃料消耗量

发电方式	发电效率/%	燃料消耗率/(kg/kW · h)	年燃料消耗量/t
直燃	15	1.576 6	153 715
直接混燃	38	0.622 3	60 677
间接混燃	38×0.85	0.739 0	72 053
气化（内燃机）	30	0.788 3	76 857
燃气-蒸汽联合循环	35	0.675 7	65 877

说明："0.85"表示假定间接混燃的气化炉气化效率为85%。

发电效率对燃料成本的影响见图 4 - 33、图 4 - 34。

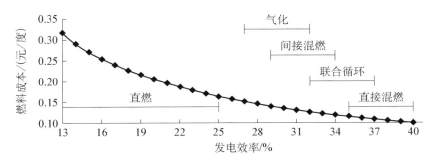

图 4 - 33　发电效率对燃料成本的影响

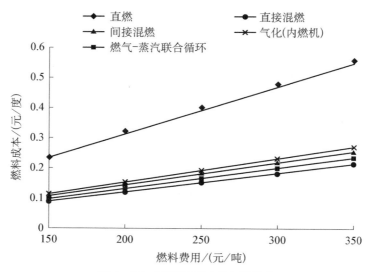

图 4-34　燃料费用对成本的影响

4.4.2　生物质气化耦合发电技术

1998 年芬兰开始采用 CFB 气化炉产生生物质煤气实现生物质气化/煤粉炉混烧。芬兰 Lahti 电厂 200 MW 发电系统(见图 4-35)的生物质气化间接混烧相当于份额为 15% 的热输入,混烧后整个电厂的 CO_2 可减排 10%。CFB 气化炉的年运行小时数为 7 000 h。

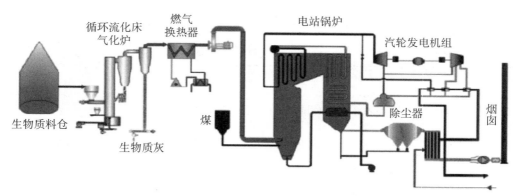

图 4-35　芬兰 Lahti 电厂 200 MW CFB 生物质气化/煤粉混烧耦合发电系统图

1) 耦合机理

高效燃煤机组掺烧生物质燃料耦合发电是一种低碳、高效、节能的运行方式。通过不同措施的搭配,包括一定配比的生物质混合燃料直接燃烧或气化间接燃烧,在锅炉炉膛内获得最佳的清洁燃烧工况,实现高效发电。

2）气化优点

原料预处理简单,适应多种生物质原料;采用较低的运行温度,克服了生物质灰熔点低、腐蚀性、黏结性的问题对燃煤锅炉的困扰;可燃气部分取代燃煤,减少了 CO_2、SO_2 的排放,同时低热值燃气的燃烧减少了 NO_x 的排放;利用大型高效发电系统,提高了生物质能转化为电能效率;提高灵活性,适用于不同容量等级的燃煤发电机组,获得较高的发电效率。

3）预期的技术指标

生物质耦合发电系统与生物质直燃发电的技术指标对比见表 4 - 17。

表 4 - 17　煤电与生物质耦合系统和生物质直燃的技术指标比较表

序号	项目	单位	煤电与生物质耦合	生物质直燃
1	机组容量	MW	20	30
2	气化炉效率	%	85	—
3	锅炉效率	%	95	87
4	汽轮机效率	%	52.26	37.34
5	管道效率	%	99	99
6	机组发电效率	%	41.78	32.16
7	发电标煤耗	g/kW·h	294.37	382.43
8	秸秆消耗量	t/h	11.49	22.39

说明：生物质燃料热值为 15 MJ/kg,秸秆价格为 300 元/吨。

4）经济性分析

燃煤与生物质耦合发电是近来关注的高效、清洁利用生物质的技术路线之一。研究者[34]以 $2×1\ 000$ MW 燃煤与生物质耦合发电工程为例,运用环保协同治理技术,确保实现能耗最低、效率最高、超净排放的清洁生产目标。

（1）按照生物质与煤电耦合后,每年发电量不变,则每年可节省 3.24 万吨标煤。

（2）按照生物质与煤电耦合后,每年发电量不变,其中生物质部分发电量为 11 万兆瓦时,按照电价 750 元/兆瓦时,则生物质发电每年收入为 8 250 万元。

（3）按照两台气化炉系统设备,则总投资约为 1 亿元,基本收益率按照 5% 计算,则年运行费用考虑厂用电和秸秆费用约 2 200 万。

（4）年费用公式计算：

$$A = P \cdot I \cdot \frac{(I+1)^n}{(I+1)^n - 1} + R \qquad (4-2)$$

式中，A 为年费用；P 为初投资；R 为年运行维护费；I 为基准收益率，取 5.0%；n 为经济生产年(按 10 年、15 年、20 年)；$R=2\,200$ 万，$P=10\,000$ 万。

经初步计算，大约需要 1.8 年回收成本。在生物质标杆电价为 750 元/兆瓦时的条件下，煤电和生物质发电耦合技术的经济效益较好。

4.5　生物质燃料特性对 CFB 锅炉运行的影响

在燃烧过程中生物质反应组分对锅炉的正常运行影响很大。

1）杂质及灰分对 CFB 锅炉运行的影响

生物质种类繁多，分散收购、集中运输的燃料质量难以保证，直接影响燃料的热值，从而影响发电系统的正常运行[35]。

（1）主要问题　破碎机磨损严重，影响正常破碎效率和质量，甚至发生损坏；

螺旋给料机卡死，叶片变形损坏，甚至造成给料机断轴和叶片脱落；炉内流化不良，燃烧不稳定，炉内压力波动大；风帽磨损严重；锅炉排渣不顺畅，排渣管和排渣器堵死。

（2）措施　提高燃料收集质量要求与控制；对供应商实行资格考评认定；加强料场的硬体化改造，减少储存时混入的杂质；通过质检取样控制，严格把关入炉燃料质量；厂内上料前进行人工清查。

2）水分对 CFB 锅炉运行的影响

生物质燃料水分主要指外水分，来自运输和储存过程中受到雨水淋湿或随着季节变化、空气温度湿度变化，存在于生物质燃料中的外在水分，对锅炉运行影响很大。

（1）问题　锅炉给料系统中料仓、螺旋给料器搭桥堵塞；锅炉燃烧后烟气体积较大，引风机出力不足，炉内不断冒正压，造成给料系统堵料回火；燃料的水分含量提高，热值降低，燃料不易破碎，既增加运输成本，又容易黏附在设备上；燃料水分高导致着火困难，使炉内温度降低，飞灰含碳量增加，固体和气体不完全燃烧热损失增加，锅炉排烟温度升高，排烟热损失增大。

（2）措施　化验进厂燃料的水分 W，严禁 $W>60\%$ 的燃料进厂；建干料棚；建晒料场，机械化晾晒；制订配烧的方案，控制入炉燃料含水量。

3）碱金属含量对 CFB 锅炉运行的影响

（1）问题　生物质碱金属(钾、钠)和氯元素含量较高，容易导致锅炉高温过热器严重腐蚀，引起泄漏和爆管事故，影响锅炉的安全性和稳定性。碱金属和氯元素含量多少会影响腐蚀速度。当过热器蒸汽温度在 $490\sim520℃$ 时，管壁腐蚀速度明显加快；当蒸汽温度 $>520℃$ 时，腐蚀速度将急剧增大。

（2）措施　对高温过热器管清焦清灰时，不宜采用机械的方式；控制入炉燃料腐蚀性元素含量;加强入炉燃料配烧,从燃料的易燃性、粒度、水分、灰分、热值等方面综合考虑其稳定性。

参考文献

[1] 崔明,赵立欣,田宜水,等.中国主要农作物秸秆资源能源化利用分析评价[J].农业工程学报,2008,24(12):291 - 296.

[2] 马洪儒,苏宜虎.生物质直接燃烧技术研究探讨[J].农机化研究,2007,8:155 - 158.

[3] 陈洪章,王岚.生物质能源转化技术与应用(Ⅷ)——生物质的生物转化技术原理与应用[J].生物质化学工程,2008,42(4):67 - 72.

[4] 张燕,佟达,宋魁彦.生物质能的热化学转化技术[J].森林工程,2012,28(2):14 - 17.

[5] 陶邦彦.关于城市生活垃圾(生物质)转换能源技术及产业化的商榷[C].上海:亚洲垃圾(生物质)转能源技术与装备大会,2015.

[6] 周光召.发展学科交叉促进原始创新——纪念 DNA 双螺旋结构发现 50 周年[J].科学(上海),2003,55(3):3 - 7.

[7] 任晓慧,张秀文.DNA 双螺旋模型带给我们的启示——发展学科交叉,促进创新思维[J].生物学教学,2007,3:74 - 75.

[8] 李建会.学科交叉与分子生物学的革命和发展——纪念 DNA 双螺旋模型建立 50 周年[J].自然辩证法研究,2003,19(12):77 - 82.

[9] 董良杰,刘艳阳,李玉柱,等.生物质快速热裂解制取生物油的试验研究[J].吉林农业大学学报,2008,30(4):610 - 616.

[10] 王伟文,冯小芹,段继海.秸秆生物质热裂解技术的研究进展[J].中国农学通报,2011,27(6):355 - 361.

[11] 朱锡锋,李明.生物质快速热解液化技术研究进展[J].石油化工,2013,42(8):833 - 837.

[12] 张倩.高分子近代分析方法[M].成都:四川大学出版社,2010.

[13] 黄承洁,姬登祥,于凤文,等.生物质热解动力学研究进展[J].生物质化学工程,2010,44(1):39 - 43.

[14] 谭洪,王树荣,骆仲泱,等.生物质三组分热裂解行为的对比研究[J].燃料化学学报,2006,34(1):61 - 65.

[15] 王爽,姜秀民,王谦,等.不同工况下条浒苔的快速热裂解制取生物油试验研究[J].热能动力工程,2013,28(2):202 - 206.

[16] 王伟,赵黛青,杨浩林,等.生物质气化发电系统的生命周期分析和评价方法探讨[J].太阳能学报,2005,26(6):752 - 759.

[17] 郭龙,王树荣.生物质快速热裂解系统生命周期评估[J].太阳能学报,2014,35(8):1517 - 1522.

[18] 王树荣,廖艳芬,刘倩,等.酸洗预处理对纤维素热裂解的影响研究[J].燃料化学学报,

2006,34(2)：179－183.

[19] 谭洪,王树荣.酸预处理对生物质热裂解规律影响的实验研究[J].燃料化学学报,2009,37
(6)：668－672.

[20] 王树荣,廖艳芬,文丽华,等.钾盐催化纤维素快速热裂解机理研究[J].燃料化学学报,
2004,32(6)：694－698.

[21] 易维明,柏雪源,李志合,等.玉米秸秆粉末闪速加热挥发特性的研究[J].农业工程学报,
2004,20(6)：246－250.

[22] 王明峰,蒋恩臣,周岭.玉米秸秆热解动力学分析(简报)[J].农业工程学报,2009,25(2)：
204－207.

[23] 李晓婷.玉米秸秆制取生物油的工艺条件优化[J].安徽农业科学,2008,36(13)：5685－
5686.

[24] 赵倩琼,杨晨霞,杨晶晶,等.升温速率对鄂尔多斯煤裂解行为影响[J].内蒙古石油化工,
2014,40(8)：21－23.

[25] 邹祥波,王智化,胡昕,等.提质褐煤的快速热裂解气体产物的析出特性[J].燃烧科学与技
术,2013,19(3)：268－274.

[26] 于颖,于俊清,严志宇.污水污泥微波辅助快速热裂解制生物油和合成气[J].环境化学,
2013,32(3)：486－491.

[27] 李滨,韩磊,王述洋.浅析生物质快速热裂解反应器[J].安徽农业科学,2014,42(7)：
2106－2108.

[28] 王霄,司慧,程琦.环形流化床生物质热裂解反应器的传热分析[J].科技导报,2013,31
(14)：30－35.

[29] 董志国,王述洋,李滨.转锥式生物质热解液化装置[J].当代林木机械博览(2004),2005：
218－219.

[30] 王祥,李志合,李艳美,等.新型下降管生物质热裂解液化装置的试验研究[J].农机化研
究,2015,37(8)：230－233.

[31] 陶邦彦,潘卫国,陈鸽飞.城市生活垃圾无氧热裂解转化技术的展望[J].发电设备,2015,
29(3)：231－233,236.

[32] 毛健雄.燃煤耦合生物质发电[J].分布式能源,2017,2(5)：47－54.

[33] 王爱军,张燕,张小桃.生物质发电燃料成本分析[J].农业工程学报,2011,27(S1)：17－
20.

[34] 梁彦军,袁文洋.燃煤与生物质气化耦合发电技术方案分析[J].科技风,2019,6：176.

[35] 黄仕高.生物质燃料特性对锅炉运行的影响[J].科技创新与应用,2017,18：125.

第 5 章　核能技术

核能资源潜力极大。人们经历了几代核电技术装置的运行实践,总结了经验和教训,使核能应用技术提升到新的高度。如今,为获取更多、更安全的核能资源人们正迈向第四代、第五代核电技术。

5.1　概述

核能具有绿色、高效、低碳排放和可持续发展的优势。世界核协会发布的报告显示,未来 20 年全球核能发电能力将会增长 45%,很多国家将建设新的核电站,到2035 年,全球核能发电能力将从目前的 379 GWe 增至 552 GWe。

5.1.1　核电的发展及装机水平

截至 2017 年,全球共有 30 个国家在使用核能发电,在运核电机组总计 445 台,总净装机容量约为 389.8 GWe;12 个国家正在建设总计 58 台核电机组,总装机容量约为 62.7 GWe。2017 年,全球共有 4 台核电机组完成第一罐混凝土的浇筑,正式启动建设,韩国、印度、孟加拉国和中国各 1 台;4 台新机组实现首次并网发电,其中中国3 台,巴基斯坦 1 台;5 台机组永久关闭,其中日本 2 台,韩国、瑞典和德国各 1 台[1]。

从核电发展的总趋势来看,我国明确了核电发展的技术路线和战略,即近期发展热中子反应堆核电站,研发第四代反应堆核电站应用技术;利用已取得的轻水堆、重水堆核电站的实践经验,开展铀钚循环的技术应用,提高铀资源的利用率,减少核废料;中期发展快中子增殖反应堆核电站,开发核燃料开路循环启动的行波堆技术应用;远期发展聚变堆核电站。

　1) 核电主流堆型
核电反应堆的分类多以载热体、慢化剂的材料和特性相区别,主要有轻水堆、重水堆、气冷堆、钠冷堆、石墨堆和熔盐堆。此外还有高温气冷堆、快中子增殖堆等。压水堆和沸水堆同属于轻水堆,都以普通水为堆芯慢化剂和载热剂,采用低浓缩铀为燃料。沸水堆系统简化,使冷却水在堆芯加热直接沸腾产生水蒸气,省去蒸汽发生器。

压水堆通常选用压力回路参数为 $150 \sim 160 \text{ kg/cm}^2$、温度为 $300 \sim 350℃$。沸水堆压力参数为 70 kg/cm^2、温度为 $250℃$ 左右。

当前,压水堆核电站是世界核电的主流堆型,国际核电技术的发展如表 5-1 所示。压水堆是我国发展核电、统一技术路线所确定的堆型。图 5-1 为典型第三代核电站的远景。

表 5-1　核电技术的发展

技术	特　征	典型机组	备　注
雏形	1930 年代德国科学家奥托·哈恩发现铀-235 原子核裂变释放巨量能	1951 年美国爱达荷国家实验室利用反应堆余热发电成功,点亮 4 个电灯泡	1942 年美国科学家费米证实核反应可控
第一代	实现了核能发电的产业化,主要有压水堆、沸水堆、重水堆、英国 Magnox 石墨气冷堆等	苏联在 1954 年建成 5 MW 石墨沸水堆型;美国在 1957 年建成 60 MW 原型压水堆型;法国在 1962 年建成 60 MW 天然铀石墨;加拿大在 1962 年建成 25 MW 天然铀重水堆	早期原型试验性反应堆
第二代	实现了商业化、标准化等,包括压水堆、沸水堆和重水堆等,达到 kMW 级;增设了氢气控制系统、安全壳泄压装置等	美国成批建造 500～1 100 MW 的压水堆、沸水堆,出口其他国家;苏联建造 1 000 MW 的石墨堆和 440 MW、1 000 MW 的 VVER 型压水堆;日本和法国引进、消化美国的压水堆、沸水堆技术。我国的核电反应堆大多为第二代核电的改进型	由美国三里岛核电站和苏联切尔诺贝利核电站事故催生核电安全高速发展
二代加	自主品牌示范工程	以 CNP1000 和 CPR1000 为代表,在岭澳核电二期、秦山核电二期扩建中应用	占中国在运和在建核电机组种类的绝大多数
第三代	满足美国"先进轻水堆型用户要求"(URD)和"欧洲用户对轻水堆型核电站的要求"(EUR)的堆型	主要有 ABWR、System80 +、AP600、AP1000、EPR、ACR 等技术类型,其中具有代表性的是美国的 AP1000 和法国的 EPR;中国引进 AP1000 等技术	采用标准化、最佳化设计和安全性更高的非能动安全系统
第四代	满足安全、经济、可持续发展、极少的废物生成、燃料增殖、风险低、防止核扩散等要求	美国阿贡国家实验室安排的全世界约 100 名教授提出了第四代核电站的 14 项基本需求	处于开发阶段;预计可在 2030 年左右开发出 6 种新堆型

图 5 - 1　第三代核电厂

2）核电技术与装备

从核电发展的总趋势来看,我国明确核电发展的技术路线和战略,即近期发展热中子反应堆核电站,研发第四代反应堆核电站应用技术;利用已取得的轻水堆、重水堆核电站的实践经验,开展铀钚循环的技术应用,提高铀资源的利用率,减少核废料;中期发展快中子增殖反应堆核电站,开发核燃料开路循环启动的行波堆技术应用;远期发展聚变堆核电站。

5.1.2　核电站分类

通常所说的核电站主要由两部分组成:核岛和常规岛。核岛包括核设备和一回路系统;常规岛指蒸汽发电设备及系统。

核电站的核心设备是核反应堆,它的作用是维持和控制核燃料的链式裂变反应,产生核能,并转换成可供使用的热能或电能。按核裂变的控制原理和能源用途,核反应堆可分为:

按用途分类,有研究堆、试验堆、生产堆、动力堆。

按慢化剂、冷却剂分类,有轻水堆(压水堆、沸水堆)、重水堆、石墨堆(水冷、气冷)。

按中子能量分类,有快中子堆、中能中子堆、热中子堆。

核燃料(nuclear fuel),是指可在核反应堆中通过核裂变或核聚变产生实用核能的材料。重核的裂变和轻核的聚变是获得核能的两种主要方式。发生核裂变的 ^{235}U、^{233}U 和 ^{239}Pu,又称为易裂变核燃料。

根据不同的堆型,可选用不同类型的核燃料:金属(包括合金)燃料、陶瓷燃料、弥散体燃料和流体(液态)燃料等(见表 5 - 2)。

表 5-2　固液态核燃料类型

类型	成　分	元件状态	反　应　堆
金属	U	棒	威尔法气冷堆(英国)
合金	U－Mo	管	别洛雅尔斯克石墨水堆(苏联)
陶瓷	UO_2	小片	道格拉斯沸水堆(美国)
	$(U+Pu)O_2$	小片	马库尔凤凰钠冷快堆(法国)
弥散体	UAl_4－Al	板	材料试验堆(MTR)(美国)
	UO_2－Mg	棒	屏蔽试验堆(中国)
包覆颗粒	$(U+Th)C_2$-热解碳-石墨	球	尤里希高温气冷堆(AVR)(德国)
流体	UF_4－LiF－BeF_2－ZrF_4	—	熔盐实验堆(MSRE)(美国)

　　核燃料悬浮或溶解于水、液态金属或熔盐中,从而成为流体燃料(液态燃料)。流体燃料从根本上消除了因辐照造成的尺寸不稳定性,也不会因温度梯度而产生热应力,可以达到很深的燃耗。同时,核燃料的制备和后处理也都大大简化,并且还提供了连续加料和处理的可能性。流体燃料与冷却剂或慢化剂直接接触,所以对放射性安全提出较严的要求,且腐蚀及质量迁移也是一个严重问题。目前这种核燃料尚处于实验阶段。

5.1.3　装备制造

　　核电站是核技术和关键重大装备的总汇集成,体现着国家整体技术研发、装备制造工业的实力。

　　2009 年 6 月,我国首台国产百万千瓦级核电反应堆压力容器——岭澳二期项目 4 号机组反应堆压力容器在广州制造成功并顺利发运(见图 5-2)。这台长 13 米多、

图 5-2　国产百万千瓦级岭澳核电反应堆压力容器

重 320 多吨的核岛核心设备,标志着我国在核电关键设备国产化方面取得了重大突破。

2014 年 5 月,首台 AP1000 核电的蒸汽发生器(高 22.5 米、最大直径 5.8 米、重达 620 吨)(见图 5 - 3)[2],在哈电集团重装公司成功制造,工期 38 个月,并形成工序风险质量控制,以"人、机、料、法、环"为措施,应对工序风险点,进行分析与工艺控制,确保产品质量。蒸汽发生器有 60 年的设计寿命,具有非能动的安全系统,在无能源的情况下能够自我冷却 72 小时,安全性能大幅提高。

上海鼓风机公司提供的 10 MW 高温气冷堆主氦风机已安全运行 10 多年(见图 5 - 4)[3]。该机组的特点是"三高":高速(17 000 r/min)、高压(7 MPa)、高温(250℃)。风机介质为氦气。在与清华大学核研院的合作下,该公司于 2014 年 7 月为山东石岛湾核电厂成功研发了 200 MW 高温气冷堆氦气风机等。

图 5 - 3　AP1000 蒸汽发生器

图 5 - 4　高温气堆核电站 HTL 氦气风机

5.1.4　技术研发

核电堆技术的研究反映着人类对核技术发展规律的认识演化。

5.1.4.1　核电范式研究

世界核电堆型的创新技术将沿着轨道内和轨道间的两种结构方向发展。在单一堆型轨道内,人们以顺轨式累积型创新研发出技术性能多样化的机型;在多堆型轨道间,人们以跃轨式革命型创新发生堆型的转换,或以融轨式集成型创新形成新堆型。我国核电堆型的发展需要统筹兼顾,形成压水堆自主品牌系列,加快第四代核电堆型的商用进程,研发战略性新堆型[4]。

1) 技术轨道理论与结构模型

关于技术范式的定义,一些学者认为:技术范式(technology paradigm)是一种基于自然科学所引申而来的理论选择、材料选择和解决选择技术问题的一种模型或模式,是一个以技术样品为实物的形态。其重要性质是"不可通约性",所谓"强烈的排他性",使得技术范式的转换成就技术创新。

按照这一逻辑,技术范式确定了其研究的领域、课题、步骤程序和任务,逐渐形成某产品的产业化。诚然,在同一产品的发展中存在着多条替代性的技术轨道,并经历不成熟到成熟的不连续性过程,期间出现了许多新技术的切入窗口,呈现着新旧技术轨道的交替和产业的兴衰。

2) 核电堆型的技术轨道结构

核电技术范式的特殊性在于核能的如下性质。

(1) 能效性:1 公斤易裂变物质可产生约 2 700 吨煤的能量;

(2) 可控性:易裂变核素能在适当的温度、压力下发生可控链式反应;

(3) 放射性:核裂变反应产生长寿命的次锕系元素和超铀元素。

适应核能性质的反应堆成为核电技术范式的核心,不同的燃料、慢化剂和冷却剂的差异性特征,呈现出多样化堆型的技术轨道(见图 5-5)。随着核电技术轨道的不断发展,有的反应堆被优化完善,有的被放弃。如切尔诺贝利核电站石墨沸水堆事故,暴露出其在核安全方面的固有缺陷,如反应性正温度效应、控制棒组落棒速度过慢引起正反应性、未建安全壳(仅用混凝土屏蔽)等问题,故石墨沸水堆不再建造。

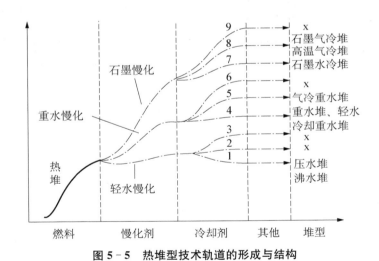

图 5-5 热堆型技术轨道的形成与结构

1、4、7—水冷却剂;2、5、8—气体冷却剂;3、6、9—液态金属冷却剂;x—暂无

在单个具体堆型技术轨道的二维结构中,技术创新为顺轨式累积型创新,主要包括两个方面:

(1) 系统性创新。着眼整个技术轨道,通过优化各技术方向的层次功能来增强反应堆整体系统功能,如 AP1000 反应堆的非能动设计和模块化设计与制造技术。

（2）局部性创新。改进各技术方向的技术水平,提升其性能,如改进燃料组件的设计制造、延长换料周期、增加安全冗余等。

图 5-5 中,在多轨道并列的热堆结构里,各种技术堆型反映着革命性的跃轨式或融轨式创新,突出符合更高标准(URD/EUR)的安全性、经济性和可持续发展性能,从而导向为实现第四代堆型不懈努力的目标。在不同堆型和同一堆型的不同机型之间,通约性的共性技术经过融轨式集成使创新开发新堆型或机型成为可能。

核电技术轨道存在着单轨道的二维结构和多轨道的并列结构(见图 5-6),在创新模式上分别体现为顺轨式的改进性创新、跃轨式的革命性创新或者融轨式的集成性创新。核电堆型技术创新路线图是在市场拉动和技术推动的交互作用下,以创新环节的任务与目标为时间节点实现堆型技术轨道演变的轨迹图。这种植入技术轨道结构的技术创新路线图结构为我国核电堆型技术创新提供了路线图结构框架(见图 5-7、图 5-8)[5]。

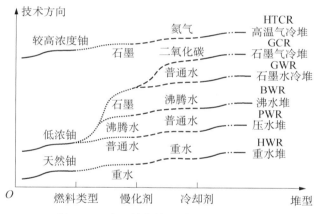

图 5-6　主要热堆堆型的并列技术轨道

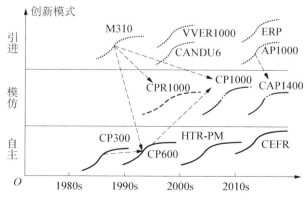

图 5-7　我国核电堆型技术创新结构及轨迹

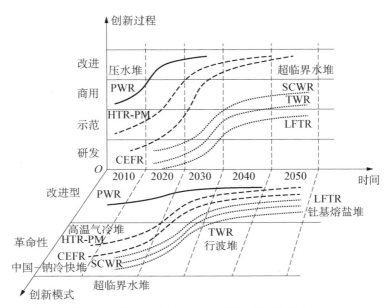

图 5-8　我国核电堆型和机型技术创新结构框架

简言之,技术范式的发展必然是同路殊途或异路同归、各自发展以及多条技术轨道并存,构成技术发展脉络,形成技术轨道"S 曲线"的架构。

纵观世界上各种先进核电堆型的研发和产业化运营管理,都能在安全、经济、高效、能源可持续等方面体现着现代化科学技术的含金量。

法国运行的 59 台机组全都是第二代压水堆型技术的核电机组。高度标准化的核电技术使得法国核电投资及运营成本非常低,投资成本约为世界平均水平的 50%,运行成本比美国低 40%。法国电价比整个欧盟国家的电价平均要低 20%～30%[6]。

在未来核电的大规模稳速发展中,我国更需要高度重视安全核电,制定科学合理的核电发展战略,加强核电技术标准化建设,尽快融入世界核电市场。

5.1.4.2　燃料循环研究

核燃料循环如图 5-9 所示。

钍资源作为潜在的核燃料具有广阔的应用前景。目前地球上已探明钍的储量是铀的 3 倍,可通过增殖途径将钍转换成^{233}U,这将极大地丰富核燃料资源。我国的钍资源比较丰富,但由于资源的不合理开发已造成了钍的次生环境问题[7]。

钍燃料循环的优缺点:与 U^{238} 一样,钍元素是可转换核素,它俘获中子后生成具有良好核性能的易裂变核素^{233}U(见图 5-10)。在动力堆里钍与一种易裂变物质(^{235}U 或 ^{239}Pu)同时使用,可实现较高的转换比。

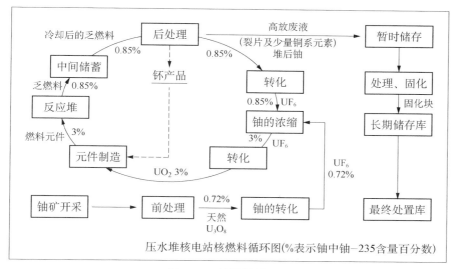

压水堆核电站核燃料循环图(%表示铀中铀−235含量百分数)

图 5 - 9　核燃料循环图

$$^{232}\text{Th} \xrightarrow{(n,\ \gamma)} {}^{233}\text{Th} \xrightarrow{(\beta)} {}^{233}\text{U} \xrightarrow{(n,\ f)} \text{裂变产物}$$

图 5 - 10　^{232}Th/^{233}U 的转换过程

相对于铀燃料循环,钍燃料循环有如下优点:

由^{232}Th 俘获中子形成的^{233}U 在热中子和共振能区的平均有效裂变中子数值比^{239}Pu 和^{235}U 多,中子经济性更好。

钍和氧化钍性能稳定、耐高温(熔点为 3 300℃)、导热性好、产生的裂变气体较少,以使钍基反应堆允许更高的运行温度和更深的燃耗。

钍基反应堆中积累的裂变产物毒性比铀基反应堆略低。与^{235}U 和^{239}Pu 相比,^{233}U 裂变产生的长寿命锕系元素要少得多,减轻了长寿命核废料的处理负担。

^{233}U 的防核扩散能力更强。钍燃料循环所产生的钚少于常规的铀循环,同时由于^{233}U 通过(n, 2n)反应产生^{232}U,在自发衰变中产生强 γ 射线(2～26 MeV),这种固有的放射性障碍能够防止核扩散。

使用钍基燃料的反应堆有助于焚烧来自动力堆和核武器支解产生的过剩的钚。它与钚铀氧化物混合燃料(MOX)的循环工艺相比,钍燃料循环优势的钚消耗速度是 MOX 燃料的 3 倍,而费用仅是其$\frac{1}{3}\sim\frac{1}{2}$。

对于钠冷快堆,钍燃料可以使反应堆具有负的空泡系数。

钍燃料循环缺点如下:

由于没有天然^{233}U,所以钍不能替代铀作为核燃料,钍燃料循环必须使用易裂变燃料驱动才能达到临界;而天然铀存在天然的^{235}U同位素,故不存在这个问题。

钍的毒性比铀大。因为在^{232}Th(天然钍的唯一成分)的反应链中产生的核素具有较强的放射性,尤其是生成^{232}U的子代中存在强放射性,导致燃料循环成本很高。

从长远的角度看,钍基反应堆需要利用^{232}Th产生的^{233}U或者做成类似MOX的燃料,故其处理钍燃料循环比较困难。

提高燃料利用率,减少核废料是节能减排的重要举措。

根据我国已拥有压水堆(PWR)和秦山3期坎杜(CANDU)堆的运行经验,一些研究者提出一种PWR/CANDU联合核燃料循环的策略[8],既可节约23%的铀资源,使燃料能量输出提高41%,又减少了66%的废燃料处置量,可大大降低核电成本;同时,秦山CANDU堆采用稍加浓铀(SEU)的燃料最优富集度,每年将节省天然铀(NU)53 t,减少乏燃料116 t,节省燃料循环费用约6 700万元。通过对后处理回收铀(RU)、SEU堆芯物理特性的分析,在堆芯结构及运行方式不做重大改变的情况下,即可完成NU过渡到RU或SEU的过程。这两种燃料循环策略具有重大的经济效益。

5.1.4.3 快堆技术

全世界快堆已有350多堆年的运行史,钠冷却快堆技术开发投资超500亿美元。快堆燃耗达到130 GWd/tU,热电转化效率达43%~45%[9]。

1) 快堆开发战略

包括中国在内的8个国家就"革新型反应堆和燃料循环"项目的评估,进行联合研究,其目标是明确快堆闭式核燃料循环能否满足可持续发展的标准。

确立的合作项目有:闭式燃料循环在内的热中子堆和快堆的核能系统总体结构(革新性);液态金属冷却堆设计安全级别的衰变热排除系统的综合方法;评估技术整合实现革新型核系统的燃料循环;调研高温运行堆芯下液态金属和熔盐冷却剂排热的技术。

四代堆国际论坛(GIF)提出的四代钠冷快堆主要包括三类:①大型(600~1 500 MW)管道式反应堆,使用MOX燃料,基于干法后处理技术和反应堆集成的设施支持;②中到大型(300~1 500 MW)池式反应堆;③小型(50~150 MW)模块堆,使用U-Pu-MA-Zr合金燃料。

关于国家战略和国际动议,较普遍的未来核能系统是基于闭式燃料循环的钠冷快堆,多国计划于2020年前后建成示范堆或原型堆,2040—2050年开始商业化部署(见表5-3)。主流战略需要协同发展核燃料循环和快堆技术,建设运行相关设施。但是,在规模化的后处理设施和原料储存尚未形成商业化之前,较长时期内难以有良好的经济性和投资回报率。

表 5-3　各国快堆的开发战略

国家	规　划	目标	步　骤
法国	2020 年投运 600 MWe 工业化原型堆	四个领域创新	根据快中子和钠的特性,嬗变次锕系元素,开发安全的堆芯;抵御严重事故和外部危险;减少钠泄漏,优化能量转换系统;审视反应堆和部件设计,改进运行状况和经济竞争力
印度	正建 500 MWe、MOX 燃料原型增殖快堆,2020 年后的 1 000 MWe 快堆使用金属燃料	核电三阶段计划	①建设加压重水堆;②建设增殖快堆,辅以后处理厂和钍基燃料制备厂;③通过临界反应堆和加速器驱动次临界系统,利用巨大的钍资源
日本	2005 年颁布核能政策框架,2050 年开展全方位部署	—	日本已启动商业化先行项目快堆循环技术开发
韩国	2008 年批准未来核反应堆系统的长期开发计划,包括钠冷堆、干法处理和高温堆	核电三阶段计划	①2007—2011 年发展先进钠冷堆设计概念;②2012—2017 年进行示范堆的标准设计;③2018—2028 年建造钠冷堆示范电站
俄罗斯	BN-600 已运行 30 多年,BN-800 于 2014 年 6 月首次实现临界	—	2018 年使用 BN-800 来实现闭式燃料循环,2018—2020 年建成大型商业示范钠冷快堆,2030 年将开发和建造大型商业化钠冷快堆
美国	20 世纪 50—90 年代成功运行 EBR-Ⅰ、EBR-Ⅱ、FFTF 等快堆	通过先进核燃料循环动议(AFCI)	①核燃料回收利用中心;②先进循环利用反应堆;③先进燃料循环研究设施
欧洲	可持续核工业动议(ESNII),通过可持续核能技术平台支持	平行开发两种快堆技术	①以钠冷快堆为基准解决方案,2020 年左右在法国建造原型堆;②一个替代快堆(铅冷或气冷),建国家实验堆示范

2)　行波堆技术

基于大规模清洁低碳能源支撑的可持续发展,开发利用以低浓铀启动、一次通过燃料体系的快堆(如行波堆,见图 5-11),发展开路循环启动产业模式,非常符合未来能源系统与燃料循环发展的大趋势[10]。

行波堆(traveling wave reactor)技术与核燃料循环行波堆不同于已经商业化的热堆(轻水堆)和正在开发中的快堆,行波堆是"核燃料一次性实时原位增殖焚烧",是个趋近理想状态的先进能源系统。因其增殖和焚烧过程可用两个特征行波来描述,

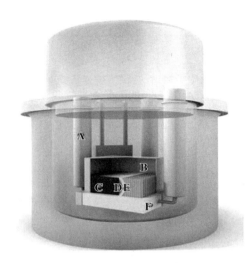

图 5-11　行波堆示意图

A—冷却剂泵；B—裂变气体空间；C—燃料（贫化铀）安置于六角形组件内；黑色代表乏燃料；D—裂变波(红色)；E—增殖波(黄色)；F—液钠冷却剂

故称之为行波堆。

其原理是通过抑制堆芯燃料的分布和运行，使得核燃料可以从一端负级启动点燃，裂变产生的多余中子将周围不能裂变的 ^{238}U 转化成 ^{239}Np，当达到一定浓度之后形成裂变反应，同时开始焚烧在原位置生成的燃料，形成行波（traveling wave）。行波堆技术能将贫瘠的核能原料，在反应堆内直接转化为可使用的燃料并充分燃烧利用，使铀资源利用率达到 $30\%\sim40\%$，甚至 $60\%\sim70\%$，并使之深度焚烧产生巨大能量。美国泰拉能源公司计划在 10 年内建成行波堆示范工程，在 15 年内实现商业化建设。

反应堆特点如下：

行波以增殖波先行，焚烧波后续的方式前进。行波堆的运行自动将堆芯分成 3 个物理区域：新燃料区、主燃烧区和乏燃料区，并分别承担易裂变核素生产、燃烧和乏燃料嬗变的功能。

行波堆能够自平衡运行，没有一般反应堆后备反应性所引起的事故。行波堆一次性装料可以连续运行数十年，除启动时需要少量浓缩铀，其余均可用天然铀、贫铀或乏燃料。

行波堆的增值-燃耗机制来自氢弹的原理。在氢弹中，LiD 介质中的 Li 首先吸收中子产生氚，氚再与介质中原有的氘发生聚变反应，即先增殖再燃耗。反应堆的增殖材料如 ^{238}U 或 ^{232}Th 吸收中子后转化成易裂变材料 ^{239}Pu 或 ^{233}U 并进行裂变反应，其两者之间的类比见表 5-4。

表 5-4　聚变、裂变的增殖-燃耗机制类比

项目	聚变	裂 变	
增殖材料	6Li	^{238}U	^{232}Th
增殖反应	$6Li + n = 3H + 4He$	$^{238}U + n^- > ^{239}Pu + 2\beta^-$	$^{232}Th + n^- > ^{233}U + 2\beta^-$
燃耗材料	3H	^{239}Pu	^{233}U
燃耗反应	$3H + 2H = 4He + n$	$^{239}Pu + n^- > X + Y$	$^{233}U + n^- > X + Y$

说明：n 表示中子；n^- 表示反中子；β^- 表示负 β 衰变。

在行波堆的整个反应堆寿期内,堆芯内中子注量率(功率)、增殖材料、燃耗材料、裂变产物及无限介质增殖系数 k_∞ 均可以保持稳定的形状并沿着行波的运行方向非常缓慢地向前传播,如图 5-12 和图 5-13 所示。

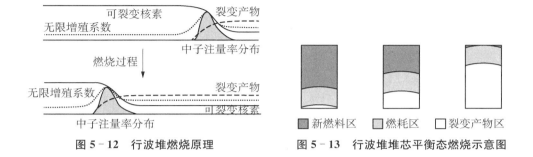

图 5-12   行波堆燃烧原理   图 5-13   行波堆堆芯平衡态燃烧示意图

反应堆的稳定运行完全依靠易裂变核素的生成与消耗之间的动态自平衡实现,不需要任何外来辅助,所以其运行反应性控制可以采用泵控模式,而不是通常的棒控模式,因此不会产生棒控机构引起的中子损失和扰动,结构简单,操作简易,并完全消除了运行期间弹棒事故发生的可能性[11]。

5.1.4.4   制造工艺

在第三代压水堆制造中除材料外,锻压、焊接、精密机加工是核电设备制造的关键工序。我国三大核电制造基地已经具备大容量核电装备的加工技术和加工母机,先进的制造工艺造就精湛的核电设备。

2013 年 4 月 7 日,世界首台 AP1000 核电机组——三门核电站 1 号机组完成了主冷却管所有焊口 100% 厚度的实体焊接,主管道 A、B 环路 6 根管段将反应堆压力容器、蒸汽发生器和反应器冷却剂泵连接成一个封闭的回路。主管道焊接采用激光跟踪测量及 3D 建模拟合、现场数控坡口精确加工、窄间隙自动焊、激光跟踪测量收缩变形等先进工艺,保障焊接质量,提高了加工效率。

一些研发的高难度部件也取得累累硕果。如超高温反应堆中的高压氦气风机采用磁悬浮轴承,顺利地解决了大重量风机转子支承的难题,降低风机的电耗。

5.1.4.5   非均匀反应堆化学问题

一般说来,大功率、高温高压下运行的非均匀动力反应堆的化学问题要复杂得多,如冷却剂的化学稳定性和辐射化学稳定性以及它对包壳材料、结构材料和慢化剂的化学作用。

以普通水或重水做慢化剂和冷却剂的反应堆有两个主要的化学问题:水在中子和 γ 射线辐照下的分解,包壳和结构材料在水中的腐蚀。

在气冷堆中,采用二氧化碳或氦气作冷却剂,用石墨来慢化中子。高温下 CO_2

有分解和氧化的倾向;氦气虽然稳定,但所含杂质会引发石墨和结构的腐蚀,特别是用热解碳或 SiC 包覆燃料的陶瓷微球,用来防止裂变物质在包覆材料中扩散。

在钠冷快堆中钠的纯度对腐蚀有很大的影响。因为溶解在钠中的杂质氧会引起固体金属质量迁移或氧化侵蚀,杂质氢和氮会引起材料脆变,杂质碳会使金属从热区向冷区迁移。钠中杂质氧的危害性最大。泄漏事故下钠与水反应生成大量氢,会引起第二钠回路压力快速上升等问题。

总之,核电技术的发展多样化,它们沿着各自轨道成为核电装备应用的范式以及新堆型的样式。同时,对非均匀反应堆中化学问题的研究也需要重视。

5.2　核电站及系统

目前运行的核电站主要是压水堆(pressurized water reactor),使用加压轻水(即普通水)作冷却剂和慢化剂。堆内压力水呈液态的反应堆称压水堆,水在核堆内沸腾的反应堆命名为沸水堆,用重水冷却和慢化的称为重水堆,燃料为低浓铀。

20 世纪 80 年代,压水堆被公认为是技术最成熟、运行安全、经济实用的堆型。压水堆核电站总体布置如图 5 - 14 所示。

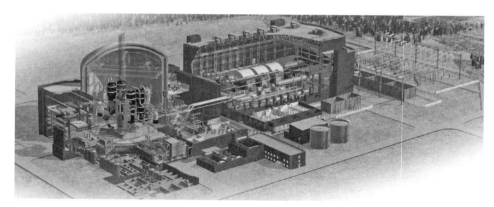

图 5 - 14　压水堆核电站示意图

5.2.1　压水堆核电站

压水堆电站是当前普遍采用的堆型,属于第二代和第三代核技术之间的核电站。

5.2.1.1　核电站组成

由前述可知,核电站主要由核岛和蒸汽发电组成。核岛包括压力壳、反应堆、燃料棒组件、堆芯安全应急冷却系统、蒸汽交换器、给泵和稳压器等(见图 5 - 15)。

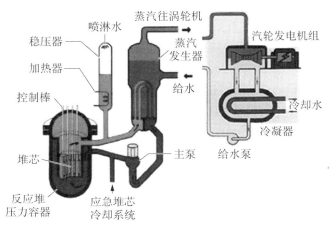

图 5-15 压水堆发电系统

常规岛功能与火电机组相同,但又有系统和设备的特殊性。

基于核电产生的蒸汽参数为大流量、中温中压、饱和蒸汽,故汽轮机的特点有:一般均采用低速汽轮机、长叶片、减少低压缸数,以提高调节级安全性,降低蒸汽水分对动叶的浸蚀和提高机组容量;汽轮机为单轴,设 1 个高压缸和 3～4 个低压缸,无中压缸;汽轮机高压缸采用双流式;高、低压缸的连接管道上设置几台汽水分离再热器,提高热效率;凝汽器管板采用双层结构用焊接连接,两层之间通入不带放射性的凝结水,以防止污染循环水。

5.2.1.2 核岛

压水堆的设计要点首先是安全至上的运行可靠性。其堆芯装有核燃料组件,并设置多种辅助安全冷却系统。为防止核泄漏,一回路的主冷却水经蒸发器冷却后再返回堆芯,循环使用。

反应堆压力容器按材料可分为钢制和预应力混凝土两种。钢压力容器用于各种类型的核反应堆。轻水堆核电站的钢压力容器均为圆筒形结构;预应力混凝土压力容器应用于气冷堆等。

1) 压水堆钢压力容器

压力容器通常用含锰、钼、镍的低合金钢制成,内壁需堆焊一层不锈钢。上封头用法兰连接筒体,便于反应堆换料,其顶部设置反应堆控制棒驱动机构。容器上开设反应堆一回路的进出口接管段。例如,百万千瓦级的大功率压水堆的压力容器直径 $\Phi_{内}$ 为 4.4 m 左右,总高一般在 14 m 左右,壁厚约 20 cm,可以承受 15 MPa 以上的高压(见图 5-16)。

2) 沸水堆压力容器

沸水堆压力容器外形、材质与压水堆类同,压力在 7 MPa 左右。由于它比压水堆

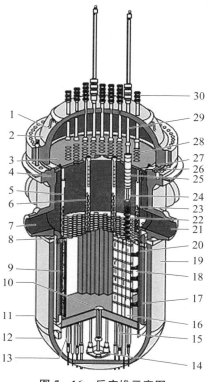

图 5-16 反应堆示意图

1—吊装耳环；2—封头；3—上支承板；4—内部支承凸缘；5—堆芯吊篮；6—上支承柱；7—进口接管；8—堆芯上栅格板；9—围板；10—进出孔；11—堆芯下栅格；12—径向支承件；13—底部支承板；14—仪表引线管；15—堆芯支承柱；16—流量混合板；17—热屏蔽；18—燃料组件；19—反应堆压力壳；20—围板径向支承；21—出口接管；22—控制棒末；23—控制棒驱动杆；24—控制棒导向管；25—定位销；26—夹紧弹簧；27—控制棒套管；28—隔热套筒；29—仪表引线管进口；30—控制棒驱动机构

要多容纳汽水分离器等装置，一般尺寸更大，百万千瓦级沸水堆压力容器的直径 $\Phi_{内}$ 约为 6.4 m，高度在 22 m 以上，壁厚约 17 cm。沸水堆的控制棒贯通压力容器的底部。

3）气冷堆钢压力容器

气冷堆钢压力容器是直径 $\Phi_{外}$ 约 20 m 的圆球，顶部设有加料立管、边上有进出口风道。由于容积大，焊接工艺及运输困难，很少采用。

4）预应力混凝土压力容器

20 世纪 50 年代末，法国首先应用于气冷反应堆中。60 年代末，英国在奥尔德伯里核电站的压力容器的设计中提出了一体化设计的概念，把压力回路和蒸汽发生器全部置于预应力混凝土压力容器之内，这种设计既提高了反应堆的安全性，又取得了较高的技术经济效果，随之成为气冷堆预应力混凝土压力容器一体化设计的典范。

预应力混凝土压力容器的几何形状，一般多采用厚 5～6 m 的平板封头和壁厚 4～5 m 的立式圆筒，直径 $\Phi_{外}$ 约 25 m，高约 30 m。压力容器内侧设置钢衬里、绝热层和循环冷却水系统，以保证容器的密闭性，防止混凝土过度受热及混凝土厚壁内外表面间的温差过大。其结构受力按三维块单元网格计算，采用近千根预应力钢束作为主要承载构件，预应力钢束一般为 $(1～2)×10^3$ t，混凝土用量多达 $(1～2.5)×10^4$ m^3。总施工期大致为 4 年，施工期间需采取措施防止混凝土收缩开裂。

对于其他堆型，一些国家也在开展采用预应力混凝土压力容器的研究，如快中子堆，甚至压水堆。

反应堆由堆芯、冷却系统、慢化系统、反射层、控制与保护系统、屏蔽系统、辐射监测系统等组成。堆芯由核燃料组件和控制棒组件等组成，它装载在一个密闭的、耐高温高压和辐照的大型钢质容器——压力容器中。燃料为自然界天然存在的 ^{235}U，还有两种利用反应堆或加速器生产出来的裂变材料^{233}U 和^{239}Pu。

反应堆实例——秦山核电站：

（1）压力容器构成[12,13]　　一个由法兰和球形拱顶组成的顶盖，拱顶开设 38 个孔，放置控制燃料组件和仪表导向管；两个锻造筒体和一个半圆下封头。封头底部开设 42 个堆内测量孔；各部件采用 O 形密封圈。筒体采用低合金钢，与冷却剂接触处内衬 6 mm 奥氏体不锈钢板，组件需多次热处理。下部构件由堆芯吊篮（金属圆筒高 8.17 m）、堆芯下栅格板、围板、热屏、二次支撑组件等组成。

压力容器及其顶盖具有如下功能：支撑和固定堆内构件；保证燃料组件在堆芯内的一定间距；承受一回路冷却剂与外部压差的压力边界；选用具有高机械强度、强中子辐照下不易催化的材料，防止中子外逸对人员和环境的伤害。压力容器的主要参数和其规格、尺寸见表 5-5 和 5-6。

（2）堆芯组件　　堆芯由 121 个燃料组件组成。每组件内含呈 17×17 方形排列的 264 根燃料棒，定位在堆芯上下隔板另有 24 个可放置控制棒或中子源的导向管和 1 个仪表导向管。

每根燃料棒由装在锆合金包壳内烧结的二氧化铀（UO_2）芯块组成。121 个燃料组按铀（^{235}U）的富集度分为 3 个区域，其富集度由里向外增加，以展平堆芯的径向中子通量分布。图 5-17 为堆芯横截面图，图 5-18 为压水堆燃料组件及其控制棒。

表 5-5　反应堆压力容器主要参数

名称	设计参数		运行压力	堆内部件安装后冷却剂体积	满负荷冷却剂温度热工设计/名义		冷却剂流量		通过堆芯时冷却剂压降
	压力	温度			堆入口	堆出口	热工设计	名义	
单位	MPa	℃	MPa	m³	℃	℃	m³/h	m³/h	MPa
数值	17.2	343	15.5	95.76	292.8/293.4	372.2/326.6	2×23 320	2×24 290	0.27

说明："2×23 320"表示热工设计中双环路冷却剂体积流量各自为 23 320 m³/h；"2×24 290"表示最大额定冷却剂体积流量各自为 24 290 m³/h。

表 5-6　压力容器规格与尺寸

名称	内径	筒壁厚度	总高度	壳体重量	顶盖重量	材料	堆焊厚度	堆焊材料	螺栓数目	螺栓材料	燃料组数
单位	mm	mm	mm	t	t	—	mm	不锈钢	个	—	根
数值	3 840	205	12.978	266	57	16MND5	>4.5	309L+308L	56	40NCDV7.03	121

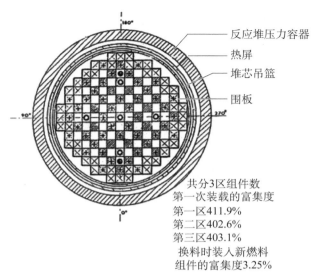

共分3区组件数
第一次装载的富集度
第一区411.9%
第二区402.6%
第三区403.1%
换料时装入新燃料
组件的富集度3.25%

图 5－17　堆芯横截面图

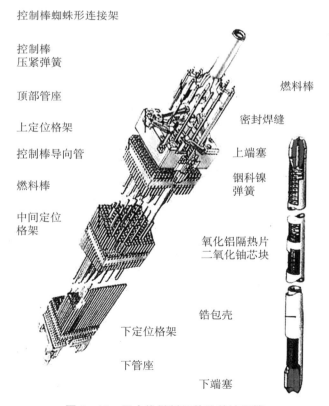

控制棒蜘蛛形连接架

控制棒
压紧弹簧

顶部管座

上定位格架

控制棒导向管

燃料棒

中间定位
格架

燃料棒

密封焊缝

上端塞

铟科镍
弹簧

氧化铝隔热片
二氧化铀芯块

锆包壳

下定位格架

下管座

下端塞

图 5－18　压水堆燃料组件及其控制棒

5.2.2 沸水堆核电站

沸水堆与压水堆均以普通水作慢化剂和冷却剂,本质上属于同一类型,仅差别于系统压力的高低[14],其系统见图 5 – 19。

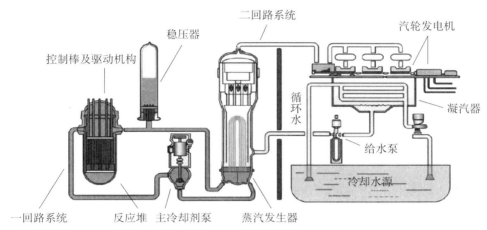

图 5 – 19 沸水堆核电站原理示意图

压水堆压力高,不允许冷却剂在堆内沸腾,需要二回路热交换器转换热量;而沸水堆允许冷却剂在堆芯内沸腾产生蒸汽,这样导致热力系统与堆体结构上的差异,配置的系统设备各不相同。

沸水堆系统的特点如下。

(1) 蒸汽直接循环。它与压水堆相比,少了一个容易发生事故的蒸汽发生器和稳压器的回路,简化系统。

(2) 堆芯工作压力可以降低。沸水堆堆芯只需加压到 7 MPa 左右,且可获得与压水堆一样的蒸汽温度,显著降低设备投资。

(3) 堆芯出现空泡。堆芯处在两相流体状态,在任何工况下慢化剂反应性空泡系数均为负值,可以使反应堆运行更稳定,自动展平径向功率分布,具有较好的控制调节性能。

(4) 功率密度低。蒸汽密度降低,慢化能力减弱,故沸水堆需要的核燃料比相同功率的压水堆多,堆芯及压力壳体积都比相同功率的压水堆大。如三代的改进型沸水堆机组(ESBWR)的压力壳 $\Phi_{内}$ 为 7.1 m,而同容量压水堆 $\Phi_{内}$ 为 3.99 m。

(5) 辐射防护和废物处理较复杂。

5.2.3　重水堆核电站

重水堆的突出优点是能最有效地利用天然铀。由于重水慢化性能好,吸收中子少,重水堆不仅可直接用天然铀作燃料,而且燃料烧得比较彻底。如果采用低浓度铀,重水堆消耗与轻水堆相比,可节省 38% 的天然铀,还容易改用另一种核燃料。重水堆的缺点主要是体积大、造价成本高。

1）堆型

重水堆按其结构形式可分为压力壳式和压力管式两种。压力壳式的冷却剂只用重水,其内部结构材料比压力管式少,经济性好,生成新燃料^{239}Pu 的净产量较高。这种反应堆一般用天然铀作燃料,结构类似压水堆,由于栅格节距大,压力壳比同功率的压水堆大得多,因此单堆最大功率不大于 30 万千瓦。

压力管式重水堆(canada deuterium uranium,CANDU)的冷却剂不受限制,可用重水、轻水、气体或有机化合物。它的尺寸不受限制,尽管压力管增加伴生吸收的中子损失,但由于堆芯大,可使中子的泄漏损失减小。此外,这种堆便于实行不停堆装卸和连续换料,可省去补偿燃耗的控制棒。

压力管式重水堆主要包括重水慢化、重水冷却和重水慢化、沸腾轻水冷却两种反应堆,这两种堆的结构大致相同。

2）重水慢化、重水冷却堆

这种反应堆的容器不承受压力。重水慢化剂充满反应堆容器,有许多容器管贯穿反应堆容器,并与其成为一体。

容器管中放有锆合金制的压力管。用天然二氧化铀制成的芯块装到燃料棒的锆合金包壳管中,然后再组成短棒束型燃料元件。棒束元件就放在压力管中,它借助支承垫可在水平的压力管中来回滑动。反应堆的两端各设置有一座遥控定位的装卸料机,可在反应堆运行期间连续地装卸燃料元件。

这种反应堆的发电原理是:既作慢化剂又作冷却剂的重水在压力管中流动,从而冷却燃料。像压水堆那样,为了不使重水沸腾,必须保持在高压(约 90 atm)状态下。这样,流过压力管的高温(约 300℃)高压的重水可以把裂变产生的热量带出堆芯,在蒸汽发生器内传给二回路的轻水,以产生蒸汽,带动汽轮发电机组发电。

3）重水慢化、沸腾轻水冷却堆

这种堆是英国在坝杜堆(重水慢化、重水冷却堆)的基础上发展起来的。加拿大所设计的重水慢化、重水冷却反应堆的容器和压力管都是水平布置的,而重水慢化、沸腾轻水冷却反应堆都是垂直布置的。它的燃料管道内流动着轻水冷却剂,在堆芯内上升的过程中,引起沸腾,所产生的蒸汽直接送进汽轮机,并带动发电机。

因为轻水比重水吸收中子多,堆芯用天然铀作燃料就很难维持稳定的核反应,所以,大多数设计都在燃料中加入了低浓度的^{235}U 或^{239}Pu。

4) CANDU 型堆特点

反应堆芯使用压力管(代替压水堆的压力容器),用重水作为慢化剂和冷却剂,以天然铀作燃料,采用不停堆的方式更换燃料。在技术经济上可与轻水堆竞争。

秦山 3 期(重水堆)核电站采用加拿大成熟的坎杜 6 重水堆技术(CANDU 6),装机容量为 2×728 MW,设计寿命为 40 年,综合国产化率约 55%。1 号机组于 2002 年 11 月 19 日首次并网发电,并于 2002 年 12 月 31 日投入商业运行。

(1) 堆体   堆体为一水平放置的筒形容器(称排管容器),里面盛低温、低压的重水慢化剂。容器内贯穿有许多水平管道(压力管),其中装有燃料棒束和作为冷却剂的高温、高压重水。由主回路水泵输送冷却剂,流过燃料管道,带出堆芯热量,经过蒸汽发生器加热二次侧的轻水,产生的蒸汽供应汽轮发电机组发电。排管容器由超低碳不锈钢制造,压力管由锆-铌合金制造。整个排管容器连同压力管置于不锈钢衬里的混凝土堆室中,堆室内充以轻水,作冷却和屏蔽用。

(2) 燃料棒   重水堆的燃料是由天然的二氧化铀压制、烧结而成的圆柱形芯块。若干个芯块装入一根锆合金包壳管内,两端密封形成一根燃料元件,再将若干根燃料元件焊到两个端部支撑板上,形成柱形燃料棒束。元件棒间用定位块将其隔开。

(3) 冷却循环   冷却剂、慢化剂循环、蒸汽发生器和主回路水泵安装在反应堆的两端,以便使冷却剂自反应堆的一端流入反应堆堆芯的一半燃料管道,另一端则以相反的方向流入另一半燃料管道。冷却剂系统设有一个稳压器,以维持主回路的压力,使重水不致沸腾。慢化剂系统的温度较低,它也设有循环泵和热交换器;它把高温燃料管道传给慢化剂的热量及重水与中子和 γ 射线相互作用产生的热量带出堆芯,以提高反应堆的物理性能。

(4) 燃料更换   在反应堆的两端各设一台遥控操作的换料机。当某根压力管内的燃料需要更换时,一台换料机处于装料位置,另一台则处于卸料位置。处于装料位置的换料机内装有新的燃料棒束,由逆冷却剂流向推入,堆内相对应压力管道内的乏燃料棒束即被推入另一端处于卸料位置的换料机内。整个操作由电子计算机来完成。

(5) 控制   CANDU 型重水堆的反应性控制是由下列装置实现的,它们从顶部垂直穿过反应堆容器。①调节棒:由强中子吸收体构成,用于均衡反应堆中心区的功率分布,使反应堆的总功率输出最佳。②增益棒:由高浓铀代替强中子吸收体,用来补偿氙中毒所引起的反应性下降。③区域控制棒:由一些可充轻水的圆柱形隔套组成。④停堆系统:由两组停堆系统组成。一组停堆系统是由能快速插入反应堆堆芯的强中子吸收棒组成;另一组停堆系统是将吸收中子的溶液注入慢化剂或注入堆芯的一些管中,也可以把慢化剂排空。

5.3 第三代核电——AP1000

我国第三代核技术是在引进技术的基础上自主研发的核技术品种,成为推广应用的新型核电站。

5.3.1 当前现状

目前我国有五种第三代核电技术拟投入应用,他们分别是 AP1000、华龙一号、CAP1400、法国核电技术(EPR)以及俄罗斯核电技术(VVER)。通过对压水堆技术的消化吸收,我国实现 60 万千瓦压水堆机组设计的国产化,基本掌握了百万千瓦压水堆核电厂的设计能力,形成了国内以 AP1000 为主、出口以"华龙一号"为代表的市场发展趋势。所谓"华龙一号"核电技术,指的是中核 ACP1000 和中广核 ACPR1000+两种技术的融合,称为"我国自主研发的三代核电技术路线"。

AP1000 是美国西屋开发的第三代核电的核电技术[15,16],在设计理念上有所蜕变,称为双环路 1 117 MW 到 1 154 MW 的第三代核电站,它是 AP600 机组设计的延伸。AP1000 的剖视图如图 5-20 所示。

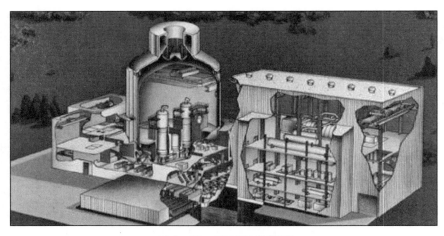

图 5-20　AP1000 剖视图

AP1000 反应堆系统采用西屋 Model314 技术,IFBA 燃料组件,反应堆冷却剂泵为全封闭泵(屏蔽泵)。非能动堆芯安全系统主要包括堆芯冷却系统和非能动安全壳冷却系统。

安全壳内配置 3 个非能动水源(堆芯补水箱、安注箱和安全壳内换料水储存箱);2 套 100%能力的非能动余热热交换器(PRHRHX)执行堆芯余热排出、安全注入和卸压功能。非能动安全壳冷却系统为电厂最终热阱。AP1000 采用双层安全壳,内层为钢制安全壳,通过壳体空气自然循环传热导出热量,排入大气。空气冷却则依靠来自重力水箱的水蒸发。系统也兼管控制室可滞留系统和安全壳隔离系统。

反应堆冷却剂系统改进设计采用 2 台西屋标准的 F 型蒸汽发生器,为双回路对称设计。压力容器下封头无贯穿孔,减少失水事故和堆芯裸露的概率。

优化设计可以减少系统设备。反应堆冷却系统采用全数字化仪控系统;堆芯熔化概率为 3×10^{-7}/堆·年;模块化设计缩短建设工期,有利于降低造价和发电成本。

根据资料表明,除整体安全性大幅提高外,通过引进技术消化、吸收、创新,进入批量的发展阶段,工程项目的储备有 15%～20% 的降价空间[17]。AP1000 系列建造的第三台机组造价为 1 100 美元/千瓦,发电成本在 3.6 美分/千瓦以下。从表 5-7、图 5-21 可见,不同的参照对象,因系统简化,设备及辅料减少的效果显著。

表 5-7　两种核电型号的部分设备、材料比较

项目	单位	CPR1000	AP1000	相比减少%
安全级阀门	只	3 600	599	83.4
安全级水泵	台	52	4	92.3
管道长度	km	197	82	58.4
电缆长度	km	2 200	1 130	48.6
安全构筑物混凝土量	10^4 m³	23	9.8	57.4

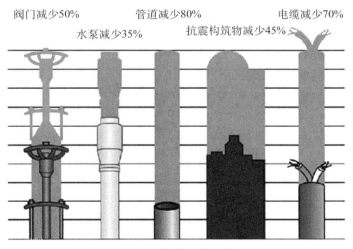

图 5-21　核电用料对照表

5.3.2 核岛

核岛是核反应堆的简称,是核电站的心脏。

1) 主回路

AP1000与法国核电技术 EPR 反应堆配置设备及冷却剂系统布置对比见图 5 - 22、图 5 - 23。

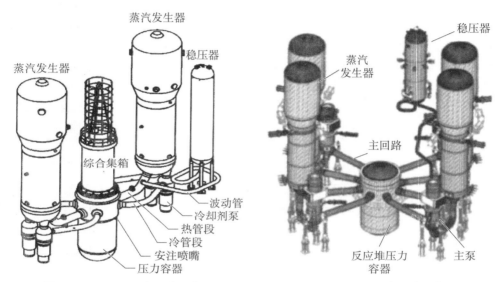

图 5 - 22 AP1000 主回路示意图　　　　图 5 - 23 EPR 主回路示意图

由图 5 - 22 和图 5 - 23 可见,EPR 的一回路有 4 个回路并联在反应堆上,每回路各有一台泵、蒸发器相连,采用常规的布置方式。主泵为立式轴封泵、三道机械密封和一道停车密封结构。主泵一旦停运或密封失效,就必须人工干预,启动停车密封,在氮气压力下使之金属接触密封,以防泄漏。

AP1000 的一回路采用两组蒸汽发生器,配离心式屏蔽主泵,其安装位置区别于 EPR 堆型的主泵,两台屏蔽泵直接安装在每个蒸汽发生器底壳通道的进口处,并分别连接着一个冷段管路,既简化主冷却剂管系和支撑,小流量时又不易泄漏。系统布置十分简洁。

2) 安全系统[18]

AP1000 机组引入非能动安全系统理念,革新了核电站安全系统的设计。图 5 - 24 为第二代核电站安全系统。

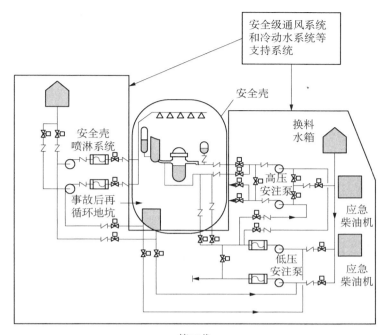

第二代
能动安全系统核电站

图 5 - 24 第二代核电站安全系统示意图

AP1000 采取的非能动堆芯冷却系统、非能动安全壳冷却系统(见图 5 - 25)等非能动的安全预防和缓解措施,利用物质的重力,流体的自然对流、扩散、蒸发、冷凝等原理,在事故应急处理时冷却反应堆厂房(安全壳)并带走堆芯热量,简化了系统配置和安全支持系统,大幅度地减少安全级设备(泵、阀、电缆等)以及抗震、大宗材料的要

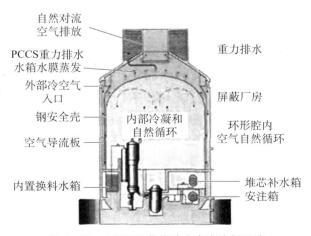

图 5 - 25 AP1000 非能动安全壳冷却系统

求,操作人员的宽限时间由原先的 30 分钟增加到 72 小时。PSA 分析表明,大量放射性物质释放频率小于 1×10^{-6}/堆·年。

5.3.3 二回路

常规岛配置设备有[19]:汽轮发电机组包括高加、低加、凝汽器、除氧器、泵(凝结水泵、主给水泵、抽真空泵、油泵等)、冷冻机组、通风机组、风机、消防系统、雨淋阀、管道阀门、保温层、水处理设备等。

1)AP1000 二回路主要参数

AP1000 在额定工况下的蒸汽发生器产生的饱和蒸汽压力为 5.69 MPa,温度为 272.1℃(大亚湾蒸汽参数为 6.71 MPa、283℃),流量为 1 888.6 kg/s,再热蒸汽温度入口为 184.7℃,出口为 254.2℃,再热蒸汽压力为 1.89 MPa。高、低压缸分缸压力的选取不仅要考虑高压缸排汽湿度不宜过大,还要使低压缸的进汽参数与常规火电机组大致相同,以便利用常规机组的成熟技术。

2)蒸汽系统

AP1000 热力系统采用 2 台汽水分离器,分别布置在汽轮机的两侧。高压缸的排汽先进再热器底部的汽水分离元件,脱除 98% 的水由疏水泵送回给水系统,饱和蒸汽在其中部和上部分别用高压缸的抽汽和新汽进行两级再热,使蒸汽温度再热到 254.2℃。

这种两级再热方法是用一部分低品位的蒸汽代替,与单用新汽再热相比,可使机组效率提高约 0.5%。再热后的蒸汽经低压缸顶部的 6 组阀门进入 3 个按顺序排列的低压缸。低压缸排汽湿度为 10.22%。

三个独立的单流程凝汽器直接布置在低压缸排汽口下面。每台凝汽器有二组独立的水室,供不停机维修。回热给水系统共 7 级,包括 2 级高压加热器、1 级除氧器和 4 级低压加热器。

除氧器布置在汽轮机厂房较高的位置,配 $2 \times 50\%$ 容量的电动给水泵(或汽动给水泵)和 $1 \times 50\%$ 容量的备用电泵。高压给水经 2 列 1 号和 2 号串联高压加热器后输送往蒸汽发生器。两级高压加热器都没有疏水冷却段,疏水将会逐级回流到除氧器。

3)给水加热系统

系统采用多列形式,控制加热器的合理尺寸,兼顾某列加热器切除时,其他的列仍能维持运行,提高机组的可用率。

4)二回路蒸汽

通常堆芯水压力为 10~20 MPa,温度为 300℃以上,当热量转送到二回路时可使水蒸发,由蒸汽驱动发电设备。

5.3.4　设备国产化

AP1000 是一种双环路和百万千瓦级的先进压水堆核电机组,其反应堆一回路由 1 台反应堆压力容器、1 台稳压器、2 台大容量的蒸汽发生器、4 台屏蔽式主泵、4 条冷段、2 条热段管道等组成。其主回路设计类似于美国燃烧工程公司(CE)设计的 System 80,蒸汽发生器采用 Delta125,主泵采用带变频器的大型屏蔽泵,专设的安全设施采用了非能动技术。

但是,引进的 AP1000 核电装置中有许多部组件、管线、仪控等设备需要国产化,如钢制安全壳 CV、冷却剂泵(屏蔽电机泵)、爆破阀、主管道以及各种驱动机构等部件,国内还处于空白,它们是 AP1000 核电站特殊的关键设备[20]。

5.3.4.1　设备国产化布局

AP1000 核电设备的国产化是国内推广应用的当务之急(见表 5 - 8)[21]。AP1000 核反应堆的压力容器、蒸汽发生器、堆内构件、控制棒驱动机构、环吊、燃料装卸机等设备均在原有成熟机组上改进设计,与传统的两代及其改进型压水堆核电总体上类似。但在具体规范上有较大差异,如标准、技术要求、结构形式、材料、制造工艺等,特别是在材料选择、焊接、机加工、热处理、组装及检测试验等方面。

表 5 - 8　核岛设备国产化任务的部分摘录

设备名称	分包商/技术转让(设备)/锻件			
	1 号机组(三门)	2 号机组(海阳)	3 号机组(三门)	4 号机组(海阳)
主泵	西屋/EMD	西屋/EMD	西屋/EMD	西屋/EMD
爆破阀	西屋/SPX	西屋/SPX	西屋/SPX	西屋/SPX
反应堆压力容器	西屋/斗山/一重	西屋/斗山/一重	一重	上核/上海电气
一体化堆顶结构	西屋/斗山	西屋/斗山	中方	中方
蒸汽发生器	西屋/斗山	西屋/斗山	哈锅	上海电气
堆内构件	西屋	西屋	上海电气	上海电气
控制棒驱动机构	西屋	西屋	上海电气	上海电气
装卸料机	西屋/PAR	中方	中方	中方
余热热交换器	西屋	中方	中方	中方
稳压器	上海电气	上海电气	上海电气	上海电气
钢制安全壳	西屋/Ansaldo	山东核电设备制造有限公司		

1) 反应堆压力容器

AP1000 压力容器高约 12 200 mm,堆芯区内径为 4 040 mm,总重为 425.3 t,由 SA-508-3 锻件和低合金钢板制造。

钢制安全壳 CV 采用新型钢板材料,尺寸大,钢板厚度大,分片封头曲面复杂,整体拼装精度高。主管道采用整锻式结构而非铸造不锈钢管,制造难度大。

2) 核燃料及核用锆材料

AP1000 反应堆燃料组件长 14 英尺(ft,1ft=3.048×10⁻¹ m),燃料棒为锆合金包壳。西屋沿用湿法 ADU(重铀酸铵)工艺生产 UO₂ 粉末,区别于法国法玛通公司的 DCP 干法工艺;西屋的燃料棒按轴向分区设计,同一燃料棒可装不同浓缩度的铀芯块,其可燃毒物、定位格架、上下管座的设计以及制造工艺各具特色。

在核用锆技术方面,主要是锆铪分离、核级海绵锆、合金熔炼、胚料及各种型材的制造技术。西屋公司开发的 ZIRLO 合金比传统的 Zr-4 合金更具耐腐蚀、抗辐照及吸氢性能。对于湿法海绵锆生产工艺,即用萃取方法分离锆铪是项传统工艺,简单且成本低。

对于湿法工艺的废水处理,西屋公司已取得有效的污染控制,包括氯化铵、硫酸盐等次级盐和酸性废液的处理措施。

对此,国内研究了 ZIRLO 合金包壳管在高燃耗下的堆内性能,包括腐蚀、吸氢、生长蠕变等性能,并从设计目标"长循环、低泄漏、高燃耗、零破损"的角度提出核燃料元件用的锆合金材料的自主研发,涵盖了合金成分筛选、关键制造和加工工艺、安全性试验、堆内辐照考验等,并将为开发燃耗最高达 70 000 MWD/MTU 或更高的锆合金材料打下扎实的基础[22]。

3) 屏蔽电机泵

采用屏蔽电机泵是非能动安全理念的措施,它替代传统轴密封及其辅助系统,取消核安全级的应急交流电源(柴油发动机)系统,排除全厂断电造成堆冷却剂泄漏的潜在事故。

EPR/AP1000 主泵设计参数见表 5-9,设计寿命为 60 年,设备总重约 83 t、总高度为 6.69 m,整体悬挂在蒸汽发生器底部[16][23]。

表 5-9 EPR/AP1000 主泵参数

设计参数	EPR	AP1000
工作压力/MPa	17.6	17.2
运行压力/MPa	15.5	15.5

（续表）

设计参数	EPR	AP1000
设计工作温度/℃	351	343.3
泵流量/m³/h	28 320	17 943
扬程/m	约 100.6	约 88
电机转速/(r/min)	约 1 485	约 1 200
电机功率/kW	9 000	4 500
热段温度/℃	328.8	321.1
冷段温度/℃	295	280.6

4）爆破阀[24]

采用爆破阀又是 AP1000 一大非能动安全系统的特色。其功能主要用在安全壳内置换料水箱（IRWST）注入管线与安全壳冷却水再循环管线的隔离；还应用于隔离反应堆第四级自动卸压系统（ADS）的管线和安全壳冷却再循环系统。

爆破阀按口径、承压要求配用三种规格（14″/17.1 MPa，8″/17.1 MPa，8″/1.46 MPa）。正常工况下爆破阀呈闭合状态、零泄漏；在事故状态下，经指定逻辑保护信号触发，爆破阀立即开启，并具有开启不可逆、安全可靠的特点。

为满足非能动型压水堆核电站爆破阀对耐高温产气做功药剂的需求，国内研制了炭黑/硝酸钾（CPN）推进剂，对其性能进行了测试与评估，并与 6 号黑火药（HY6）和 6 号无硫黑火药（WHY6）进行了对比。结果表明，CPN 推进剂的自动点火温度＞321℃，长期耐温＞130℃，其机械感度、静电感度均为零，安全性优于黑火药和无硫黑火药，可满足产品的耐温性能要求。

5.3.4.2　核岛辅助系统

AP1000 的许多设备需要国产化，尤其是立式屏蔽水泵、爆破阀等关键部件，它们的安全可靠性特别重要。

CAP1400 型压水堆核电机组是国家核电技术公司在消化、吸收、全面掌握我国引进的第三代先进核电 AP1000 非能动技术的基础上，再创新的功率更大的非能动大型先进压水堆核电机组，单机容量为 140 万千瓦，设计寿命为 60 年。为了加快设备系统国产化，我国还开展了 CAP1400 相应辅机系统的攻关（见表 5-10）。

表 5-10 第三代核 CAP1400 辅机系统部分国产化情况

项目	功能	技术性能	备注
电站控制棒驱动机构电源系统	确保 2 套电动-发电机组(M. G.)设备并联同步供电给控制棒驱动机构,通过电压调差率整定法提高 M. G. 的独立性和系统可靠性	额定负载、80%额定输入电压的降压启动;额定运行时,发电机输出电压为 260×(1±0.1)V;输入电源失电 1 秒,整机系统正常运行;整机连续运行 100 小时,无报警和故障	在国内二代加核电站控制棒驱动机构电源系统基础上
电站直流和 UPS 电源系统	由独立的 1E 级直流和 UPS 电源系统、非 1E 级直流和 UPS 电源系统组成	硬件:通过 1E 级设备鉴定的一系列试验包括抗震、元件老化、电磁兼容性(EMC);软件:软件 V&V 验证,防止失效或故障	存在问题:国内外标准体系差异;设备元器件替代;紧凑设计对尺寸的限制;设备鉴定和验证
安全壳内置换料水箱及再循环过滤器	满足堆冷却剂通流压降小且滤网可靠防堵;滤网模块组装	—	存在问题:过滤器多孔薄钢板焊接与制造工艺;滤网单元优化设计以及地震试验验证
安全壳氢气控制系统	包括氢浓度监测、非能动自催化氢气复合和氢气点火子系统;确保堆芯熔融事故下安全壳的完整性	氢浓度监测量程范围:0%~20% V_{H_2};精度:2% 量程;响应时间:10s 内达实际浓度的 90%。平均氢气复合效率达 85%以上,自启动氢浓度<1% V_{H_2}	由于燃料锆包壳与水反应产生大量氢气,危害安全壳完整性,设置该系统以提高电站纵深防御
安全壳再循环冷却风机机组	核电站安全壳厂房的运行过程中的温度控制	设计基准事故(DBA)下最大压力为 0.4 MPa,且可高/低速控制	目前设备完全进口
离心冷水机组	VWS 制冷系统(中央冷冻水系统)兼核岛暖通空调(HVAC)类设备	高压比、大冷量。单机制冷量需求达到 2 250RT(或 680×10⁴ kcal/h)	存在问题:高效蒸发、冷凝换热器、双压缩机头冷水机组研发需满足美国 ARI 性能试验标准
MS02 风冷螺杆式冷水机组	为空气处理机组冷却盘管和 HVAC 系统的冷却器提供冷却水	制冷量达 1 132 kW、负荷调节范围为 10%~100%、水温精确控制在(4.5±0.5)℃,低环境温度 -17.8℃ 是运行制冷的要求	存在问题:多压缩机可靠的运行控制;翅片式冷凝器结构与耐腐蚀;调速风机控制以冷凝压力控制;换热器工艺

（续表）

项目	功能	技术性能	备注
核级电缆附件与铺设	用于核电运行系统电力、控制、监测信号及数据传输	电缆连接件常规特性、燃烧性能（无卤性能、低烟性能、低毒性能、阻燃性能满足）、使用寿命和耐核环境性能达到相应标准	K3 类电缆附件部分实现国产化（华侃、宏商、长春热缩），K2 类电缆附件绝大部分依赖进口，K1 类完全依赖进口
机械蒸汽压缩（MVC）蒸馏海水淡化装置	装置为核电站提供热法海水淡化水	$3\,000\ m^3/d$ 的 MVC 海水淡化；产水含盐量（TDS）$\leqslant 10\ mg/L$；电耗 $\leqslant 15\ kW \cdot h/m^3$	目前需要全部进口的 MVC 装置。研发技术有：蒸发器结构、蒸汽压缩机及系统控制
非能动反应堆安全壳空气导流板	为非能动安全壳冷却系统提供气流路径	空气导流板满足核安全 3 级（SC-3）；抗震 I 类	存在问题：材料、制造及安装工艺

5.4　第四代核电技术与装备

2002 年 5 月在巴黎召开的第四代国际核能论坛（GIF）上提出了 6 种先进的反应堆概念设计[25]，列于表 5-11。

6 个先进堆型为：超临界水冷堆（SCWR）、超高温气冷堆（VHTR）、熔盐堆（MSR）、气冷快堆（GFR）、铅合金冷快堆（LFR）、钠冷快堆（SFR）。第四代核反应堆的外形之一如图 5-26 所示。

图 5-26　第四代核反应堆外形之一

第四代核电能系统包括三种快中子反应堆系统和三种热中子反应堆系统。其中,中子能谱为快中子、燃料循环为闭式的有 SFR、LFR、GFR;VHTR、MSR 分别为热中子能谱,SCWR 为热或快中子能谱,MSR 为闭式燃料循环,SCWR 为一次或闭式燃料循环,VHTR 为一次燃料循环。

表 5 - 11　第四代核电技术与系统

序号	第四代核反应堆	内　容	代号	中子能谱	燃料/循环方式
1	氦气冷快堆	采用直接循环的氦气轮机发电,或采用其工艺热进行氢的热化学生产;长寿命放射性废物的产生量最低;利用现有的裂变材料和可转换材料(包括贫铀);参考反应堆 288 兆瓦的氦冷系统,出口温度为 850℃	GFR	快(与锕系元素的完全再循环)	复合陶瓷燃料/闭式
2	铅合金冷却快堆	实现可转换铀的有效转化,控制锕系元素;燃料为含有可转换铀和超铀元素的金属或氮化物;额定容量 1 200 MW 中 300～400 MW 模块和一个换料 15～20 年的 50～100 MW 电池组可组成小电网	LFR	快(铅/铋共晶)	闭式
3	液态钠冷却快堆	可有效控制锕系元素及可转换铀的转化的闭式燃料循环;功率为 150～500 MW 的核电站,燃料用铀-钚-次锕系元素-锆合金;功率为 500～1 500 MW,使用铀-钚氧化物;系统热响应时间长、冷却剂沸腾裕度大、一回路系统接近大气压,回路的放射性钠与电厂水和蒸汽之间有中间钠系统等特点,安全性能好	SFR	快	闭式
4	熔盐堆	熔盐燃料流过堆芯石墨通道,产生超热中子谱。不需要制造燃料元件,并允许添加钚的锕系元素。熔融氟盐传热性好,降低压力容器和管道的压力;参考功率水平为 1 000 MW,冷却剂出口温度为 700～800℃,热效率高	MSR	热	钠、锆和氟化铀的循环液混合物/闭式

（续表）

序号	第四代核反应堆	内　容	代号	中子能谱	燃料/循环方式
5	超高温气冷堆	一次通过式铀燃料循环的石墨慢化氦冷堆（堆芯可以棱柱块、球床堆芯）提供热量，出口温度为 1 000℃，宜热电联供；废物量最小化、有灵活性；参考堆采用 600 MW	VHTR	热	铀/钍燃料循环/一次
6	超临界水冷堆	高温高压水冷堆，在水的热力学临界点（374℃，22.1 MPa）以上运行；热效率为轻水堆的约 1.3 倍；冷却剂在反应堆中不改变状态，直接与能量转换设备相连接，简化电厂配套设备；参考系统功率为 1 700 MW，压力为 25 MPa，堆出口温度为 510～550℃	SCWR	热/快	燃料为铀氧化物/（一次/闭式）

5.4.1　技术特点与目标

快堆具有明显的技术优势，是当前核技术发展的方向。

1）特点

快堆三大优势：

（1）增殖核燃料，可将铀资源利用率从压水堆的不到 1% 提高到 60% 以上。

热中子反应堆（压水堆、重水堆等）采用 ^{235}U 为裂变燃料。由于天然铀只含 0.71%，反应堆运行时，一部分 ^{238}U 吸收中子变成人工可裂变燃料 ^{239}Pu。每消耗 1 个可裂核能产出 0.5～0.6 个 ^{239}Pu，转换比为 0.5～0.6。若将其后处理再作为新燃料用，则压水堆的铀资源利用率达 1%～2%。

在快中子增殖堆中，转换比达 1.3～1.5。也就是说，裂变材料在快堆中越烧越多。实际上消耗天然铀中约 99.2% 的 ^{238}U，但综合铀资源利用率在 60%～70%，显然可比单发展热堆提高 60 倍以上。

（2）焚烧长寿命放射性核素，变废为宝，减低放射性危害，安全性高。

核反应堆中，每 GWe·a（100 万千瓦年）将产生 25～100 kg 的长寿（衰变期为三四百万年）锕系核素，这样对放射性核素的处置风险变得太大。而锕系核素可以在快堆中转换成短衰变期的产物，据报道，一座快堆可以烧掉（转换）多座同等功率热堆产出的锕系核素，解决其对环境的危害。

（3）快堆与压水堆匹配发展形成的闭式燃料循环系统可以有效实现核能的可持

续发展。

为此,快堆是国际公认的第四代先进核能系统中的优选堆型。

2）目标

核电机组比投资≤1 000 美元/千瓦,建设周期≤三年;

极低的堆芯熔化概率和燃料破损率、人为错误不会导致严重事故,不需要厂外应急措施;尽可能减少核从业人员的职业剂量,尽可能减少核废物产生量,提出为公众所接受的核废物处理和处置的完整方案;核电站具有很强的防核扩散能力,措施要能用科学方法进行评估;要有全寿期和全环节的管理系统;要有国际合作的开发机制。

3）步骤

第一步:可存在性(生命力,viability)研究。明确方案切实可行的关键,证明其原则可行。

第二步:性能研究。工程规模的研发和优化,使其性能达到期望的水平。

第三步:系统示范。建造中等或较大规模的示范系统以验证设计。

第四步:商用实施。2030 年起可广泛地采用第四代核电机组系统,接替退役的二代机组。

5.4.2 超临界压水堆及系统

超临界压水堆是新的核技术品种之一,有着承上启下的发展优势。

1）堆型参数

超临界水冷堆(supercritical water reactor,SCWR)采用热力学临界点(374℃、22.1 MPa 或 705 °F、3 208 psi(磅力每平方英寸,1 psi＝6.894 76×10³ Pa))以上运行参数的高温、高压水冷反应堆,热效率为 44%～45%、系统简化、经济性好[26]。由于冷却剂在反应堆中不发生相变,且直接与能源转化设备耦合,简化了核电厂系统。

该系统适用于大容量机组(约 1 700 MW)。运行参数:系统压力维持在 25 MPa、反应堆出口温度为 510℃,并有可能提高到 550℃,引入非能动安全性系统。堆芯和燃料为氧化铀芯块,包壳采用耐高温的高强度镍合金或不锈钢。

2）设计方案

在堆芯设计中,可提供管理锕系元素的两种方案为(见表 5 - 12):

具有热中子能谱反应堆的开放循环;具有快中子能谱反应堆的闭合循环,即设置以先进湿法处理为基础,对锕系元素实施完全再循环的方案。

与轻水堆相比,超临界压水堆热效率高;相同功率下一回路泵耗电和管道尺寸小;一回路系统冷却剂总存量较小,压力壳尺寸较小;堆内无冷却剂相变过程,不会发生因燃料表面的膜态沸腾而引起包壳过热破损;与常规压水堆比,省去了蒸汽发生器;类似沸水堆,系统简洁。

表 5-12　国外几种 SCWR 设计方案

国　家	日本	欧盟	美国	南韩	加拿大	俄罗斯	日本	欧盟	俄罗斯
堆结构形式	PV	PV	PV	PV	PT	PT	PV	PV	PT
中子能谱	热谱	热谱	热谱	热谱	热谱	热谱	快谱	快谱	快谱
堆芯热功率/MW	2 740	2 188	3 575	3 846	2 540	1 960	3 893	2 500	2 800
电功率/MW	1 217	1 000	1 600	1 700	1 140	850	1 728	—	1 200
最大线功率密度/(kW/m)	39	39	39	39	—	69	39		
平均线功率密度/(kW/m)	18	24	19.2	19	—	34.5			
热效率/%	44.4	44.0	44.8	44.0	45.0	42	44.4		43
压力/MPa	25	25	25	25	25	25	25		25
入口温度/℃	280	280	280	280	350	270	280	300	400
出口温度/℃	530	500	500	508	625	545	526	500	550
流量/(kg/s)	1 342	1 160	1 843	1 862	1 320	922	1 694		

目前 SCWR 热谱方案主要有欧洲的 HPLWR 双排组件束方案 1 和日本单排棒组件方案 2。HPLWR 组件束方案为了展平径向功率而采用不同富集度的燃料,增加组件复杂度。单排棒方案中,组件内部燃料的慢化效果优于靠近组件壁盒的燃料,使得组件的不均匀性增强。双排棒组件综合两者的优点,其径向功率分布更均匀、包壳温度峰值小、慢化剂温度较低。双排棒组件已应用于混合谱堆芯,为使其适应于热谱堆芯,研究者针对组件参数进行优化,使用优化后的双排棒组件对之前研究中设计的堆芯换料方案、给水分配方案及控制棒方案进行优化[27]。

研究者对现有的双排棒组件设计及堆芯设计方案进行了优化,并利用超临界核热耦合计算平台,评估了优化后的方案。在组件设计中,为了减少寿期末堆芯中可燃毒物残余,研究者优化了组件中可燃毒物棒的位置及可燃毒物含量。在堆芯设计中,为了延长堆芯寿期、降低包壳温度,研究者对堆芯给水分配方案、换料方案及控制棒方案进行了一系列的优化。耦合计算结果表明:改进后的堆芯设计方案满足设计准则,堆芯寿期卸料燃耗和包壳温度等参数均优于原方案。

5.4.3　熔融盐堆发电系统

为了规避压水堆的风险,选择熔融盐堆有着极大的安全性优势。

1）一般情况

MSR 因为堆芯融化零概率风险的优点而受到一些关注。福岛核危机之后，核能利用又重回到尴尬境地，核反应堆潜在的放射性威胁受到大众的质疑，以致一些国家和地区逐步告别核电。如今 MSR 再次引起各国重视（见图 5-27），其发展情况见表 5-13。

图 5-27　美国熔盐实验堆俯视图

来源：橡树岭国家实验室

表 5-13　MSR 发展现况

单位	年份	内容	备注
美国	1954	军用空间核动力实验熔盐堆设计	熔盐堆的雏形
橡树岭实验室	1965	建造熔盐实验堆	运行 5 年，容器镍合金表面存在辐照损伤问题，熔盐堆中生产核武钚 239 较少
美国	1970	单回路系统熔盐堆型	之后进入成熟期，但因经费削减而停滞
国际研讨会	2002	无锆水氢爆、效率为 45%、寿命长	安全性、经济性及废料处理优势突出
中国原子能科学研究院	20 世纪 60～70 年代至 2011	开展铀 233 提纯工艺、钍铀核燃料循环研究，后钍基熔盐研究停滞；钠冷增殖快堆并网发电	核反应堆中，使用铀 235 和钚 239 作为裂变燃料，使用钍 232 作为增殖盐，其在中子作用下可以产生新的裂变燃料铀 233
中科院	2011	2 MW 的熔盐试验堆	重启熔盐堆的研究

熔盐堆的易裂变和可增殖燃料以熔盐态存在于堆芯中,石墨用来作为反应堆堆芯的中子慢化剂和结构材料。熔盐堆系统通过超热中子能谱反应堆和全部锕系元素再循环燃料循环,在一个混合的熔盐燃料循环中产生裂变能。核燃料可以是铀、钍或钚的氟化物,它们与氟化钠、四氟化锆等载体盐结合,构成低熔点(460℃左右)、稳定的共晶体熔化液体,在反应堆堆芯和热交换器间连续流动,传递热能。热能从主回路的放射盐传给中间回路的清洁盐,再通过蒸汽发生器生成蒸汽,MSR 系统的出口温度为 700℃,甚至更高,可与发电功率 1 000 MW 级的机组相配。

2) 熔盐反应堆系统优点

(1) 熔盐在高温下化学性稳定,既是燃料又是冷却剂,传热效率高。

(2) MSR 具有很好的中子经济性,加入新燃料能获高转化比,也用于锕系元素的焚烧。

(3) 熔盐反应堆采用耐高温、耐熔盐腐蚀的材料,使熔盐出口温度达到 850℃,可用热化学法制氢。

(4) 氟化物熔盐具有非常低的蒸汽压,一回路压力壳和管道的设计压力较低。

(5) 堆芯底部设置事故泄放罐,以一段用水冷却的冷冻熔盐管段与堆芯相连接,一旦发生事故,自动切除冷却水源,冷冻熔盐解冻后,堆芯的熔盐即靠自重排泄到泄放罐中,并采用非能动的衰变热载出,且熔盐中气态裂变的存量较小,衰变热也较小,系统安全性好。

(6) 熔盐中加入不同组成的锕系元素的氟化物,形成均一相熔盐体系,利于焚烧锕系元素。

5.4.4　超高温气堆发电系统

为提高核燃料的利用率和核堆安全性,高温气冷堆有着突出的优势。

5.4.4.1　一般情况

气冷堆是反应堆发展史上最早的堆型(见表 5 - 14)。超高温气堆发电系统(VHTR)是一个一次通过铀燃料循环的石墨慢化、氦冷却反应堆系统,堆芯出口温度为 1 000℃,其发电效率可达 50%。反应堆堆芯可以为棱柱形或者球床形,燃料可采用 U/Pu 燃料循环,减少放射性废物。VHTR 高温、能量密集系统可应用于发电、制氢、石化领域。

国际原子能机构 IAEA 的研究表明:高温气冷堆烧钍可以达到更高的转换比(超过 0.8),与轻水堆利用钍比较,可节约天然铀 50%,分离功耗也可节约 50%;另外,高温气冷堆对于采用各种燃料循环都具有很大的灵活性。它可以采用低浓铀-钍燃料循环,也可采用铀-钍循环和 ^{233}U - Th 燃料循环,这一特点对钍资源的利用很重要。

表 5-14　气冷堆技术发展

气冷堆代数	机组简况	慢化剂	冷却剂	燃料	燃料棒包壳材料
第一代 Magnox 型气冷堆	1956 年英国建成 50 MW 核电,20 世纪 70 年代英、法、意、日等国共建 36 台,总容量为 8.2 GWe	石墨	CO_2 气体	金属天然铀	镁诺克斯(Magnox)合金
第二代改进型气冷堆 AGR	1963 年英国建造 32 MWe 原型堆,1976—1988 年运行的 AGR 共 14 座,总容量为 8.9 GWe	石墨	CO_2,温度 400~670℃	天然铀,2% UO_2	镁铍合金、不锈钢(<690℃)
第三代高温堆	德国 1967 年建成 15 MWe 的球床高温气冷堆(AVR),发展球形燃料元件和球床高温堆;1971 年建成 300 MW 钍高温球床堆 THTR-300;1981 年德国电站联盟(KWU)首先提出球床模块式高温气冷堆的概念	石墨	氦气	全陶瓷型的热解炭涂敷颗粒(燃料核心+涂敷层)	将涂敷颗粒分散在石墨基体中压制成燃料密实体

高温气冷堆特点如下:

(1) 高温高效,提供高温核热的多用途核能源;

(2) 公认的固有安全性堆型,对环境污染小,可建在人口密集区;

(3) 可获得较高的核燃料转换比。

图 5-28　球形石墨燃料元件

VHTR 以氦作为载热剂,以石墨作为慢化剂的热中子,采用包覆颗粒燃料和全陶瓷材料的反应堆堆芯。"全陶瓷"型涂敷颗粒燃料不用金属包壳,能承受很高的温度,在 1 600℃甚至 1 800℃下仍能保持燃料颗粒的完整性。最大燃耗可提高到 150 ~ 200 GWd/tHM。

两种主要堆芯类型:①采用球形石墨燃料元件堆积成球床堆芯(见图 5-28、图 5-29);②采用耐高温的石墨(3 000℃)柱形燃料元件作为堆芯结构材料。

冷却剂氦气与其他材料有很好的高温相容性,可以使高温气冷堆的冷却剂出口温度达到 1 000℃,是迄今各类反应堆中工作温度最高的堆型。

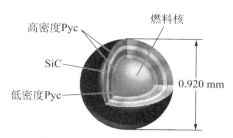

图 5 - 29　包覆燃料颗粒结构

5.4.4.2　堆芯与核燃料

BISO 颗粒：燃料核心＋两种涂敷层；TRISO 颗粒：燃料核心＋三种涂敷层。其优点是不易破损、耐高温。

1）燃料元件结构特点

涂敷颗粒太小，无法直接使用，只有将涂敷颗粒分散在石墨基体中压制成燃料密实体，再将密实体装入石墨包壳组成不同形状的燃料元件使用。

2）堆芯分类

堆芯按照石墨燃料元件的结构形式分为球床堆和棱柱堆。堆芯一般为圆柱形，四周为石墨反射层，反射层外为金属热屏，整个堆芯装在预应力混凝土压力壳内。

3）慢化剂

高温气冷堆采用石墨作为慢化剂和主要结构材料，石墨的特点如下：①热中子吸收截面小；②高温下有较好的机械性能和稳定性；③抗热震性能好。

4）冷却剂系统

冷却剂选择氦气，其原因如下：①化学惰性；②核物理性能；③容易净化；④传热性能和载热性能好。

缺点：需要严格的密封系统。

5）HTGR 主要关键技术

（1）高燃耗的颗粒核燃料元件的制造和辐射考验；

（2）高温高压氦气回路设备的工艺技术问题。

5.4.4.3　20 万千瓦级高温气冷堆

首座高温气冷堆（MHTR）为模块式革新型的堆型，估计堆芯熔化概率低于 10^{-7}/堆·年。

1）核燃料

采用优异的包覆颗粒燃料，包覆颗粒直径小于 1 mm，包覆颗粒燃料均匀弥散在石墨慢化材料的基体中，制造成直径为 6 cm 的球形燃料元件。

包覆层将包覆颗粒中产生的裂变产物充分地阻留在包覆颗粒内。实验表明,在 1 600℃的高温下加热几百小时,包覆颗粒燃料仍保持其完整性,裂变气体的释放率仍低于 10^{-4}/堆·年。

2) 氦气循环方式及设计参数

采用氦气涡轮机直接循环方式,由一回路出口的高温氦气冷却剂直接驱动氦气涡轮机发电,反应堆压力为 7 MPa,氦气出口温度为 900℃,高温氦气首先驱动高压氦气涡轮机,带动同轴的压缩机,再驱动低压氦气涡轮机,带动另一台同轴的压缩机,最后驱动主氦气涡轮机,输出电力。

在整个循环中,当氦气的压力降到 2.9 MPa,温度降为 571℃;然后,经过回热器和预热器冷却到 27℃后,再经两级压缩机升压到 7 MPa,而后回到加热器的另一侧加热到 558℃,回到堆芯的入口。该循环方式的发电效率可达到 47%。

设备规格:压力壳直径为 4.7 m,高 12.6 m,重 150 t;蒸汽发生器直径为 2.9 m,高为 11.7 m,重 30 t,堆内有约 13 000 个零部件,总质量近 200 t。设备国产化率达 70%以上。

堆芯体积:100 万千瓦核裂变堆芯体积为 900 m^3,为氦气冷却创造了有利条件,而同样功率的普通核电站堆芯仅约 30 m^3。

3) HTR-PM 主氦风机

HTR-PM 主氦风机加压氦气到 70 个大气压后,氦气作为反应堆冷却剂,将堆芯产生的热量带出。随后氦气流经蒸汽发生器换热降温后,再次加压后循环返回反应堆堆芯,从而实现能量交换。主氦风机以纯氦为工作介质,运行功率为 4 500 千瓦,工作温度为 250℃。

当惰性氦气中杂质保持足够低的水平时,冷却剂不会造成对反应堆内燃料元件和其他构件的化学侵蚀。氦气不吸收中子,也没有显著的反应性效应。氦气的这些特点使得由于冷却剂产生的废物量相对少。

主氦风机是世界上第一台采用电磁悬浮轴承的反应堆设备。风机转子总重约 4 t,由电磁悬浮轴承支承,非接触、无磨损运行,无润滑油系统。

总之,高温气冷堆系统简单;发电效率高,比压水堆高出 25%;采用模块化建造方式,建造周期缩短;但由于采用非能动余热载出方式,其单堆的输出功率受到限制,最大热功率只能达到 200~260 MW。

5.4.5 钠冷快堆及系统

钠冷却快中子堆具有快中子谱,可以实现核燃料的高效利用和锕系元素的嬗变。该技术最为成熟,但其发电经济性不及轻水堆,在降低造价、发电成本和燃料循环方面还需继续研发。

5.4.5.1　池式系统

钠冷快堆的一回路布置分为池式和回路式两种形式[26]。池式是将一回路设备全部布置在一个充钠的大池内,包含堆本体、至少 3 台中间热交换器和至少 3 台钠泵。回路式将堆本体、中间热交换器和钠泵各安置在单独的容器和屏蔽充氮气的隔间内,用管道互相连接。另外,池式、回路式钠冷快堆装置都用一个中间回路将放射性钠与水隔开,确保无放射性物质外逸的风险。

池式反应堆传热系统(见图 5-30)优点如下:

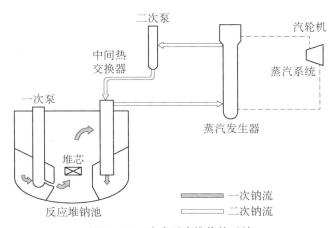

图 5-30　池式反应堆传热系统

一次系统部件和管道泄漏不会导致一次系统泄漏,且发生破裂的可能性小。

一次系统内的钠质量约为一条回路钠质量的 3 倍,容量大,在异常瞬间过程中,系统温升较低。若切断散热装置,则使钠全部沸腾的时间也很长,大大减弱其他部件的瞬间热效应。

覆盖气体系统简单,因为反应堆钠池内的液面为唯一自由面。

5.4.5.2　回路式系统

一次泵和中间热交换器放置在反应堆容器外面,由管道连接。回路式反应堆传热系统(见图 5-31)的优点如下:

系统部件可置隔离小屋内,检修方便,为运行时维修或改变提供灵活性。

防止二次钠活化所需要的中子屏蔽较少。堆顶盖的结构设计比池式反应堆顶屏蔽盖的简单。

回路系统的中间热交换器与反应堆的高度差较大,增加回路的自然循环,所以回路式的 LMFBR(liquid metal fast-breeder reactor)能可靠地预测安全性。

因一次系统内的钠质量较少,故蒸汽系统和二次钠系统与一次钠系统和反应堆

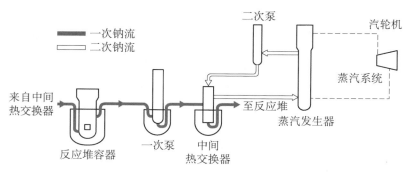

图 5‐31 回路式反应堆传热系统

耦合紧密,能较快响应其变化,可利用于系统控制和负荷跟踪。

5.4.5.3 非均匀效应

按照堆芯内燃料和慢化剂的分布形式,反应堆可分为均匀和非均匀两大类(见图 5‐32)。理论上临界反应堆的计算都以均匀堆为模型,事实上反应堆都是非均匀堆。为此,从理论推到应用,需要用一个等效的均匀介质来代替非均匀栅格,进行均匀化群常数计算。

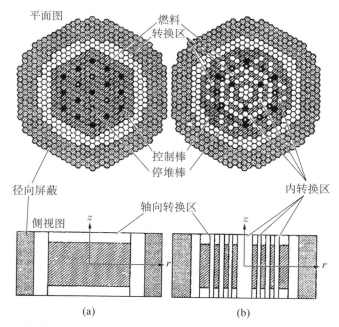

图 5‐32 典型的均匀的和非均匀的 LMFBR 堆芯/转换区布置(两者都含内增殖)

(a)均匀堆芯;(b)非均匀堆芯

非均匀堆将燃料集中制成块状,按一定几何形式置于慢化剂中,构成格子框架的堆芯。常见的栅格有正方形、六角形和平板型几种。在堆内燃料和慢化剂的吸收截面以及其他核性质不同,两者间的中子(热中子、共振中子和裂变中子)的通量密度分布也不同。在非均匀堆内,中子逃脱共振俘获概率增大而热中子利用系数减小。为此,通过合理选择燃料块的厚度或直径、燃料块间距,在燃料与慢化剂核子数比值相同的情况下,非均匀栅格布置可使热中子利用系数 F 与中子逃脱共振俘获概率 P 的乘积大于均匀堆的乘积,有效增殖因子 k 值更大。考虑到安全性,选择 k 极大值左侧的欠慢化栅格。在实际压水堆中还有吸附剂如硼酸[10]B,改变其浓度可以补偿由于燃料的消耗和裂变产物中毒所引起的反应性损失。

5.4.5.4　案例

1) 案例 1——BN 800[28]

BN800 采用了与原型快堆一样的三回路设计,其中主回路和二回路系统流体是钠冷却剂,三回路是水汽流体(见图 5-33)。

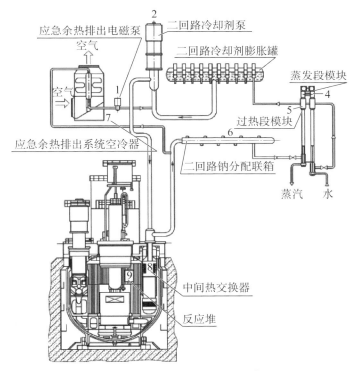

图 5-33　BN800 主流体传输示意图

反应堆电厂由快中子堆芯、3 个主环路、3 个二回路环路和 3 个模块组合式的蒸汽发生器组成。BN800 和 BN600 的设计情况见表 5-15。

表 5-15　BN800 与 BN600 的设计方案

项　目	BN600	BN800
传热环路数量	3	3
涡轮发电机的数量	3	1
反应堆的结构	池式,堆容器为底部支撑	池式,堆容器为底部支撑
堆芯的结构	传统形式,空泡效应为负,因为使用铀燃料	为保证上部钠腔室的空泡效应为负,使用混合燃料(从 MOX 燃料向氮化物燃料转变的过程中结构原理不变)
停堆系统	2 个独立系统:A3(安全棒)和 KC(补偿棒)	同左以及补充的非能动事故保护(A3),悬浮的棒
事故冷却系统	3 个正常的传热环路系统	同左以及补充由 3 个带 BTO(独立热交换器)组成的系统
堆芯熔融事故时的燃料限制系统	没有专门的系统,靠反应堆的堆内结构来限制熔融物的移动	镀钼的"接纳盘"装置

BN800 的主要改进包括:符合新的标准要求;根据苏联科学院委员会的意见修正;改善技术、经济指标。

改进之后,功率增加 40%;保证 BN800 装置的设计寿命从 30 年延长到 40 年;使用包含 1 个涡轮发电机 K-800-130 的整体热系统;向蒸汽-蒸汽的中间蒸汽过热过渡;提高抗震性,按 MSK-64 为 MP3(最大计算地震)7 级,Π3(设计地震)6 级;提高抗外力(龙卷风、飓风,4 级坠机,ByB)的稳定性。BN800 与 BN600 的主要特性比较见表 5-16。

表 5-16　BN800 与 BN600 的主要特性

特　性	BN600	BN800
(1) 热功率/MW	1 470	2 100
(2) 电功率/MW	600	880
(3) 总效率/%	42.5	41.9
(4) 堆芯入口的钠温/℃	377	354

（续表）

特　　性	BN600	BN800
（5）热交换器入口的钠温/℃	550	547
（6）蒸汽发生器入口的钠温/℃	518	505
（7）蒸汽发生器出口的钠温/℃	328	309
（8）蒸汽产量/(kg/s)	550	876
（9）蒸汽发生器出口新蒸汽的温度/℃	505	490
（10）燃料类型	UO_2	MOX
（11）堆容器的直径/m	12.86	12.90
（12）堆容器的高度/m	14.70	16.41
（13）反应堆装置的金属容积比/(t/MWe)	13.0	9.7
（14）寿期/a	30	40～50
（15）增殖因数	1.0	1.0～1.3
（16）固有安全性	—	具有更高的抗设计事故和超设计事故能力
（17）堆芯熔融率	—	$\leqslant 10^{-6}$

BN800 的安全特性如下。

（1）钠冷快堆的固有安全性。负的功率和温度反应性效应保证了功率的稳定和良性的温度反馈,反应堆紧急停堆没有中子毒物;在反应堆正常运行和瞬态工况时如果引入扰动,则中子注量率的空间分布受到扰动的变化可以忽略,反应堆具有良好的可控性;钠对反应堆结构的腐蚀性可以忽略;反应堆容器的运行压力近似等于大气压,同时钠的沸点比冷却剂的最高温度还要高出 300℃ 左右;由于反应堆容器采用了一体化设计,即使一回路冷却剂有大的泄漏也不会导致严重的核事故;一回路系统具有较大的热容量。根据 BN350 和 BN600 的经验,反应堆紧急停堆所导致的一回路系统平均温度升高不超过 30℃（假设没有热量从一回路系统损失）;过渡到自然循环的钠的热传导系统降低是可以忽略的;有效的钠自然循环保证在反应堆失去强迫循环冷却时反应堆余热的排出。

（2）BN800 具有安全措施。通过多年分析论证以及包括在全尺寸物理试验等工程试验的验证表明,BN800 的反应堆堆芯的钠空泡系数为零;采用特殊的装置（虹吸破坏装置）保证在与一回路系统相连的没有保护的外部管线发生双端断裂事故时从反应堆泄漏出的钠量在一定限度内;采用流体浮动式非能动紧急停堆安全棒,该设备已经在物理试验平台上进行了全尺寸的验证;采用堆芯熔化收集装置防止在极不可能发生的假象堆芯熔化事故时熔融物不直接落入反应堆容器;采用了高效的蒸汽发生器事故保护系统;采用了与二回路主管道相连的通过空气冷却器的事故余热排出系统,该系统共有 3 套,其中任何一套即可保证 100% 的事故余热的排出。

已经完成的概率安全评价获得了 BN800 电站的安全和可靠性参数,该分析包括了多于 30 个事故情景的分析(包括 >1 000 个可能的事故序列)。计算表明其堆芯熔化概率小于 7×10^{-6}/(堆·年)。

2) 案例 2——钠冷快中子反应堆

国家"863"重大项目之一、我国首座钠冷快中子反应堆——中国实验快堆于 2012 年通过了国家科技部和国防科工局联合组织的验收;2013 年 12 月 15 日首次达到 100% 功率、核热功率 65 兆瓦、实验发电功率 20 兆瓦,实现满功率稳定运行 72 小时。主要工艺参数和安全性能指标达到设计要求。到 2014 年,实验快堆已经累计并网运行 438 小时,发电量超过 300 万度,上网电量超过 180 万度,并已同期开展材料和燃料辐照考验试验[29]。

实验快堆是中国快堆发展的第一步,也是世界上为数不多的具备发电功能的实验快堆。它将开展满功率下的紧急停堆试验、堆内自然循环试验及堆本体氩气泄漏率试验等 3 项总体性试验及其他伴随性试验。中国实验快堆(见图 5-34、图 5-35)的热功率为 6.5 万千瓦,发电功率为 2 万千瓦。

图 5-34　中国实验快堆全景

图 5-35　实验快堆内部俯视图

5.4.6　气冷快堆

气冷堆是指用石墨慢化、用二氧化碳或氦气冷却的反应堆。它经历了 3 个发展阶段,产生了天然铀气冷堆、改进型气冷堆和高温气冷堆 3 种。目前关于气冷堆的研究,为追求效率、提高出口温度,越来越集中在用氦气冷却的高温气冷堆上。详见本节关于高温气冷堆的内容。

GFR 系统是一种快中子能谱的氦冷却反应堆,具有闭合燃料循环特征。像热中子谱氦冷却反应堆一样,使用氦冷却剂,出口温度高(850℃),可采用布雷顿循环气体涡轮机高效发电以及制氢或热处理。

5.4.7　铅合金液态金属冷却快堆

LFR 系统具有快中子能谱,为铅或铅/铋共晶液态金属冷却反应堆,包括可增殖的铀和超铀元素。系统采用自然对流循环冷却,出口温度为 550℃;拥有一个能有效增殖铀和管理锕系元素的闭合燃料循环,实现锕系元素完全或局部的燃料再循环。

1) 系统容量

LFR 系统适应电厂的不同装机容量,有适应小规模电网的、长周期(15～20 年)更换燃料的 50～150 MW 电池,堆芯采用盒式结构或可替换的反应堆模块;有 300～400 MW 的模块系统,有 1 200 MW 的大型整体式电厂。但是系统使用温度不能太高,否则热化学过程将产生氢。

LFR 用液态金属铅代替常规快中子的钠冷却剂,以消除采用易燃性钠带来的安全性和系统复杂性的问题。

2) 系统优点

反应堆是池式一体化的布置,蒸汽发生器和提升泵均布置在反应堆压力壳内,在热功率为 120～400 MW 的范围内,可实现全功率的自然循环将堆功率带出。液态铅堆芯出口温度为 550℃时,二回路采用亚临界蒸汽涡轮机循环。若将堆芯出口温度升高到 750～800℃,二回路可采用超临界蒸汽涡轮机循环,或者采用 CO_2 气体涡轮机的布雷顿循环;也可用作工艺热的应用,用于制氢和海水淡化。

对于小功率组件式方案,由于 Pb 和 Pb - Bi 冷却剂优异的中子学特性,可以采用低功率密度的堆芯,实现全功率的自然循环,并实现核燃料的近自持的增殖,使堆芯换料期达到 15～20 年。对于模块化和大功率的方案,采用比常规快堆更高的堆芯功率密度,采用较短的换料周期。

近中期方案的目标是增强固有安全性,实现闭式的燃料循环。

长期方案的目标是利用 Pb 冷却剂和氮化物燃料耐高温特性,在新的耐高温、耐辐照的结构材料取得进展的条件下,将冷却剂的温度提高到 750～800℃。

5.5　核聚变技术

核聚变是最高层次的核技术,是当今世界全力探索的核技术。它的成功将让人类找到永恒的能源宝库。

5.5.1　原理

核聚变,又称核融合反应或聚变反应,是一种将两个轻核结合形成一个较重核的核反应形式(见图 5-36)。根据爱因斯坦质能方程 $E=mc^2$,原子核发生聚变时,有一部分质量转化为能量释放出来,且只要微量的质量就可以转化成很大的能量。核聚变能的燃料为氢的同位素氘、氚。氘来自海洋,海水中蕴藏氘的总量约 40 万亿吨;氚可由锂-6 和锂-7 两种同位素转变而来。当锂-6 吸收一个热中子后,变成氚,并释放能量;而锂-7 要吸收快中子才能变成氚,地球上锂的储藏量约两千多亿吨。经计算,从 1 升海水中所提取的氘进行核聚变放出的能量相当于百余升汽油燃烧释放的能量。这种受控聚变反应释放的聚变能,将是取之不尽、用之不竭的新能源,为人类可持续利用核能提供了重要途径。

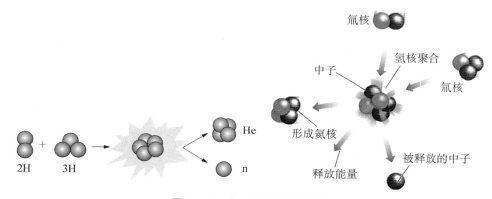

图 5-36　氘、氚核聚变示意图

核聚变反应特点:释放能量比核裂变的能量更大,且干净、安全,不产生污染环境的放射性物质,又能在稀薄的气体中持续地稳定进行。但是,在"第一代"氘、氚核聚变反应中产生的中子会与反应装置的器壁反应;在"第二代"氘和氦-3 的反应中,产生的中子总量很少;在"第三代"氦-3 与氦-3 聚变反应时,完全不会产生中子,堪称终极聚变。

受控核聚变是等离子态原子核在高温下可控制地发生的原子核聚变反应,同时释放出大量能量。受控核聚变的发生有 3 个条件:极高温度(>1 亿摄氏度);足够大的碰撞概率;有效约束高温等离子体的磁场。

当前,国际热核聚变实验反应堆(见图 5-37)利用核能的最终目标是要实现受控核聚变。最早著名的"托卡马克"型磁场约束法利用强大电流所产生的强大磁场,把等离子体约束在很小范围内以实现上述 3 个条件。

实现核聚变的另一种方法是惯性约束法,把几毫克氘和氚的混合气体或固体装入几毫米直径的小球内,均匀射入激光束或粒子束,使球面吸收能量而向外蒸发,凭着反作用力使气体约束,故称为惯性约束。当其温度达到点火温度(大概几十亿摄氏度)时,小球内气体便发生爆炸,并产生大量热能。这种爆炸过程时间只有几个皮秒(1 皮等于 1 万亿分之一)。如每秒钟发生三、四次爆炸且连续不断地进行下去,所释放出的能量相当于百万千瓦级的发电量。

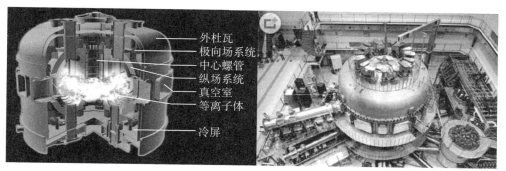

图 5 - 37　国际热核聚变实验堆装置图

2010 年 2 月 6 日,美国利用高能激光实现核聚变点火所需条件。中国也用"神光 2"为中国的核聚变进行点火,并于 2010 年 9 月 28 日首次成功完成放电实验,获得电流 200 千安、时间接近 3 秒的高温等离子体放电。达到此能量级的还有法国的"PHEBUS 里梅尔实验室"。诚然,充满巨大诱惑力的美好前景,仍需漫长艰难的奋斗历程。

5.5.2　反应装置

各国对核聚变的研究努力从未停止。来自欧盟、中国、俄罗斯和美国的多国专家正在法国卡达拉什(Cadarache)建造世界上最大的热核聚变实验反应堆,以帮助该技术早日实现商用。

国际热核聚变实验反应堆(International Thermonuclear Experimental Reactor,ITER)重达 2.3 万吨,在拉丁语中意为"道路"。根据 ITER 官网的资料,其目标是建设一处示范性核聚变工厂,输入 50 万兆瓦,输出 500 万兆瓦。

"托卡马克(Tokamak)"来源于环形(toroidal)、真空室(kamera)、磁(magnit)、线圈(kotushka)的缩写。1968 年 8 月在苏联新西伯利亚召开的第三届等离子体物理和受控核聚变研究国际会议上,阿齐莫维齐宣布在苏联的 T - 3"托卡马克"上实现了电子温度 1 keV,质子温度 0.5 keV,$n\tau = 10^{18}$ m^{-3} · s,这是受控核聚变研究的重大突破。

2010 年 11 月 2 日,实验基地对准一个装有氘和氚的玻璃目标,在直径 10 m、厚 30 cm 的混凝土靶室里,对准只有 50 μm 的核反应目标在 10^{-9} s 同时发射 192 个激光束,误差不能超过 30 ps。实验结果显示,核聚变产生的巨大能量达到 130 万兆焦耳,创造了新的世界纪录。

2010 年 11 月 18 日,在美国加利福尼亚州的利弗莫尔国家实验室国家点火装置 (National Ignition Facility,NIF)建设地点,科学家正在向建全球首个可持续聚变反应堆——"在地球上创造一颗微型恒星"的目标迈进。美国建设的全球首个可持续核聚变反应堆如图 5-38 所示。

图 5-38　美国建设的全球首个可持续核聚变反应堆

5.5.3　中国核聚变

中国在 1956 年制定的"十二年科学技术发展规划"中决定开展核聚变研究;1978 年 9 月成立的中科院等离子体物理研究所成为世界实验室在中国设立的核聚变研究中心,也是国际热核聚变实验反应堆计划 ITER 中国工作组最重要的单位之一;经过不懈努力,到 20 世纪 80 年代,建成了中国环流器一号 HL-1、中小型"托卡马克" HT-6B、HT-6M 和核聚变 HT-7 以及全超导"托卡马克"核聚变 EAST 等一批有影响力的聚变研究。运行的 HT-7 是继法国之后第二个能产生分钟量级高温等离子体放电的"托卡马克"装置。

1) HT-7U 超导"托卡马克"

HT-7U 是针对目前建造"托卡马克"核聚变堆尚存在的前沿性物理问题,进行探索性的实验研究装置是在为未来稳态、安全、高效的先进商业聚变堆提供物理和工程技术基础。

(1) 主要设计参数:超导纵场场强 $B_T = 3.5$ T,等离子体大半径 $R = 1.78$ m,等离子体小半径 $a = 0.4$ m,等离子体拉长比 $K = b/a = 1.6 \sim 2$,加热场最大磁通变化能

力 $\Delta\Phi = (8\sim10)\mathrm{V\cdot s}$，等离子体电流 $I_\mathrm{P} = 1\,\mathrm{MA}$。

（2）可稳态运行的低混杂波驱动等离子体电流系统(LHCD)，该系统主要工程参数应达到：总功率 $P = 3.5\,\mathrm{MW}$，工作频率 $f_0 = 2.45\sim3.7\,\mathrm{GHz}$。

（3）可连续运行的离子回旋波加热系统(ECRF)，该系统主要工程参数应达到：总功率 $P = 3\sim3.5\,\mathrm{MW}$，工作频率 $f_0 = 30\sim110\,\mathrm{MHz}$。

（4）超导磁系统：超导纵场与极向场磁系统是 HT-7U 超导"托卡马克"的关键部件。在国际合作中，超导线圈的真空压力浸渍的工艺研究在我国桂林电科所、中科院北京低温中心完成了超低温绝缘胶的配方的研究，目前正在完成超低温绝缘胶真空压力浸渍的最终工艺试验。超导极向场的线圈位置优化和电流波形优化使之既能满足双零和单零的偏滤器位形的要求，又能满足限制器位形的要求。

（5）真空室：HT-7U 真空室是双层全焊接结构，由于真空室离等离子体近，等离子体与真空室之间的电磁作用最直接，真空室上所受的电磁力最大，同时真空室要烘烤到 $250\,℃$，因温度变化所产生的热变形大。目前已完成真空室结构在各种工况下的静应力分析、模态分析、频率响应分析和地震响应分析。

（6）冷屏与外真空杜瓦 HT-7U 的内外冷屏是超导磁体的热屏障，对维持超导磁体的正常运行发挥重要作用。该部件的电磁分析、受力分析和传热分析的工作都已完成，对传热计算产生重要影响的表面辐射系数的测量已完成。

（7）面对等离子体部件：该部件直接朝向等离子体，其表面性质直接影响等离子体杂质的返流和气体再循环，等离子体的能量依靠面对等离子体部件的冷却系统输运到"托卡马克"外。山西煤化所开发掺杂石墨与石墨表面的低溅射涂层、用于石墨材料各项性能试验的大功率电子枪和实验系统正在装修一新的实验室中调试；用于试验水冷结构和石墨性能的面对等离子体部件的试验件已组装到 HT-7 超导"托卡马克"的真空室中。

（8）装置技术诊断系统：系统包括温度测量、应力应变测量、失超保护和短路检测等部分。温度测量从 $4.5\,\mathrm{K}$ 的液氦温度到 $350\,℃$ 的面对等离子体部件的烘烤温度，要测的温度范围大，且要使用不同的方法。

（9）低温系统：低温系统是超导"托卡马克"核聚变实验装置的关键外围设备之一。它必须保障装置的超导纵场磁体和极向场磁体顺利地从室温降至 $3.8\sim4.6\,\mathrm{K}$，并能长达数月保持此温度，维持超导纵场磁体正常励磁和极向场磁体快脉冲变化所需的制冷量。

（10）高功率电源系统：系统担负着向"托卡马克"提供不同规格的高功率电源，实现能量传输、功率转换、运行控制等重要任务；为等离子体的产生、约束、维持、加热以及等离子体电流、位置、形状、分布和破裂的控制提供必要的工程基础和控制手段。HT-7U 的纵场电源与极向场电源已完成了系统的分析、计算和方案的比较、优化。

(11)真空抽气系统：系统为等离子体的稳定运行提供清洁的超高真空环境,为超导磁体的正常运行提供真空绝热条件;充气系统则为真空室的壁处理和等离子体放电提供工作气体。

(12)低杂波电流驱动系统：系统不断地给等离子体补充能量是保证"托卡马克"实现长脉冲稳态运行的重要手段,而离子回旋共振加热则是另一重要手段。波功率和相位监控、波系统的保护及波源的低压电源的方案设计已完成,1 MW波系统的高压电源及波系统天线的试验件正在制造,波系统的总体设计已完成,确定了4 MW/30～110 MHz的波系统方案,并正在建造一台1 MW、脉冲可达1 000 s的射频波源。

(13)总控与数据采集系统：此系统是对整个装置进行实时监测、控制与保护的分布式计算机网络系统。总控系统有安全巡检系统、中央控制系统、脉冲充气系统;数据采集系统由VAX-CAMAC采集系统、PC-CA MAC采集系统、PC采集系统、VXI采集系统、分布式数据服务器、数据检索系统和数据采集管理系统等组成。最重要的测量系统之一的电磁测量系统正在进行物理上的计算和磁探针、单匝环、Rogowski线圈、逆磁线圈、鞍形线圈等测量线圈的设计,由美国得克萨斯大学赠送的新型CO_2激光器正在调试,它将用在HT-7U的远红外诊断上,其他诊断系统也在进行物理上的准备或设备上的准备。

2）EAST装置

图 5-39 中国 EAST 全超导非圆截面热核聚变实验装置

EAST由实验"Experimental"、先进"Advanced"、超导"Superconducting"、托卡马克"Tokamak"四个单词的首字母组合而成,它的中文意思是"先进实验超导托卡马克",其主要技术特点和指标是：16个大型"D"形超导纵场磁体将产生纵场强度$B_T = 3.5$ T;12个大型极向场超导磁体可以提供磁通变化$\Delta\Phi \geqslant 10$ V·s;通过这些极向场超导磁体,将能产生$\geqslant 10^6$ A的等离子体电流,持续时间将达到1 000 s,在高功率加热下温度将超过10^8℃。EAST与ITER相比,规模小,但两者都是全超导非圆截面"托卡马克",即两者的等离子体位形及主要的工程技术基础是相似的,而EAST至少比ITER早投入实验运行10～15年。中国EAST全超导非圆截面热核聚变实验装置见图5-39。

（1）主机部分 装置高为 11 m，直径为 8 m，重为 400 t，由超高真空室、纵场线圈、极向场线圈、内外冷屏、外真空杜瓦、支撑系统六大部件组成。除了大规模低温氦制冷，EAST 的运行还需要超大电流、超强磁场、超高温、超低温、超高真空等极限环境，从芯部 $>10^8 ℃$ 的高温到线圈中零下 269℃ 的低温，这些运行条件给装置的设计、制造工艺和材料方面提出了超乎寻常的要求。

（2）装置研制过程 中科院等离子体物理研究所发展了一系列高新技术，如高温超导接头技术，运用到"托卡马克"可以极大地提高装置效率，目前该项技术已被国际上的 ITER 项目借鉴。

（3）建设和投入运行 搭建的 EAST 磁约束核聚变实验平台是世界上唯一投入运行的全超导磁体的"托卡马克"装置。

5.6 压水堆核电机组运行简介

根据反应堆的类型不同，核电厂可分为多种类型。我国目前在运的核电机组主要为压水反应堆机组，本节将以压水反应堆为例讲解核电厂的运行。压水堆核电机组的设备很多，包括核设备、常规设备、电气设备、核测量仪表、热工测量仪表、电气测量仪表、起重吊装和运输设备等。下面将以 1 000 MW 的压水堆机组为例介绍压水堆机组的运行。

5.6.1 压水堆核电机组的启动及停运

启动过程如下：①装料及装料后反应堆水池冲排水；②一回路充水排气；③不同阶段升温升压控制：RRA（余热排除系统）控制升温/PCV（化学和容积控制系统）控制升压；④化学平台：净化一回路水质、联氨除氧、控制氢浓度、控制 pH 值；⑤稳压器建立气腔，RRA（余热排出系统）隔离；⑥SG（蒸汽发生器）控制下升温/PZR（稳压器）控制升压；⑦反应堆到达临界；⑧实现由主给水系统供水（转水）、汽轮机发电机组正常启动（转汽），反应堆功率提升（升功率），汽轮机发电机组功率负荷提升（升负荷）。

启动线路如图 5-40 所示。

停运过程如下：①一、二回路分离：堆机分离，转水转汽；②不同阶段降温降压：SG 控制降温/PZR 控制降压，RRA 控制降温/RCV 控制降压；③一回路氧化：投RRA，灭汽腔；④冲排水：一回路排水（由封闭到开大盖）；堆池冲排水（卸料/降低水位）。

停运线路如图 5-41 所示。

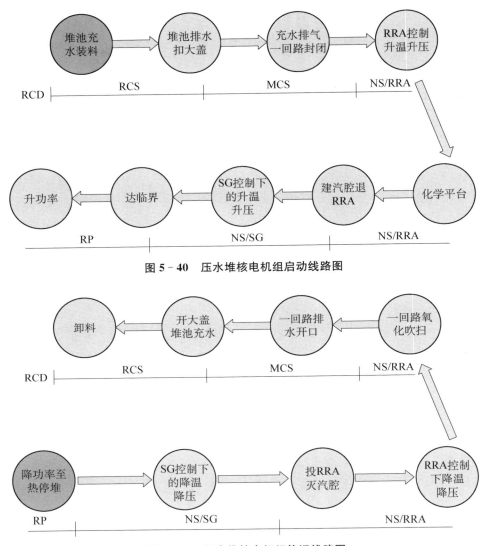

图 5‐40　压水堆核电机组启动线路图

图 5‐41　压水堆核电机组停运线路图

5.6.2　一回路标准运行方式

运行技术规范规定了 6 个运行模式,涵盖了反应堆的所有运行状态(工况):反应堆功率运行模式(RP),蒸汽发生器冷却正常停堆模式(NS/SG),RRA 冷却正常停堆模式(NS/RRA),维修停堆模式(MCS),换料停堆模式(RCS),反应堆完全卸料模式(RCD)。六种运行模式涵盖了所有的反应堆运行状态。

1) 反应堆功率运行模式(RP)

如表5-17所示,本运行模式聚集了如下特性的所有反应堆标准工况:一回路满水,稳压器双相状态;一回路冷却剂平均温度介于291.4℃(+3,-2)和310℃之间;一回路系统压力调节至155 bar绝对压力左右;RRA系统与一回路系统间处于隔离状态;反应堆处于临界或逼近临界阶段;慢化剂的温度系数必须是负数(例外情况,在堆芯重新装料后的首次临界进行的零功率物理试验时,慢化剂的温度系数可以是正数)。

表5-17 反应堆功率运行模式与运行标准工况对应表

运行模式	运行标准工况	一回路冷却剂装载量	一回路压力/(bar,绝对压力)	一回路平均温度/℃	一回路硼浓度/ppm	核功率
反应堆功率运行模式(RP)	反应堆临界阶段	一回路满水,稳压器双相状态	155±1	291.4(+3,-2)	逼近临界硼浓度	约为0
	热备用	一回路满水,稳压器双相状态	155±1	291.4(+3,-2)	临界硼浓度	$<2\% P_n$
	功率运行工况	一回路满水,稳压器双相状态	155±1	$291.4 \leqslant T \leqslant 310$	临界硼浓度	$2\% P_n \leqslant P \leqslant 100\% P_n$

说明:P_n指额定功率。

2) 蒸发器冷却正常停堆模式(NS/SG)

如表5-18所示,本运行模式包括如下特性的所有反应堆标准工况:一回路满水,稳压器双相状态;如果24 bar$\leqslant P \leqslant$P11或160℃$\leqslant T \leqslant$P12,一回路冷却剂的硼浓度在冷停堆所需要的硼浓度至2 500 ppm之间;一回路冷却剂的平均温度为160~294.4℃;一回路压力为24~155 bar绝对压力;RRA系统与一回路系统间处于隔离状态。

表5-18 运行模式与运行标准工况对应表

运行模式	运行标准工况	一回路冷却剂装载量	一回路压力/(bar,绝对压力)	一回路平均温度/℃	一回路硼浓度/ppm	核功率
蒸发器冷却正常停堆模式(NS/SG)	双相中间停堆工况 RRA运行条件(RRA未投运)	一回路满水,稳压器双相状态	$24 \leqslant P \leqslant 30$	$160 \leqslant T \leqslant 180$	CB冷 约为2 500	0
	双相中间停堆工况蒸发器冷却工况	一回路满水,稳压器双相状态	$24 \leqslant P \leqslant$ P11 或 $160 \leqslant T \leqslant$ P12		CB冷 约为2 500	0

（续表）

运行模式	运行标准工况	一回路冷却剂装载量	一回路压力（bar,绝对压力）	一回路平均温度/℃	一回路硼浓度/ppm	核功率
	热停堆工况	一回路满水，稳压器双相状态	$P11 \leqslant P \leqslant 155$ 和 $P12 \leqslant T \leqslant 294.4$		$CB_热$ 约为 2 500	0

说明：P11 表示 2/3 压力通道稳压器压力测量值高于定值($\geqslant 144$ bar),2/3 表示 3 个压力通道中有 2 个压力测量值高于定值；P12 表示 2/3 环路平均温度测量值高于定值,2/3 表示 3 个温度通道中有 2 个温度测量值高于定值。

3）RRA 冷却正常停堆模式（NS/RRA）

如表 5-19 所示，本运行模式聚集了如下特性的所有反应堆标准工况：一回路满水，稳压器单相或双相状态；一回路冷却剂的硼浓度为大于或等于冷停堆所需要的硼浓度；一回路冷却剂温度为 10～180℃；一回路压力为 5～30 bar 绝对压力；RRA 系统与一回路系统连接（至少 RRA 系统的入口隔离阀门已经都打开）。

表 5-19 运行模式与运行标准工况对应表

运行模式	运行标准工况	一回路冷却剂装载量	一回路压力/(bar,绝对压力)	一回路平均温度/℃	一回路硼浓度/ppm	核功率
RRA 冷却正常停堆模式（NS/RRA）	正常冷停堆工况	一回路满水	$5 < P \leqslant 30$	$10 \leqslant T \leqslant 90$	$CB_冷$ 约为 2 500	0
	单相中间停堆工况	一回路满水	$24 \leqslant P \leqslant 30$	$90 \leqslant T \leqslant 180$	$CB_冷$ 约为 2 500	0
	双相中间停堆工况 RRA 运行条件（RRA 投运）	一回路满水，稳压器双相状态	$24 \leqslant P \leqslant 30$	$120 \leqslant T \leqslant 180$	$CB_冷$ 约为 2 500	0

4）维修停堆模式（MCS）

如表 5-20 所示，本运行模式包括如下特性的所有反应堆标准工况：一回路水位为高于 RRA 系统低运行区间的低水位（LOI 水位）；一回路冷却剂的硼浓度在 2 300～2 500 ppm 的范围内；一回路冷却剂温度为 10～60℃；一回路压力为≤5 bar 绝对压力，一回路系统封闭或打开；RRA 系统与一回路系统相连接。

表 5‐20 运行模式与运行标准工况对应表

运行模式	运行标准工况	一回路冷却剂装载量	一回路压力/(bar,绝对压力)	一回路平均温度/℃	一回路硼浓度/ppm	核功率
维修停堆模式（MCS）	一回路充分打开维修冷停堆工况	≥LOW‐LOI‐RRA	大气压力	$10 \leqslant T \leqslant 60$	2 300～2 500	0
	一回路微开维修冷停堆工况	≥LOW‐LOI‐RRA	大气压力	$10 \leqslant T \leqslant 60$	2 300～2 500	0
	一回路卸压但封闭维修冷停堆工况	≥LOW‐LOI‐RRA	$P \leqslant 5$	$10 \leqslant T \leqslant 60$	2 300～2 500	0

5）换料停堆模式（RCS）

如表 5‐21 所示,本运行模式包括如下特性的所有反应堆标准工况：反应堆厂房换料水池内的水位必须高于或等于：①15 m,如果反应堆厂房换料水池内的水闸门尚未就位；②19.3 m,如果反应堆厂房换料水池内的水闸门已就位。一回路冷却剂的硼浓度在 2 300～2 500 ppm 的范围内；一回路冷却剂温度为 10～60℃；反应堆压力容器的顶盖已被打开；RRA 系统与一回路系统相连接；至少还有一组燃料组件处于反应堆厂房内。

表 5‐21 运行模式与运行标准工况对应表

运行模式	运行标准工况	一回路冷却剂装载量	一回路压力/(bar,绝对压力)	一回路平均温度/℃	一回路硼浓度/ppm	核功率
换料停堆模式（RCS）	换料停堆工况	水闸门未就位：≥15 米；水闸门就位：≥19.3 米；	大气压力	$10 \leqslant T \leqslant 60$	2 300～2 500	0

6）反应堆完全卸料模式（RCD）

本运行模式涵盖了反应堆厂房内没有任何燃料组件的反应堆工况,如表 5‐22 所示。

表 5‐22 运行模式与运行标准工况对比

运行模式	标准工况
堆芯完全卸料模式 RCD	全部燃料在燃料厂房内
换料停堆模式 RCS	换料冷停堆

（续表）

运 行 模 式	标 准 工 况
维修停堆模式 MCS	一回路大开口维修冷停；一回路小开口维修冷停；一回路降压关闭冷停堆（$P \leqslant 5$ bar）。
RRA 冷却正常停堆模式 NS/RRA	正常冷停堆（$P > 5$ bar）；单项中间停堆 RRA 条件下中间停堆（连接 RRA）
蒸发器冷却正常停堆模式 NS/SG	RRA 条件下中间停堆（RRA 隔离） SG 双项中间停堆；热停堆
反应堆功率运行模式 RP	临界操作；热备用 功率运行

5.6.3 核电站一回路运行技术限制

图 5-42 给出了 CPR1000 核电机组运行工况在 P-T 图的表示：

（1）饱和曲线 一回路稳压器的冷却剂和蒸汽发生器的二回路蒸汽工作在饱和曲线上，温度为该压力下的饱和温度。

（2）RCP 运行温度上限制线 $T_{av} = T_{sat} - 50℃$。一回路除稳压器外，不允许出现沸腾，同时为了避免主泵运转时因吸入口局部汽化造成主泵叶片汽蚀。

（3）RCP 运行温度下限制线 $T_{av} = T_{sat} - 110℃$，为了限制稳压器波动管的温差造成的热应力。

（4）RCP 额定运行压力线：RCP 额定运行压力为 154 bar，受回路设计压力的限制，为防止超压，设有安全阀。

（5）蒸汽发生器管板两侧最大压差限制线 $P_{rcp} = P_{sat} + 110$ bar。出现高压差的主要工况：蒸汽发生器二次侧意外降压或破口。

（6）主泵运行最低压力限制 23 bar：保证一号轴封压差大于 19 bar，使得轴封两端面正常分离，泄漏量大于 50 L/h，有效避免主泵叶轮的汽蚀。RRA 设计的最高运行温度为 180℃，压力为 29 bar；在两相正常中间停堆状态的温度下（160℃），对应于寿期末压力 162 bar 的 NDTT 值（与安全阀卸压开启阈值相比有 4 bar 的裕度）。遵守此限值能预防冷超压。

（7）温度压力限制说明 120℃：稳压器建立汽腔、波动管的要求；90℃：在换料停堆或维修停堆后，可在没有汽化危险的情况下保证主回路的排气；70℃：主泵运行下限温度，防止主泵启动超压；10℃：防止硼结晶；5 bar：保证控制棒驱动机构在有足够裕度的情况下令人满意地运行。

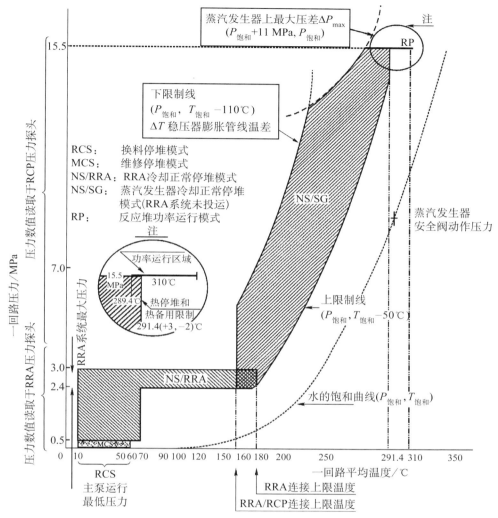

图 5 - 42　CPR1000 核电机组 9 个运行工况在 P‐T 图的表示

5.7　结语

　　我国核电产业以秦山核电为起步,逐步进入稳步发展期。从引进大容量核电技术与装备开始,逐渐强化核电装备监督管理机制,包括对先进的第三代核电技术与装备的消化、吸收,然后走上自主创新开发核电产业化的道路,积极开发第四代安全核电系统,积极推进核电技术的发展。

　　从核电发展的总趋势来看,我国明确核电发展的技术路线和战略,即近期发展热中子反应堆核电站,研发第四代反应堆核电站应用技术;利用已取得的轻水堆、重水堆核电站的实践经验,开展铀钚循环的技术应用,提高铀资源的利用率,减少核废料;中期发展快中子增殖反应堆核电站,开发核燃料开路循环启动的行波堆技术应用;远期发展聚变堆核电站。

参考文献

［1］ 伍浩松,戴定. 2017 年世界核电工业发展回顾[J]. 国外核新闻,2018,2:20-26.

［2］ 杨世尧. 国产首台 AP1000 蒸汽发生器制造成功[EB/OL]. [2014-05-21]. http://news. youth. cn/gn/201405/t20140521_5235288. htm.

［3］ 上海鼓风机厂有限公司. 关键核电风机的研发[J]. 通用机械,2012,10:50.

［4］ 曾建新,王铁骊. 基于技术轨道结构理论的核电堆型技术演变与我国的选择[J]. 中国软科学,2012,3:31-40.

［5］ 曾建新,刘兵. 基于技术轨道理论的核电堆型技术创新路线图结构[J]. 湖南科技大学学报(社会科学版),2013,16(5):106-110.

［6］ 张栋. 世界核电发展及对我国的启示[J]. 能源技术经济,2010,22(12):5-10.

［7］ 石秀安,胡永明. 我国钍燃料循环发展研究[J]. 核科学与工程,2011,31(3):281-288.

［8］ 霍小东,谢仲生. 秦山 3 期坎杜堆先进燃料循环的研究[J]. 西安交通大学学报,2003,37(9):949-953.

［9］ 李宁. 快堆与核燃料循环的未来[J]. 中国核工业,2013,10:30-32.

［10］ 刚直,柯国土. 行波堆自稳特性分析[J]. 原子能科学技术,2014,6:1072-1076.

［11］ 汤华鹏,严明宇,卢川,等. 行波堆燃烧机理研究[J]. 核动力工程,2013,34(S1):221-224.

［12］ 北极星电力网. 秦山核电站反应堆压力容器及堆内构件[EB/OL]. [2010-09-26]. http://tech. bjx. com. cn/html/20100909/128580-2. shtml.

［13］ 段远刚,何大明,李燕. 秦山核电二期工程反应堆堆内构件设计[J]. 核动力工程,2003,24(Z1):126-129.

［14］ 金钟声. 压水堆电站与沸水堆电站性能比较[J]. 核动力工程,1986,3:88-97.

［15］ 刘刚. AP1000 核电站技术性能浅析[J]. 核工程研究与设计,2008,72:9-11.

［16］ 胡亚蕾. 第三代核电技术——非能动安全先进核电站 AP1000[J]. 科技资讯,2010,9:118.

［17］ 汤紫德. 核电在中国——走进春天[M]. 南京:江苏人民出版社,2012:24-26.

［18］ 黄来,张建玲,彭敏,等. 第三代核电技术 AP1000 核岛技术分析[J]. 湖南电力,2009,29(4):1-3.

［19］ 张晓辉. AP1000 非能动先进压水堆的二回路系统与 1000 MW 火电机组的比较. 科技论坛,2009,7:36-37.

［20］ 国家能源局能源节约和科技装备司. AP1000 核电设备及其国产化［R/OL］. ［2010－08］. https://book. duxiu. com/godowndoc. jsp? dxid＝400632549254&d＝77F999A6AA7E5 BDE1ABC28AAE52B6D17.

［21］ 简靖文. AP1000 设备国产化进程［J］. 电器工业,2009,1：21－27.

［22］ 周勤,朱丽兵,曾奇锋. 核燃料元件用先进锆合金材料自主研发［C］. 北京：中国核能行业协会 2010 年中国核能可持续发展论坛,2010.

［23］ 袁丹青,张孝春,陈向阳,等. 第三代反应堆主泵的发展现状及展望［J］. 流体机械,2010,38 (1)：31－34.

［24］ 杨斌,盛涤伦,陈利魁,等. 爆破阀用炭黑/硝酸钾推进剂性能［J］. 含能材料,2014,22(3)：397－400.

［25］ 欧阳予. 国外核电技术发展趋势(下)［J］. 中国核工业,2006,3：16－20.

［26］ 张锐平,张雪,张禄庆. 世界核电主要堆型技术沿革［J］. 中国核电,2009,2(1)：184－189.

［27］ 赵传奇,曹良志,吴宏春,等. 改进双排棒组件超临界水堆堆芯设计［J］. 原子能科学技术,2013,47(Z1)：265－269.

［28］ 吴兴曼. BN800：定位于闭式燃料循环的先进钠冷快堆核电站［J］. 核科学与工程,2011,31(2)：127－134.

［29］ 余晓洁,刘陆. 中国首座钠冷快中子反应堆 100％功率运行 72 小时［EB/OL］. ［2014－12－19］. http://news. ifeng. com/a/20141219/42753457_0. shtml.

索　引